Edition Rosenberger

Die „Edition Rosenberger“ versammelt praxisnahe Werke kompetenter Autoren rund um die Themen Führung, Beratung, Personal- und Unternehmensentwicklung. Alle Werke in der Reihe erschienen ursprünglich im Rosenberger Fachverlag, gegründet von dem Unternehmens- und Führungskräfteberater Dr. Walter Rosenberger, dessen Programm Springer Gabler 2014 übernommen hat.

Lutz von Rosenstiel

Motivation im Betrieb

Mit Fallstudien aus der Praxis

11., überarbeitete und erweiterte Auflage

Springer Gabler

Lutz von Rosenstiel
München, Deutschland

Bis 2014 erschien der Titel im Rosenberger Fachverlag, Leonberg.

Edition Rosenberger
ISBN 978-3-658-07809-6 ISBN 978-3-658-07810-2 (eBook)
DOI 10.1007/978-3-658-07810-2

Die Deutsche Nationalbibliothek verzeichnet diese Publikation in der Deutschen Nationalbibliografie; detaillierte bibliografische Daten sind im Internet über http://dnb.d-nb.de abrufbar.

Springer Gabler

Gedruckt auf säurefreiem und chlorfrei gebleichtem Papier

Springer Fachmedien Wiesbaden ist Teil der Fachverlagsgruppe Springer Science+Business Media
(www.springer.com)

Vorbemerkung zur 11. Auflage

Dieses kleine Buch hat eine lange Geschichte. Es erreichte eine Vielzahl von Auflagen, nahm ganz unterschiedliche Formate an und wird nun von einem vierten Verlag betreut. Mich freut das Interesse an den in diesem Buch geäußerten Gedanken. Auch die gewählte Form, die darin besteht, wissenschaftlich begründete Aussagen in einer leicht verständlichen Sprache darzustellen und darüber hinaus in kleinen Beispielen und praktischen Fällen zu konkretisieren, hat Akzeptanz gefunden. Dies hat mich veranlasst, die Schrift zu aktualisieren und zu erweitern, um sie auf diese Weise weiterhin für den Praktiker interessant und aktuell zu erhalten.

Was ist die Geschichte dieses Buches? Während der Arbeit an einer umfangreicheren Schrift (v. ROSENSTIEL, 1975), mit der ich mich zu Beginn der siebziger Jahre plagte und die sich über längere Strecken mit dem auch in diesem Buch behandelten Gegenstand auseinandersetzt, jedoch spezifisch als eine Grundlage für die Diskussion mit in der Wissenschaft tätigen Fachkollegen und mit Studenten der Wirtschafts- und Sozialwissenschaften vorgesehen war, befiel mich Unbehagen. Vieles von dem, was dort besprochen wurde, wünschte ich mir in die Hände jener, die praktische Personalverantwortung in den Betrieben der Wirtschaft, Verwaltung haben und die in der Praxis – wenn auch begrenzt – die Möglichkeit haben, die Situation der Organisationsmitglieder humaner zu gestalten und dabei zugleich für die Effizienz der Arbeitsgruppen und der Organisation zu sorgen. Mir war jedoch bewusst, dass eine größere wissenschaftliche Arbeit kaum die Chance hat, vom Praktiker gelesen zu werden, da sie für diesen wegen seines vom Fachwissenschaftler und Fachstudenten häufig stark abweichenden Erfahrungshintergrundes und vor allem wegen seiner erheblichen zeitlichen Belastung aufgrund ihres Umfangs, ihrer Auseinandersetzung mit Detail- und Methodenproblemen sowie möglicherweise auch aufgrund ihrer Sprache eine zu große Barriere darstellt.

JULIUS ZWICK, der in den siebziger Jahren des vergangenen Jahrhunderts für Führungsseminare in einer größeren süddeutschen Bank verantwortlich war, regte mich in dieser Phase an, meinen Überlegungen eine praxisgerechte Form zu geben. Er eröffnete mir darüber hinaus die Möglichkeit, Texte und Fälle in den Seminaren mit Führungskräften dieser Bank zu erproben. Ihm gilt es daher, an erster Stelle Dank zu sagen. Dank gebührt allerdings auch meinem damaligen akademischen Lehrer, PROF. DR. ARTHUR MAYER, der mir vielerlei Anregungen zukommen ließ und meine ersten Schritte von der Hochschule in die Praxis ebnete. Für wichtige Hinweise und Hilfen bin ich aber auch den damaligen Kollegen und Freunden HERMANN BRANDSTÄTTER, HEINZ FRANKE, OSWALD NEUBERGER, HEINZ SCHULER und BRUNO RÜTTINGER verpflichtet, die gemeinsam mit mir an vergleichbaren Konzepten arbeiteten und später einen mir ähnlichen Weg gingen: als Hochschullehrer mit hohem Interesse für anwendungsorientierte Forschung und dem Bestreben, Brücken zwischen der Wissenschaft und der Praxis zu schlagen. Dann möchte ich auch DR. FRIEDRICH GEORG HOEPFNER, der – nach der Startphase des Buches im Goldmann Verlag und einer kurzen Zeit bei Urban und Schwarzenberg – in einer „Zwischenphase" in der Lebensgeschichte dieses Buches für sein weiteres Gedeihen sorgte und es beim Verlag Bratt am Leben hielt, sowie DR. WALTER ROSENBERGER, der sich freundlicherweise bereit erklärte, Neuauflagen des Werkes zu betreuen, aber auch MANUELA OLSSON, die hilfreich, kritisch und geduldig die Neuauflage lektorierte, meinen Dank aussprechen. Danken möchte ich schließlich ELISABETH SELLMAIER, die das ursprüngliche Manuskript schrieb, sowie SUSANNE BÖGEL-FISCHER, die mir bei der Fertigstellung der aktuellen überarbeiteten Fassung kreativ und sorgfältig half, und schließlich Dipl. Psych. RALPH WOSCHÉE, der mich bei der Neufassung der Abbildungen unterstützte.

Wie das bei Neuauflagen von Büchern in aller Regel der Fall ist, schlägt sich auch der Fortschritt des Wissens, trotz gelegentlich schmerzlicher Bemühungen um Straffung, in einem Wachsen des Umfangs nieder. Von Auflage zu Auflage wurden – neben kleinen Aktualisierungen – neue Inhalte in größeren Abschnitten, neuen Kapiteln und einschlägigen Fallbeispielen aufgenommen.

Was ist anders an der nun vorliegenden Auflage? Selbstverständlich findet man hier in nahezu allen Kapiteln aktualisierte Hinweise auf praxisbezogene Literatur. Neu aufgenommen wurden drei in der neueren Forschung und in der Praxis stark beachtete Themenfelder:

- Der geplante Wandel in Organisationen, das sog. „Change Management". Je nachdem, wie hier von den Verantwortlichen gehandelt wird, können von den Prozessen des Wandels motivierende, aber auch stark demotivierende Wirkungen ausgehen, sowie Hoffnung und Zufriedenheit, aber auch Verunsicherung, Angst, Frust oder Resignation.
- Ziele als Leistungsanreize, da die Forschung zweifelsfrei belegt, dass von präzisen, spezifischen und anspruchsvollen Zielen eine stark aktivierende Wirkung ausgeht und das Erreichen der Ziele Erfolgserlebnisse und Zufriedenheit mit sich bringt. Was aber sind die Grundlagen dieser Wirkungen? Was muss man in der Praxis beachten, damit es zu diesen Wirkungen kommt? Darüber gibt ein neu erarbeiteter Abschnitt dieses Buches Auskunft.
- Persönliche berufliche Vornahmen, im Sinne von Zielvorstellungen, die der Einzelne im Beruf realisieren will. Es ist ja nicht nur so, dass Organisationen als zweckrationale Gebilde Ziele verfolgen und dafür ihre Mitarbeiter einsetzen. Auch diese Mitarbeiter, soweit sie planvoll handeln, suchen mit Hilfe der Organisation ihre beruflichen Ziele zu erreichen. Wovon hängt dieser Erfolg ab? Welcher Wirkungen hat das Erreichen oder Verfehlen dieser ganz persönlichen Ziele? Darum geht es in dem entsprechenden neuen Abschnitt.

Zu diesen drei soeben genannten Themen enthält das Buch je zwei Fälle aus der Praxis, sowie Hinweise darauf, wie man sie bearbeiten oder lösen könnte. Außerdem werden – keineswegs nur zu diesen drei neuen inhaltlichen Feldern – weitere Arbeitsfragen, sowie Fragen zur Selbstkontrolle des erworbenen Wissens formuliert.

Ich hoffe nun, dass die überarbeitete Fassung der Schrift weiterhin eine freundliche Aufnahme findet.

München und Wien im Herbst 2009
Lutz von Rosenstiel

Vorbemerkung zur 10. Auflage

Nun, zu Beginn eines neuen Jahrtausends, liegt die 10. Auflage dieses Buchs vor. Ich habe es gegenüber der 9. an vielen Stellen ergänzt und aktualisiert. Gänzlich neu aufgenommen wurden ein Kapitel im ersten Teil zur Volition, zwei Kapitel im zweiten Teil zum „Flow-Erleben" und zum Stress am Arbeitsplatz, sowie zwei Kapitel im dritten Teil, die sich damit auseinandersetzen, wie die Angebote des Unternehmens und wie dessen Kultur auf die Leistung und die Zufriedenheit der Mitarbeiter wirken. Jeweils zwei Fälle aus der Praxis wurden zur Konkretisierung dieser Themen in den Text eingefügt.

Das Erscheinen der 10. Auflage ist ein Grund, mich zu bedanken. Dieser Dank gilt den Lesern, die das Buch offensichtlich nach wie vor für nützlich halten und ihm die Treue bewahren, er gilt Frau SIEGLINDE EINÖDSHOFER und Frau SUSANNE BÖGEL-FISCHER für das sorgfältige Schreiben und für durchdachte Verbesserungsvorschläge, das Korrigieren der Textergänzungen, er gilt Frau NICOLE WÖRLE für Ihre Hilfe bei der Neufassung des Sachverzeichnisses und er gilt schließlich dem Rosenberger Fachverlag, der dafür sorgte, dass dieses Buch weiterhin auf dem Markt präsent ist.

Wien und München, im November 2000
LUTZ VON ROSENSTIEL

Empfehlungen für den Leser

Dieses Buch ist nach bewährten didaktischen Prinzipien aufgebaut. Wenn Sie es mit wirklichem Gewinn durcharbeiten wollen, sollten Sie etwas von Ihren bisherigen Lesegewohnheiten abgehen.

1. Verschaffen Sie sich zunächst einen Überblick über das gesamte Buch. Lesen Sie daher Inhaltsverzeichnis und Zielsetzung der Schrift. Versuchen Sie, sich auf das einzustellen, was auf Sie zukommt!
2. Lesen Sie nun die Zielsetzungen des ersten Teils. Setzen Sie sich mit diesen auseinander. Versuchen Sie danach, die Einführungsfragen des ersten Teils zu beantworten. Überprüfen Sie jetzt Ihre Antworten, indem Sie den Text des ersten Teils lesen!
3. Suchen Sie nun mit Ihrem neu erworbenen Wissen selbstständig umzugehen und es zu vertiefen, indem Sie die Arbeitsfragen beantworten. Die Beantwortung einiger Arbeitsfragen wird Ihnen nicht leicht fallen und Ihnen vielleicht erst vollständig möglich sein, wenn Sie das ganze Buch gelesen haben. Diese Fragen sollen bewirken, dass Sie aktiv dem Text vorausdenken. Verschaffen Sie sich nach der Beantwortung der Arbeitsfragen noch einmal einen geschlossenen Überblick, indem Sie die Zusammenfassung lesen!
4. Verfahren Sie mit dem zweiten und dem dritten Teil entsprechend, wobei jedoch beim dritten Teil an die Stelle der Arbeitsfragen die praktischen Problemfälle im Anschluss an die Unterabschnitte treten!
5. Überprüfen Sie – nachdem Sie alle drei Teile gelesen haben – Ihr Wissen, indem Sie versuchen, die Fragen zur Selbstkontrolle zu beantworten!

Es kostet mehr Zeit, wenn Sie das Buch so durcharbeiten, wie es hier beschrieben wurde. Sie werden jedoch durch diese Vorgehensweise stärker aktiviert. Ihr Wissensgewinn wird so größer sein und langsamer verloren gehen als beim herkömmlichen Lesen.

Zielsetzung dieser Schrift

Die Schrift „Motivation im Betrieb" soll:

- Verständnis für die Motivation des menschlichen Handelns, besonders des Arbeitsverhaltens, wecken;
- bewirken, dass man Leistung der Organisation und Zufriedenheit der Mitarbeiter als gleichberechtigte Ziele anerkennt;
- den Blick für die vielfach unterschiedlichen Zusammenhänge zwischen Leistung und Zufriedenheit schärfen;
- Gespür für die vielfältigen psychologischen Probleme des Verhaltens von Menschen in Leistungsorganisationen fördern;
- zeigen, wie unterschiedlich die Gründe beruflicher Tätigkeit sein können;
- auf Wege hinweisen, die der Vorgesetzte gehen kann, um die Leistung der Organisation und die Zufriedenheit der Mitarbeiter zugleich zu fördern;
- Vorgesetzte dazu anregen, über motivationspsychologisch bedingte Probleme nachzudenken, die innerhalb der Organisation, der er angehört, bestehen;
- Vorgesetzte zu der Einstellung bringen, dass es auch zu ihren Aufgaben gehört, eine Leistungsorganisation menschlicher zu gestalten und der Selbstentfaltung ihrer Mitarbeiter auch dann zu dienen, wenn dies nicht zu erhöhter Leistung führt.

Inhalt

Abbildungen

1. *Grundfragen der Motivation*

Dieser Teil soll

- *dazu befähigen, angeben zu können, was Motivation ist und welche Beziehungen zwischen Motivation und Motiv bestehen;*
- *dazu anregen, durch Innenschau auf eigene Motivationsabläufe zu achten, um so ein größeres Verständnis für die Motivation des Handelns zu gewinnen;*
- *darauf hinweisen, dass uns der Wille – die so genannte Volition – dabei hilft, Tätigkeiten auszuführen, die wir nicht gerne tun;*
- *verstehbar machen, wie Motivation und Volition beim Handeln zusammenspielen;*
- *zeigen, wie aus der sich mit jeder Befriedigung wandelnden Motivation relativ stabile Einstellungen werden können;*
- *verdeutlichen, welche Schwierigkeiten entstehen, wenn man mit einem Menschen über seine Motive spricht, da er sie häufig nicht nennen kann oder nicht nennen will;*
- *demonstrieren, dass man die Entstehung individueller Motive nur verstehen kann, wenn man weiß, in welcher sozialen Umgebung ein Mensch aufwuchs;*
- *veranschaulichen, welche Mittel es gibt, bestehende Motive anzuregen und zu aktivieren;*
- *davor warnen, menschliches Verhalten ausschließlich motivationspsychologisch erklären zu wollen.*

Einführungsfragen

Bitte blättern Sie jetzt noch nicht weiter! Lesen Sie die nachfolgenden Fragen und versuchen Sie, diese zu beantworten. Vergleichen Sie dann Ihre Antworten mit jenen, die auf den nächsten Seiten gegeben werden.

1. Was ist Motivation?
2. Was ist der Unterschied zwischen Motiv und Motivation?
3. Wie erlebt man Motive?
4. Wie unterscheiden sich Wege und Ziele der Motivation?
5. Wie kommt es vom Abwägen zum Handeln?
6. Was ist Volition?
7. Wie verhalten sich Motive zu Einstellungen?
8. Kennen wir stets die Gründe unseres Verhaltens?
9. Welche Motive nennt ein Mensch, welche nicht?
10. Welche Methoden gibt es, um etwas über menschliche Motive zu erfahren?
11. Sind die menschlichen Motive angeboren oder erlernt?
12. Kann man bestehende Motive von außen beeinflussen?
13. Werden Motive nur durch Anreize aktiviert?
14. Wird das Verhalten nur durch die Motive bestimmt?

Haben Sie versucht, die 14 Fragen zu beantworten? Dann blättern Sie bitte weiter!

1. Was ist Motivation?

Die Frage nach der Motivation ist die Frage nach dem Warum des menschlichen Verhaltens und Erlebens (THOMAE, 1965). Dabei wird allerdings vorausgesetzt, dass dieses Verhalten aktiv vom Menschen ausgeht – die Verhaltensgründe also im Menschen liegen (HECKHAUSEN, 2006) – und das Verhalten nicht unmittelbar von außen bedingt ist.

Beispiel:
Wenn ein Mensch Hunger erlebt und dann ein Schinkenbrot isst, so darf man sagen, es handle sich um motiviertes Verhalten. Hunger ist hier als Motiv anzusehen. – Geht dagegen ein Mensch über die Straße und wird er dabei von einem Auto angefahren, so dass er stürzt, so darf man dieses Stürzen nicht als motiviertes Verhalten bezeichnen: Der Grund des Stürzens lag außerhalb des Menschen. Nicht eine seelische Regung, sondern das zu rasch fahrende Auto war der Grund.

Motivation ist ein doppelgesichtiger Begriff (V. ROSENSTIEL, 1988):

a) Er dient zur Erklärung von beobachtbarem Verhalten. Das Verhalten anderer Menschen kann man beobachten, ihre Motive sind unmittelbar nicht zu sehen. Man erklärt jedoch das beobachtbare Verhalten, indem man bestimmte Motive dafür angibt. Auch eigenes Verhalten sucht man gelegentlich dadurch zu erklären, dass man unbewusste Motive als Grund angibt, die – da unbewusst – nicht unmittelbar beobachtet werden können.

b) Er dient auch als Begriff für direkt Erlebtes. Eigenen Hunger erlebt man selbst unmittelbar und spricht darüber. Benennt man das Erlebte allerdings, so abstrahiert man meist gleich. Hunger gibt es in nahezu unendlich verschiedenen Formen: je nach Person und Situation verschieden. Dennoch wird man meist ein gleiches Wort: Hunger, dafür verwenden. Das sprachlich gefasste Motiv ist somit eine Abstraktion aus dem jeweils konkreten und individuellen Erlebens- und Verhaltenskontinuum.

Verwendet man Motivation als Erklärungsbegriff, so wird man sich bei der Erklärung meist an dem orientieren, was man aus dem eigenen Erleben kennt. Man wird etwa anderen Menschen und in unkritischer Weise vielleicht sogar Tieren jene Motive als Ursache des bei ihnen beobachtbaren Verhaltens zuschreiben, die bei einem selbst in einer vergleichbaren Situation ein entsprechendes Verhalten bewirkt hätten. Der Beschreibungsbegriff für Erlebtes ist also der primäre.

2. Was ist der Unterschied zwischen Motiv und Motivation?

Von einem *Motiv* spricht man, wenn man einen isolierten – zunächst noch nicht aktualisierten – Beweggrund des Verhaltens herausgreift, wie Durst, Hunger, Machtbedürfnis etc. Andere Ausdrücke für Motiv sind Bedürfnis, Wunsch, Trieb, Strebung, Drang, Triebfeder etc. (GRAUMANN, 1969). Da menschliches Verhalten stets mehrfach und komplex motiviert ist, wird man ein Motiv kaum je im konkreten Erleben beobachten. Von einem Motiv zu sprechen, bedeutet gegenüber der Wirklichkeit Vereinfachung, was jedoch für das praktische Handeln und die wissenschaftliche Analyse häufig unumgänglich ist. Von *Motivation* spricht man, wenn in konkreten Situationen aus dem Zusammenspiel verschiedener aktivierter Motive das Verhalten entsteht. Es ist dabei offensichtlich, dass man in der konkreten Situation motivationale Beweggründe des Verhaltens von nicht motivationalen kaum trennen kann. In die Motivation gehen somit nicht nur die Motive ein, die auf ein bestimmtes Ziel gerichtet sind, sondern auch andere für das Verhalten wichtige psychische Einflussgrößen: spezifisch die subjektiv geschätzte Wahrscheinlichkeit des Handelnden, das Ziel zu erreichen (ATKINSON, 1964; HECKHAUSEN, 2006).

Beispiel:
Wenn man eine Gruppe von Pfadfindern nach einer langen Wanderung in einer Gastwirtschaft sieht, ihr rasches Essen beobachtet und den wichtigsten gemeinsamen Grund dieses Verhaltens nennen möchte, so wird man auf kräftigen Hunger

hinweisen. Hunger wäre hier bei vereinfachender, oberflächlicher Analyse als Motiv anzunehmen. Die Vereinfachung ist natürlich nicht zu übersehen. Das konkrete, aktivierte Verhalten jedes Einzelnen dieser Pfadfinder – auch in dieser Situation – ist selbstverständlich vielfach und unterschiedlich motiviert, ist also durch eine Motivation bedingt.

Will man dagegen erklären, warum ein bestimmter Freund besonders häufig in ein bestimmtes Lokal geht, so wird man schließlich darauf stoßen, dass er das dortige Essen schmackhaft findet, dass es ihm preisgünstig erscheint, dass dort eine Illustrierte ausliegt, die er vor dem Essen lesen kann und die er schätzt, dass ihm die Beine der dortigen mini-berockten Kellnerin besonders zusagen und dass er schließlich auf dem Weg dorthin an dem Schaufenster eines Autogeschäfts vorbeikommt, in das er gern hineinschaut. Das Zusammenspiel so vielfältiger aktivierter Motive als Ursache konkreten Handelns bezeichnet man als Motivation.

3. Wie erlebt man Motive?

Zuvor war gesagt worden, dass der Begriff des Motivs vor allem für Erlebnistatbestände angewandt werden kann. Da also Motive als Beweggründe des Verhaltens, die im Menschen liegen, angegeben werden können, ist der beste Weg, etwas über die Psychologie der Motive zu erfahren, in sich zu schauen, sich selbst zu beobachten, so genannte Introspektion zu betreiben. Dabei stellt sich für motiviertes Verhalten häufig folgender Ablauf heraus (GRAUMANN, 1969):

1. Erfahrung eines Mangels
2. Erwartung, dass durch ein spezifisches Verhalten der Mangel beseitigt wird
3. Verhalten, von dem angenommen wird, dass es im Sinne der Erwartung zur Befriedigung führt
4. Endhandlung
5. Zustand der Befriedigung oder der Sättigung

Beispiel:

1. *Jemand erlebt seine trockene Zunge, einen trockenen Gaumen: er hat Durst.*
2. *Er erwartet, dass durch einen Gang zum Eisschrank, die Herausnahme einer Flasche Bier und durch Trinken des Inhalts das Mangelerlebnis beseitigt wird.*
3. *Er geht zum Eisschrank und nimmt die Bierflasche – falls wirklich eine dort ist – heraus.*
4. *Er trinkt das Bier.*
5. *Der Durst ist beseitigt: der zuvor Durstige ist befriedigt.*

Zwei Punkte verdienen hier nun Erwähnung: Zum einen ist die Erwartung wichtig – wer eine falsche Erwartung hat, kann, selbst wenn alles wie angenommen abläuft, enttäuscht werden. Wer also davon ausgeht, dass Himbeersaft den Durst löscht und den Saft dann trinkt, wird nur noch stärkeren Durst bekommen, also unbefriedigt bleiben. Die Erwartung ist zudem nicht stets so geartet, dass man glaubt, das Ziel entweder gar nicht oder sicher zu erreichen. Es gibt hier alle denkbaren Stufen subjektiver Wahrscheinlichkeit, zum Ziel zu gelangen. Manche Menschen bevorzugen es nun, der Erwartung ein zielgerichtetes Verhalten folgen zu lassen, wenn die subjektive Wahrscheinlichkeit hoch ist, sie entsprechend sicher sind, das Ziel zu erreichen. Andere werden gerade durch eine geringe subjektive Wahrscheinlichkeit, ein hohes Risiko also, zum nachfolgenden Handeln angeregt (HECKHAUSEN, 2006). Die Erwartung bezieht sich aber meist nicht nur auf die Wahrscheinlichkeit das Ziel erreichen zu können, sondern auf den Weg, der dahin führt. Man spricht von der Instrumentalität (VROOM, 1964; HECKHAUSEN, 2006). Gewählt wird dann in der Regel jener Weg, von dem man glaubt, dass er am sichersten zum Ziel führt.

Beispiel:

Ein ehrgeiziger junger Mann erfährt, dass ein Abteilungsleiter in jenem betrieblichen Bereich, in dem er selbst arbeitet und sich kompetent fühlt, das Unternehmen verlassen wird. Dies wird für ihn zum Anreiz und aktiviert seinen Ehrgeiz. Er hält es für recht wahrscheinlich, dass er bei der Suche nach einem Nachfolger in die engere Wahl gezogen wird, und überlegt nun, auf welche Weise, auf welchem Weg also, er zum Ziel gelangen könnte. Verschiedene Ideen schwirren durch seinen Kopf. Soll er aus der Gewerkschaft austreten, der er als Student beigetreten ist? Soll er die Tochter seines zuständigen Bereichsleiters zum Essen einladen? Soll er sich in der nächsten Abteilungssitzung häufiger als sonst zu Wort melden und sich spontan bereit erklären, das Protokoll zu führen? Oder soll er das Projekt, an dem er gerade arbeitet und dessen Ergebnisse in eine Vorstandsvorlage einfließen sollen, mit besonderem Engagement bearbeiten? Schließlich erscheint ihm dies besonders zielführend, und er stürzt sich mit Feuereifer auf sein Projekt.

Zum anderen ist zu beachten, dass nach der Befriedigung meist – nach kürzerer oder längerer Zeit – der Mangelzustand erneut eintritt. Bei körpernahen Motiven, wie Bedürfnissen nach Sauerstoff, Sexualität, Hunger und Durst ist das deutlich feststellbar, bei anderen Motiven wie etwa dem Bedürfnis, ins Kino zu gehen – ist es weniger offensichtlich, aber häufig auch feststellbar. Motive schwanken also zwischen Mangelzustand und Sättigung periodisch hin und her. Sie werden dabei in der Regel nur dann bewusst und für uns bemerkbar, wenn der Mangelzustand eine bestimmte Intensität erreicht hat. In der zeitlich vorausgehenden Phase, in der das Bedürfnis nicht bewusst ist, könnte man von einem latenten oder nicht aktivierten Motiv sprechen. Das bewusste Motiv ist aktiviert und wird sich bei phänomenaler Analyse als Bestandteil der Motivation des nachfolgenden Verhaltens erweisen.

Stellt man das graphisch dar (GRAUMANN, 1969), so ergibt sich folgendes Bild:

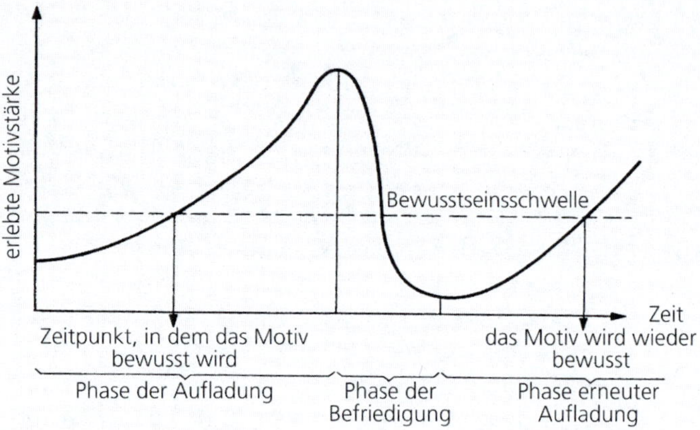

Abb. 1: Erlebte Intensität eines Motivs zwischen Mangelzustand und Befriedigung

4. Wie unterscheiden sich Wege und Ziele der Motivation?

Analysiert man die Motivation als Prozess, so lässt sich gut zwischen dem Ziel der Wünsche und des motivierten Handelns einerseits und dem Weg dorthin andererseits unterscheiden. In der Ethologie, jener Wissenschaft, die sich vergleichend mit tierischem und menschlichem Verhalten auseinandersetzt, ist diese Differenzierung sehr sorgfältig vorgenommen worden. Man unterscheidet dort zwischen dem konsummatorischen Akt, d. h. dem befriedigenden Erreichen eines Ziels, und dem Appetenzverhalten, dem Weg auf das Ziel hin (BISCHOF, 2001). Im tierischen Verhalten sieht es allerdings häufig so aus, dass der Weg zum Ziel vom Lebewesen nicht frei gewählt werden kann, sondern instinktiv festgelegt ist. Dies bedeutet, dass angeborene zentralnervöse Mechanismen, der so genannte Instinkt (TINBERGEN, 1966), das Verhalten relativ stark auf das Ziel hinsteuern, falls die entsprechenden Anregungsbedingungen, so genannte angeborene Auslösemechanismen (AAM), wie sie KONRAD LORENZ (1978) bezeichnet hat, dazu anregen.

Beispiel:
Eine Möwe erblickt nach der Eiablage neben dem eigenen Gelege ein überdimensional großes Ei mit auffälliger Farbgebung. Sie setzt sich sofort auf dieses übergroße Gebilde, obwohl sie dieses mit ihrem kleinen Körper gar nicht überdecken und wärmen kann. Die Eier wirken als angeborener Auslösemechanismus (AAM) und zwingen die Möwe geradezu, sie zu bebrüten. Je größer die Eier und je auffälliger ihre Zeichnung, desto stärker die Wirkung, auch wenn dies im Sinne des „Zieles", eigenen Nachwuchs hervorzubringen, zu einer nicht sinnvollen Handlung führt.

Aus der Analyse menschlichen Verhaltens wissen wir, dass wir im Regelfall nicht starr durch Instinkte gesteuert werden. Der Philosoph FRIEDRICH NIETZSCHE bezeichnet den Menschen daher auch als ein „nicht festgestelltes Tier". Entsprechend haben wir eine relative Freiheit, uns zwischen verschiedenen Wegen zum angestrebten Ziel zu entscheiden. Als befriedigend erleben wir in der Regel das Erreichen des Zieles, was mit dem Akt der Befriedigung bzw. der Sättigung verbunden ist. Den Weg zum Ziel dagegen erleben wir häufig als mühselig und arbeitsam.

Beispiel:
Es erscheint gelegentlich lästig und mühselig, ein gutes Essen zu bereiten. Das Putzen des Gemüses, das Schneiden der Zwiebeln, das Bereitstellen der Pfannen, das Spicken des Fleisches etc. wird dann als ein notwendiges Übel, als lästige Arbeit wahrgenommen. Das Essen selbst und das sich dann einstellende angenehme Erlebnis der Sättigung, das Ziel dieses Handelns, werden jedoch als befriedigend erlebt.

Es ist allerdings keineswegs eine Selbstverständlichkeit, dass die Befriedigung nur im Erreichen des Zieles liegen kann. Auch der Weg zum Ziel kann befriedigend sein. Beim tierischen Verhalten etwa ist das die Regel. Der Vogel brütet nicht, um schließlich Nachwuchs zu haben, sondern für ihn ist das Brüten in einer bestimmten Phase des Jahresablaufs selbst befriedigend. Nach allem, was wir über die Intelligenz eines Vogels wissen, hat er kein Bewusstsein davon, dass dieses Brüten das Schlüpfen der Jungen zur Folge hat.

Auch ein gereizter Hund erlebt vermutlich den Akt des Angreifens und Beißens als befriedigend, dagegen nicht den Zustand, den dies zur Folge hat: das verletzte Opfer. Bei höher entwickelten Lebewesen – z. B. bei Schimpansen – sieht das, wie Experimente zeigen, bereits anders aus. Ärgert ein Wärter ein solches Tier so, dass es in Wut gerät und sich rächen möchte, so sind aggressive Verhaltensimpulse gegen den Wärter offensichtlich. Im Experiment verhindert jedoch ein Gitter, dass der Affe den Wärter angreift. Dieser Wärter steigt nun – dies ist gut vorbereitet – auf eine morsche Leiter, die unter seinem Gewicht zusammenbricht, so dass der Wärter zu Boden fällt und – mit entsprechender schauspielerischer Leistung – Schmerz und Pein zur Schau stellt. Der wütende Schimpanse, der dies sieht, ist offensichtlich von diesem Anblick hoch befriedigt und tanzt vor Freude. Eine derartige Schadenfreude, ein Befriedigtsein vom Ergebnis, ist beim Hund nicht denkbar, wohl aber beim Menschen. Für uns kann aber auch – um auf das zuvor genannte Beispiel zurückzukommen – das kreative Kochen befriedigend sein.

Befriedigt uns das Handeln selbst, der Weg in Richtung auf das Ziel hin, so spricht man – was später noch ausführlicher zu zeigen sein wird – von *intrinsischer* Motivation. Befriedigt uns allein das Erreichen des Zieles, so ist das Handeln *extrinsisch* motiviert. Daraus folgt, dass Handlungen möglichst so gestaltet sein sollten, dass einerseits der Weg hin zum Ziel befriedigt und das Erreichen des Zieles selbst ebenfalls Befriedigung vermittelt. Es wird später noch zu zeigen sein, dass es auch von dieser Regel Ausnahmen gibt. Gelegentlich können extrinsische Anreize, z. B. Belohnungen materieller Art, für das Erreichen des Zieles, die intrinsische Motivation, also die Freude am Gehen des Weges zum Ziel, untergraben.

5. Wie kommt es vom Abwägen zum Handeln?

Wählt man bei der Betrachtung motivationaler Abläufe eine andere Perspektive, so lassen sich verschiedenartige Phasen des Geschehens voneinander abheben, die in der Wissenschaft mit dem Begriff *motivational* und *volitional* bezeichnet werden. Abbildung 2 verdeutlicht dies.

Motivation	**Volition**		**Motivation**
prädezisional	präaktional	aktional	postaktional
Wählen	**Zielsetzung**	**Handeln**	**Bewerten**

Abb. 2: Das Handlungsphasenmodell (modifiziert nach HECKHAUSEN, *1987)*

Was zeigt das Bild? Zunächst stehen wir vor der Entscheidung zur späteren Handlung. Möglichkeiten werden gedanklich erprobt und miteinander verglichen, man bedenkt Vor- und Nachteile der jeweiligen Handlungsalternativen, bewegt sich im Bereich des Möglichen, was als eine typisch motivationale Lage zu kennzeichnen ist, die aber schließlich zu einer Entscheidung in Richtung auf eine Alternative führen sollte. Dieser Schritt in die Handlungsintention, in das klare Verfolgen eines Zieles, wird von HEINZ HECKHAUSEN (2006) als „Schritt über den Rubikon" bezeichnet. Der Autor erinnert damit an den Marsch des Julius Cäsar auf Rom, der in Nord-Italien die ihm gesetzte Grenze, das Flüsschen Rubikon, überschritt, womit es kein Zurück mehr gab. Damit befinden wir uns in der Phase des willensgesteuerten Handelns, der Volition, die durch Zielsetzung und Handlung gekennzeichnet ist.

Dieser Schritt über den Rubikon fällt manchen Menschen – den so genannten lageorientierten – besonders schwer. Sie sind, Hamlet im Drama Shakespeares vergleichbar, „von des Gedankens Blässe angekränkelt" und können sich einfach nicht entscheiden.

Beispiel:
Lucy, die große, manchmal etwas böse Schwester in den „Peanuts" bietet – ausnahmsweise einmal freundlich – ihrem jüngeren Bruder Linus eine Praline an, die er aus einer großen Schachtel entnehmen darf. Linus mag keinen Kokosnussgeschmack. Er überlegt nun über eine lange Zeit hin und her, wonach welche Praline mit welcher Form und Verzierung wohl schmecken könnte und in welcher vermutlich Kokosnuss enthalten ist. Sein endloses Abwägen macht die Schwester ungeduldig und wütend.

„Nimm endlich eine!" schreit sie den Kleinen an. Erschreckt greift er blind zu und landet natürlich bei Kokosnuss.

Man hat mittlerweile in der anwendungsorientierten Motivationsforschung erfolgreiche Trainingskonzepte entwickelt, mit Hilfe derer lageorientierte Menschen dazu gebracht werden können, nach ausreichenden Phasen des Abwägens zu wählen, sich Ziele zu setzen und damit den Schritt über den Rubikon zu wagen (GOLLWITZER, 1991). Handlungsorientierte Menschen haben dies nicht nötig; bei ihnen besteht im Gegenteil die Gefahr eher darin, dass sie entscheiden, ohne ausreichend abgewogen zu haben.

Nach der volitionalen Phase, der Zielsetzung und der Handlung, kommt es wiederum zum Bewerten, zum nachträglichen Vergleichen, ob nicht eine andere Alternative doch besser gewesen wäre. Es handelt sich wiederum um eine motivationale Phase, die diesmal nach der Entscheidung liegt.

6. Was ist Volition?

Handeln wir motiviert, so ist dies in der Regel mit angenehmen Gefühlen verbunden. Es macht uns Spaß, im milden Licht des späten Nachmittags spazieren zu gehen; wir erleben es als wohltuend und erfrischend, nach diesem Spaziergang ein kühles Bier zu trinken. Wir verfolgen mit freudiger Erregung den Rad-an-Rad-Kampf um die Führung bei einem Autorennen. Nicht selten aber tun wir Dinge, die uns unangenehm, lästig und beschwerlich sind, obwohl wir Handlungsalternativen hätten, die uns Spaß machen. Der Mistkübel soll ausgeleert, die Steuererklärung geschrieben, ein Konfliktgespräch geführt werden. Warum machen wir das, wenn es doch anderes zu tun gäbe, was uns Freude bereitet? Natürlich ist da die Einsicht, das Wissen darum, dass das Lästige getan werden muss, damit übergeordnete wesentliche Ziele erreicht werden können. Einsicht aber ist keine Antriebskraft. Was also bringt uns im Sinne dieser Einsicht zum Handeln? Es ist der Wille, der in der Wissenschaft häufig auch als „Volition" bezeichnet wird (HECKHAUSEN, GOLLWITZER & WEINERT, 1987; KEHR, 2004). Der Wille kommt uns häufig dann zur Hilfe, wenn eine wichtige Handlung motivational nicht ausreichend gestützt und gefördert wird.

Beispiel:
Ein Viertklässler sitzt über seinen Schulaufgaben für das Fach Mathematik. Gerade dieses Fach macht ihm wenig Spaß. Hier hatte er im letzten Zeugnis die schlechtesten Noten. Während er über den Aufgaben brütet, hört er von draußen Rufen, Lachen und vergnügtes Schreien. Seine Freunde spielen auf der Wiese hinter dem Haus Fußball. Er wäre nur all zu gerne dazu gestoßen. Seine Neigung ist stark, das Heft zuzuklappen, die Turnschuhe anzuziehen und hinaus zu den Freunden zu laufen. Er reißt sich aber zusammen, presst die Hände auf die Ohren, um nicht abgelenkt zu werden, und zwingt sich zur Konzentration auf die Mathematikaufgaben.

Man kann in derartigen Situationen recht unterschiedlich mit seinem Willen umgehen. Eine extreme Form lässt sich bildlich als autoritärer Umgang mit sich selbst beschreiben. Man blockt alle ablenkenden Gedanken ab, verengt den Blick ausschließlich auf die zu erledigende ungeliebte Aufgabe und „vergewaltigt" sich gewissermaßen zu dem, was zu tun ist (KEHR, 2002).

Beispiel:
Ein Student ist zu einer Party eingeladen, auf die er sich sehr gefreut hat. Er muss jedoch noch eine Seminararbeit fertig schreiben,

die er immer wieder vor sich hergeschoben hat, vor der er sich jetzt aber nicht mehr „drücken" kann, weil der Abgabetermin unmittelbar bevorsteht. Er ruft daraufhin seine Freunde an, sagt, dass er nicht zur Party kommen könne, versucht alle Gedanken an das kleine Fest abzuwehren und seine Gedanken ausschließlich auf die Seminararbeit zu konzentrieren.

Einen derartig autoritären Umgang mit sich selbst bezeichnet man als *Selbstkontrolle*. Diese kann kurzfristig durchaus effektiv sein. Langfristig allerdings lassen sich die motivationalen Regungen kaum unterdrücken. Sie stören den vom Willen gesteuerten Handlungsablauf und werden häufig letztendlich Misserfolg herbeiführen (KEHR, BLES & V. ROSENSTIEL, 1999). Empfehlenswert ist es daher, in der Regel den Willen geschmeidiger einzusetzen, gewissermaßen kooperativ mit sich selbst umzugehen, Kompromisse zwischen dem zu suchen, was man gerne tun würde, und dem, was getan werden muss. Eine derartige Strategie bezeichnet man als *Selbstregulation*; sie ist langfristig die erfolgreichere.

Beispiel:
Ein anderer Student, der ebenfalls seine Seminararbeit noch nicht fertig gestellt hat, ist zu der gleichen Party eingeladen. Er denkt allerdings etwas früher daran, setzt sich schon vormittags an seinen Schreibtisch und beginnt mit der vielen unerfreulichen Arbeit. Dann ruft er bei seinen Freunden an und sagt, dass er leider später zur Party kommen wird. Er will erst den Text abschließen und sich sodann zumindest mit einem Teil des kleinen Festes selbst belohnen. Er konzentriert sich nun auf die Arbeit und denkt, wenn ablenkende Gedanken ihn nicht vorankommen lassen, an die Gespräche mit den Freunden und das gute Essen, das er auch nach zehn Uhr bei der Party noch zu finden hofft.

7. Wie verhalten sich Motive zu Einstellungen?

Motive richten sich auf bestimmte Gegenstände der Außenwelt, die man als Ziele oder Werte bezeichnet (LERSCH, 1956). So richtet sich Hunger auf Nahrungsmittel, Durst auf etwas Trinkbares.

Werden diese Ziele nicht erreicht, so wird das erlebte Motiv in der Regel stärker, werden sie erreicht, so wird das Motiv befriedigt und ist erlebnismäßig nicht mehr vorhanden. Das muss freilich nicht immer der Fall sein. Wer eine hohe Leistungsmotivation hat, kann zwar nach dem Erreichen eines Leistungsziels für einige Zeit „auf seinen Lorbeeren ausruhen", in seiner Leistungsmotivation befriedigt sein. Es ist aber auch denkbar, dass er sein Anspruchsniveau (HOPPE, 1930) erhöht, sich anspruchsvollere Ziele setzt und dadurch weiterhin von der Leistungsmotivation in seinem Verhalten bestimmt ist (HECKHAUSEN, 1963). Einstellungen (MCGUIRE, 1969) richten sich auch auf Gegenstände der Außenwelt, jedoch in weniger schwankender, sondern in stabiler Weise. Wenn ein Gegenstand erfahrungsgemäß gut und häufig der Motivbefriedigung gedient hat, wird ihm gegenüber eine positive Einstellung entwickelt, hat er die Motivbefriedigung behindert, so wird die relativ stabile Einstellung negativ sein (KRECH, CRUTCHFIELD & BALLACHEY, 1962). Einstellungen stammen also aus der Erfahrung und richten sich wertend auf einen Gegenstand; sie sind gelernt, erleichtern dem Menschen die Orientierung in seiner Umwelt und stehen im Dienste der Bedürfnisbefriedigung.

Beispiel:
Wer gewohnt ist, mit Bier seinen Durst immer wieder auf angenehme Weise stillen zu können, der wird eine positive Einstellung zum Bier haben – ganz gleich, ob er gerade Durst hat oder nicht.

Oder: Wer in seinen vielfältigen Motiven weitgehend in seinem Betrieb Befriedigung findet, wird eine positive Einstellung, die recht stabil ist, zu diesem Betrieb entwickeln; wer häufig in seinen Motiven im Betrieb enttäuscht, oder – wie es in der Psychologie heißt – frustriert wird, wird dem Betrieb gegenüber eine negative Einstellung entwickeln.

Motive schwanken also je nach Bedürfnislage, während Einstellungen, wenn sie sich einmal entwickelt haben, relativ stabil sind. Meist werden bei Einstellungen drei verschiedene Aspekte (V. ROSENSTIEL & NEUMANN, 2002) voneinander abgehoben:

a) der kognitive Aspekt, der sich in dem zeigt, was ich über den Meinungsgegenstand weiß,
b) der evaluative Aspekt, der sich in dem zeigt, wie ich den Meinungsgegenstand bewerte, und
c) der konative Aspekt, der meinen Handlungsimpuls in Richtung auf den Meinungsgegenstand darstellt.

Beispiel:
Ich weiß, dass ich durch eine Auslandstätigkeit in Südamerika meine spanischen Sprachkenntnisse verbessern und meinen geistigen Horizont erweitern würde. Ich weiß aber auch, dass ich durch eine solche Tätigkeit meine Familie stark belasten und meine Karriere nach einer Rückkehr ins Heimatland gefährden würde.

Eine Auslandstätigkeit gerade in einem südamerikanischen Land erschiene mir aufregend, spannend und verlockend.

Ich habe dennoch keine Neigung, mich um eine solche Position zu bewerben, weil ich letztlich zu „vernünftig" bin, weder Unfrieden mit meiner Familie haben möchte, noch meine Karriere gefährden will.

8. Kennen wir stets die Gründe unseres Verhaltens?

Zuvor war gesagt worden, dass wir am besten etwas über unsere Motive erfahren, wenn wir in uns schauen. Das gilt nicht immer. Manchmal kennen wir selbst die Gründe unseres Verhaltens nicht. Wer unzufrieden ist oder lustlos bei der Arbeit, kann nicht immer angeben, woran das liegt. Fragt man ihn, so nennt er häufig einen Grund, den er leicht in Worte fassen kann, obwohl es vielleicht nicht der zutreffende ist, z. B. „das Gehalt ist zu gering".

Beispiel:
*Deutlich illustriert der Extremfall des sogenannten posthypnotischen Befehls, dass Menschen gelegentlich die Gründe ihres Verhaltens nicht kennen und Scheingründe angeben (*HEISS*, 1964). Gibt*

*man jemandem während der Hypnose beispielsweise den Befehl, nach Beendigung der Hypnose beim nächsten Glockenschlag das Fenster zu öffnen, so wird er es – obwohl er längst nicht mehr in Hypnose ist – tun. Fragt man ihn nach den Gründen, so wird er den wahren – den Befehl – nicht nennen, weil er ihn nicht kennt, sondern einen anderen, einen Scheingrund, auch Rationalisierung genannt, angeben (*FREUD*, 1936). An diesen Scheingrund – z. B. „es ist so heiß hier im Zimmer geworden" – glaubt der Befragte, er lügt also nicht.*

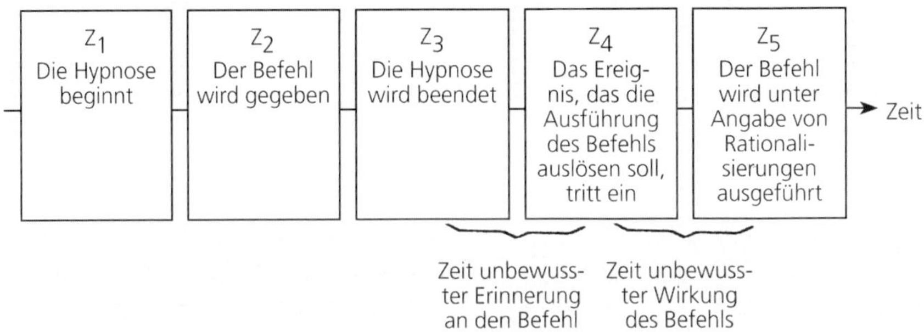

***Abb.** 3: Die Dynamik des posthypnotischen Befehls*

Man muss also einerseits als Vorgesetzter damit rechnen, dass die Mitarbeiter die Gründe ihres Verhaltens – gerade wenn es um schwierige Dinge wie Aufmerksamkeitsfehler, Missstimmungen oder Konflikte geht – nicht immer kennen und dass die Gründe, die man auf Fragen genannt bekommt, gelegentlich – ohne dass bewusst gelogen wird – nicht zutreffen.

Beweggründe, die zu unserem Selbstbild nicht passen, die uns peinlich sind und unser Selbstwertgefühl herabzusetzen drohen, werden häufig vor anderen aber auch vor uns selbst geleugnet. Auf NIETZSCHE geht das bekannte Wort zurück: „Das habe ich getan, sagt mein Gedächtnis. Das kann ich nicht getan haben, sagt mein Stolz und bleibt unerbittlich. Schließlich gibt das Gedächtnis nach." Einen solchen Vorgang bezeichnet man als *Verdrängung*. FREUD (1955) hat nun an einer Vielzahl von Beispielen zeigen können, dass das

Verdrängte keineswegs aus der Dynamik des Handelns verschwindet, sondern dieses Handeln, ohne dass es uns bewusst wird, nachhaltig beeinflusst. In seiner markanten Sprache fasst er einen Teil seiner Beobachtungen in dem Satz zusammen: „Die Triebgefahr wird zur Wahrnehmungsgefahr.“ Damit wird umschrieben, dass das Verdrängte, das unser Selbstwertgefühl zuvor aus der Triebschicht bedrohte, nun auf andere projiziert wird. Der verheiratete Mann etwa, der eine fremde Frau begehrt, wird diese sexuellen Wünsche verdrängen, aber dann gelegentlich behaupten, dass die genannte Frau sich in ihn verliebt habe. In ähnlicher Weise neigen etwa die Menschen, die durch von ihrer sozialen Umwelt wenig geschätzten Eigenschaften ausgezeichnet sind, dazu, diese bei sich selbst zu leugnen, jedoch gehäuft anderen Personen zuzuschreiben (SEARS, 1936).

Beispiel:
Ein Mann wird von seinen Freunden und Bekannten allgemein als übermäßig sparsam, ja sogar als geizig beurteilt. Er selbst aber bezeichnet sich stets als eher großzügig, gewiss aber nicht als geizig. Bittet man ihn darum, andere Personen aus seinem Freundes- und Bekanntenkreis zu beschreiben, so wird er häufig den Geiz als eines ihrer dominanten Merkmale nennen.

Andererseits ist auch bei der Beurteilung der Verhaltensweisen des eigenen Vorgesetzten in Rechnung zu stellen, dass gelegentlich die Gründe, die er für seine Entscheidungen angibt und selbst für die gewichtigsten hält – etwa bei Personaleinstellungen oder Aufstiegsvorschlägen – nicht die zutreffenden oder wesentlichen waren.

9. Welche Motive nennt ein Mensch, welche nicht?

Menschliche Motive sind in der Gesellschaft, in der wir leben, unterschiedlich geschätzt und angesehen. Habgier beispielsweise gilt als verwerflich, Nächstenliebe als erstrebenswert. Ein Mensch gibt lieber jene Gründe an, durch die er – wie er glaubt – Achtung bei seinen Mitmenschen erfährt, als solche, die – seiner Auffassung nach – Verachtung durch andere nach sich ziehen (EDWARDS, 1957). Das muss nicht immer zur Lüge führen. Da hinter fast allen Handlungsweisen mehrere Motive stehen, wird der Mensch diejenigen davon nennen, mit denen er Achtung zu erringen hofft, und die anderen verschweigen. Er wird vielleicht sogar das Wissen um weniger erwünschte Motive in sich selbst unterdrücken (FREUD, 1936), um seine Selbstachtung nicht verlieren zu müssen.

Beispiel:
Wird in einem Mietshaus bei einer Haussammlung für irgendeinen guten Zweck eine Spendensammlung mit Liste durchgeführt, so gibt vielleicht jemand 5 Euro zum einen, weil er Menschen in Not helfen möchte, zum anderen aber, weil er vor den Nachbarn, die möglicherweise einen Blick in die Liste werfen, als großzügig und nicht als geizig dastehen will. Fragt man nun nach den Gründen, so wird der Spender seine Hilfsbereitschaft, nicht jedoch seine Eitelkeit und Geltungssucht nennen.

Man muss als Vorgesetzter also damit rechnen, dass Mitarbeiter im Gespräch vor allem solche Gründe ansprechen, von denen sie annehmen, dass sie der Vorgesetzte gerne hört (man denke etwa an ein Einstellungsgespräch). Diese Gründe sind häufig nicht unzutreffend, aber oft doch nur „die eine Hälfte der Wahrheit“.

Aber auch Vorgesetzte dürften – gerade bei Mitarbeitergesprächen – die Gründe ihrer Entscheidungen, speziell im Personalbereich, äußerst selektiv darstellen. Dies gilt spezifisch dann, wenn derjenige, über den entschieden wurde, der Gesprächspartner ist. Allgemein führt diese hier angedeutete Tendenz von Menschen, anderen gegenüber selektiv anzugeben, wie man sie eigentlich beurteilt, dazu, dass fast jeder ein falsches Bild davon hat, wie er auf seine Mitwelt wirkt (SCHULER, 1980). Wird ihm dann – etwa während eines „sensitivity training" – einmal bewusst gemacht, wie sein Verhalten tatsächlich auf andere wirkt, so kann das entscheidende Verhaltensveränderungen nach sich ziehen (BENNE, 1964; V. ROSENSTIEL, 2007).

10. Welche Methoden gibt es, um etwas über menschliche Motive zu erfahren?

Schon mehrfach war zuvor auf Schwierigkeiten verwiesen worden, die entstehen, wenn man etwas über die Motive in Erfahrung bringen möchte (GRAUMANN, 1969). Damit wurden methodische Probleme angesprochen. Methodische Fragen der Analyse von Motiven sollen jetzt etwas systematischer dargestellt werden.

Fünf Wege, als Laie etwas über Motive zu ermitteln, sollen hier unterschieden werden (HECKHAUSEN, 1963; V. ROSENSTIEL, 1975; COMELLI & V. ROSENSTIEL, 2009)):

a) die Introspektion oder Innenschau
b) die Fremdbeobachtung
c) die Analyse der Verhaltensergebnisse
d) die Beobachtung physiologischer Prozesse
e) die Analyse statischer Merkmale des Körpers

Bei der *Introspektion* ist die Motivation als im Menschen liegende Ursache des Verhaltens dem Handelnden unmittelbar in der Selbstbeobachtung zugänglich. In dieser Innenschau erlebt er direkt, warum er ins Theater geht, warum er seine Freundin verlässt, warum er sich bei der Arbeit in letzter Zeit besonders anstrengt. Ihm selbst sind dabei die Beweggründe direkt zugänglich, jedoch nur ihm selbst. Die im Menschen liegenden Beweggründe sind stets nur von diesem Menschen selbst unmittelbar beobachtbar, weshalb die Objektivität – dadurch bestimmt, dass mehrere unabhängige Beobachter zum gleichen Ergebnis kommen (LIENERT & RAATZ, 1994) – der Introspektion nicht ermittelt werden kann. Introspektiv gewonnene Ergebnisse sind für andere stets nur indirekt zugänglich – etwa dadurch, dass der motiviert Handelnde die von ihm beobachteten Motive anderen im Gespräch, in schriftlicher Form – z. B. in einem Fragebogen – oder mit Hilfe anderer Zeichen und Symbole mitteilt.

Beispiel:
Während einer Beerdigung beginnt ein Mitglied der Trauergemeinde zu lachen. Ihm selbst wird in der Innenschau bewusst, dass er sich in Situationen, in denen das Lachen unpassend wirkt, stets darauf konzentriert, nicht zu lachen, wobei der Drang dazu beinahe unwiderstehlich wird, so dass das Lachen beim nichtigsten Anlass herausbricht.

Neben ihm stehenden Personen erscheint sein Verhalten befremdlich und unverständlich. Er erklärt ihnen, wie es dazu kam. Für sie bleibt die Frage offen, ob sie ihm glauben sollen oder können, da sie die Beweggründe seines Verhaltens nicht unmittelbar sehen und somit die Richtigkeit seiner Aussage kaum zweifelsfrei überprüfen können.

Die Introspektion ist häufig der einzige Weg, Motive zu erkennen, so dass man in Kauf nehmen muss, dass die Objektivität der Methode nicht überprüfbar ist. Der Untersuchungsgegenstand ist dem Beobachter, der selbst motiviert Handelnder ist, unmittelbar gegeben. Man könnte nun daraus folgern, dass damit der Gegenstand jeweils wenigstens von diesem einen Beobachter angemessen erfasst sei. Hier aber sind nun Zweifel angebracht. Obwohl man im Regelfall annehmen darf, dass der Einzelne die Beweggründe seines Handelns kennt, sind Fälle nicht selten, in denen der Einzelne Selbsttäuschungen unterliegt. Der Grund dieser Selbsttäuschung ist oft darin zu suchen, dass man sich über solche Motive nicht ehrlich Rechenschaft ablegt, die nicht zu dem positiv gefärbten Bild passen, das man von sich selbst hat. Hier wirken die so genannten Ich-Abwehrmechanismen (FREUD, 1936), wie etwa die Verdrängung oder die Rationalisierung. Weitere Probleme der Introspektion liegen darin, dass man bei starken Motiven, etwa heftiger aktivierter Wut, ganz im Erleben gefangen ist, also gar keine Innenschau betreiben kann (LERSCH, 1956), so dass das Motiv schließlich nur introspektiv aus der Erinnerung heraus erhellt wird.

Die Probleme der Introspektion werden natürlich noch größer, wenn ihre Ergebnisse vermittelt werden, der Beobachter sich z. B. schriftlich oder mündlich über seine Gefühle, aktivierten Motive oder Gedanken äußert. Es ist hier denkbar, dass er in bewusster Absicht oder fahrlässig das von ihm Beobachtete entstellt, oder dass er es einfach nicht angemessen in Worte fassen kann.

Die *Fremdbeobachtung* bringt den Vorteil mit sich, dass äußeres Verhalten beobachtet wird. Mehrere Beobachter können sich also dem gleichen Gegenstand zuwenden, womit die Methode auf ihre Objektivität hin überprüfbar ist. Bei manchen menschlichen Verhaltensweisen glaubt man, die dahinter stehende Motivation unmittelbar zu sehen und auf bewusstes Schließen verzichten zu können, während bei anderem Verhalten das bewusste Fragen nach der verhaltensauslösenden Motivation erforderlich ist.

Beispiel:
Kommt eine Schar Kinder nach dem Spielen im Garten in die Küche und essen die Kinder eine erstaunliche Menge von Butterbroten, so glaubt man geradezu zu sehen, dass sie Hunger haben; bewusstes Schließen auf die Motive, die hinter dem Verhalten der Kinder stehen, erscheint überflüssig. Man kann sich aber täuschen. Vielleicht empfinden die Kinder gar keinen Hunger, sondern sie haben im Garten lediglich eine Wette darüber abgeschlossen, wer die meisten Brote essen kann. Sieht man dagegen einen älteren Herrn, der bei trockenem, windigem Wetter einen Regenschirm aufspannt, so wird man bewusst nach den Motiven suchen müssen, die hinter diesem Verhalten stehen. Als denkbare Motivation wird man dann vielleicht darauf stoßen, dass der Herr den möglicherweise noch

feuchten Schirm trocknen möchte, um zu vermeiden, dass der Stoff Stockflecken bekommt.

Fremdbeobachtung wird häufig in alltäglicher Beobachtung möglich sein, gelegentlich aber wird man das Auge „bewaffnen“ müssen, wenn aus schwer festzustellenden Verhaltensweisen (oder gar physiologischen Reaktionen) auf die Motive geschlossen werden soll. Verwendet man die Fremdbeobachtung im Dienst der Erforschung der Motive, so ist die Gefahr groß, dass man als Beobachter projiziert, d. h. von der vermutlichen eigenen Motivation in der entsprechenden Situation auf die des anderen schließt. Eine solche Gefahr wird herabgesetzt, wenn mehrere unabhängige Beobachter eingesetzt werden. Aber auch diese können sich in jeweils gleicher Weise irren, was gar nicht so unwahrscheinlich ist, wenn die Beobachter der gleichen sozialen Schicht entstammen oder die gleiche Ausbildung hinter sich haben. Es ist daher ratsam, den Beobachteten wenn möglich selbst zu befragen, d. h. seine introspektiv gewonnenen Ergebnisse zur Kontrolle der Fremdbeobachtung mit heranzuziehen.

Bei der *Analyse der Verhaltensergebnisse* geht es praktisch um die wissenschaftliche Anwendung des Bibelspruches: „An ihren Früchten sollt ihr sie erkennen“. Man sucht aus den Ergebnissen eines Verhaltens, das man selbst nicht beobachtet hat oder nicht mehr beobachten kann, darauf zu schließen, wie das Verhalten motiviert war, das dazu führte.

Beispiel:
Untersucht ein Kriminalkommissar die im Wald gefundene Leiche einer Ermordeten, die vielfache Verletzungen und die Folgen von Misshandlungen im Gesicht zeigt, und stellt er zugleich fest, dass Geld und Wertsachen der Ermordeten nicht angerührt wurden, so schließt er, dass der Täter durch Hass, Rache oder sexuelle Aggressivität motiviert war, nicht aber durch das Bestreben, sich zu bereichern.

Viele psychologische Techniken der Motivationsmessung beruhen auf der Analyse von Verhaltensergebnissen. Man denke etwa an die Graphologie, die Analyse von Zeichnungen oder an viele der standardisierten Testverfahren (Heiss, 1964).

Leib und Seele sind eine Einheit, d. h., dass psychische Prozesse ohne physiologische Grundlagen nicht denkbar sind (Birbaumer & Schmidt, 2006). Jedes Gefühl, jede erlebte Aktivierung von Motiven, alles Denken, jede Konzentration auf einen bestimmten Inhalt, sind mit vielfältigen körperlichen Prozessen verbunden. Innerhalb der *physiologischen Psychologie* werden die Beziehungen zwischen dem Physischen und Psychischem analysiert, wobei ein Ergebnis dieser Forschung darin besteht, das Seelische an körperlichen Indikatoren feststellen zu können. So kann z. B. der Grad der Erregung eines Menschen an der Feuchtigkeit und damit elektrischen Leitfähigkeit der menschlichen Haut festgemacht werden. Ein besonders eindrucksvolles Beispiel auf diesem Gebiet ist der so genannte „Lügendetektor“, der es ermöglicht, mit Hilfe mehrerer unterschiedlicher physiologischer Indikatoren festzustellen, ob Menschen bei bestimmten Aussagen stark erregt sind.

Im Alltag stehen einem psychophysische Messmethoden oder gar Lügendetektoren nicht zur Verfügung. Man ist hier also auf sein „unbewaffnetes“ Auge angewiesen. Als guter Beobachter erkennt man im Gespräch mit einem anderen vielleicht, dass dessen Gesichtshaut rot oder bleich wird, dass die Augen hervorstehen, sich auf dem Handrücken eine Gänsehaut bildet, die Härchen sich aufrichten, dass die Stirn feucht wird und die Nasenflügel zu zittern beginnen. All dies weist im Regelfall auf Erregung hin. Dennoch ist in der Praxis im Umgang mit derartigen Anzeichen Vorsicht geboten. Man erkennt zwar relativ sicher die Erregung, nicht aber, worauf sie zurückgeführt werden kann.

Beispiel:
In einer Abteilung, die nur vormittags Kundenverkehr hat, befindet sich eine Kasse. Der Vorgesetzte hat zu Beginn des Nachmittags

die Kasse geprüft. Ihr Inhalt entspricht den schriftlich verzeichneten Einlagen. Am Abend, kurz vor Dienstschluss, überprüft er den Inhalt der Kasse noch einmal.

Die Kasse ist leer, das gesamte Geld verschwunden! Nach Wissen des Vorgesetzten waren am Nachmittag keine Fremden in den Räumen. Er ruft seine Mitarbeiter zusammen und sagt in ernstem Ton: „Ich habe den Inhalt der Kasse überprüft. Das Geld ist verschwunden! Meines Wissens waren keine Kunden am Nachmittag bei uns. Alles spricht dafür, dass einer von uns das Geld genommen hat und – das verspreche ich Ihnen – heute verlässt keiner die Büros, bevor dieser erschreckende Vorfall nicht aufgeklärt ist!"

Er blickt seine Mitarbeiterinnen und Mitarbeiter an. Eine Mitarbeiterin ist bleich geworden. „Dich habe ich!" denkt der Chef.

Ob die bleich gewordene Mitarbeiterin das Geld aber tatsächlich genommen hat, ist gänzlich offen. Sie ist vermutlich sehr erregt und erschreckt. Warum aber? Es kann ja durchaus sein, dass es sie beunruhigt, auch unter Verdacht zu stehen. Es kann ein Erschrecken darüber sein, dass etwas so Belastendes in der Abteilung überhaupt vorgekommen ist, oder auch ein Erschrecken darüber, dass der Vorgesetzte so anders als sonst spricht. Ob sie das Geld genommen hat, ist nicht damit nachzuweisen, dass sie bleich wird.

Die Physiologie ist das Bewegte im Körper. Die Organe sind als Struktur, als das Statische interpretierbar. Von Mensch zu Mensch sind sie – zumindest im Detail – unterschiedlich ausgeprägt. Vielfach hat man im vorwissenschaftlichen und wissenschaftlichen Bereich vermutet, dass damit auch *Unterschiedlichkeiten des Charakters* erkennbar werden. Viele Laien sind etwa davon überzeugt, dass die Höhe der Stirn etwas über die Intelligenz aussagt, die Ausprägung des Kinns über die Willenskraft, die Breite der Lippen über die Sinnlichkeit oder die Form der Ohrläppchen über kriminelle Neigungen. Auch wissenschaftliche Analysen auf diesem

Felde gibt es, wofür das berühmte Buch *Körperbau und Charakter* von ERNST KRETSCHMER (1955), das immer wieder neu aufgelegt wurde, ein bekanntes Beispiel ist.

Die wissenschaftlichen Analysen haben tatsächlich gelegentlich bestimmte schwache Beziehungen zwischen den Ausprägungen statischer Körpermerkmale und den Ausprägungen von Persönlichkeitszügen festgestellt. Diese schwachen Ausprägungen sagen z. B. auch, dass in einer größeren Gruppe von Personen mit schmalem Körperbau die Neigung zum abstrakten und systematischen Denken höher ausgeprägt ist, als in einer Gruppe rundwüchsiger Personen. Was aber hilft einem dieses Wissen im Einzelfall? Meistens gar nichts. Denn das Wissen, dass ein Merkmal bei rundwüchsigen Personen häufiger oder seltener ausgeprägt ist, kann ja nur bei der Analyse großer Zahlen von Menschen bedeutsam sein und ist bei der Beurteilung eines Einzelnen wenig nützlich.

Vorsicht ist also geboten. Dies gilt umso mehr, als in der Praxis Vorurteile und Zuordnungen vorkommen, für die nicht einmal die geringsten wissenschaftlichen Begründungen vorliegen.

Noch eine andere Gefahr besteht: Weil viele Menschen ein derartiges Vorurteil haben, kann es die betroffenen Menschen im Sinne einer „sich selbst erfüllenden Prophezeiung" so prägen, dass es schließlich in der Folge stimmt.

Beispiel:
Ein junger Mitarbeiter in der Verwaltung arbeitet seit einigen Jahren zur vollen Zufriedenheit seines Chefs auch an schwierigen Aufgaben. Dann geht dieser Chef in den Ruhestand. Ein Nachfolger übernimmt dessen Aufgaben. Diesen irritiert sofort die relativ flache, fliehende Stirn des Mitarbeiters. Er hält ihn für wenig intelligent, eher für begriffstutzig und delegiert nur einfache Aufgaben an ihn. Nach und nach verliert der Mitarbeiter seine beim Vorgänger entwickelte Qualifikation. In einer Situation besonderen Arbeitsdrucks bittet der neue Vorgesetzte den jungen Mann um die Lösung eines schwierigen Problems. So etwas hat

er seit langem nicht mehr gemacht und scheitert. „Ich wusste es doch", denkt der Chef. „Die mit der fliehenden Stirn bringen so etwas einfach nicht!"

Ergebnisse bei der Erforschung der Motive, die durch Introspektion, Fremdbeobachtung oder Analyse der Verhaltensergebnisse, physiologischer Abläufe oder Organbesonderheiten gewonnen wurden, sprechen nicht für sich selbst, sondern bedürfen der Interpretation. Dabei gilt es besonders darauf zu achten, in welcher Situation die Motivation auftrat. Introspektiv beobachtbare aggressive Tendenzen, beobachtbare Angriffe auf einen anderen oder Verwundungen bei dem Opfer einer Aggression sind anders zu werten, wenn man erfährt, dass der motiviert Handelnde gereizt worden war, als wenn man weiß, dass ihn niemand störte oder irritierte.

Aber auch nach möglichen methodischen Fehlern sollte man bei der Interpretation fragen. Wurden etwa die introspektiv gewonnenen Ergebnisse durch Selbsttäuschung verzerrt, deutete man bei der Fremdbeobachtung das Verhalten des anderen unkritisch nach dem eigenen Bilde, schaute man bei der Analyse der Verhaltensergebnisse selektiv auf Unwesentliches, und übersah man Wichtigeres?

11. Sind die menschlichen Motive angeboren oder erlernt?

Es war viel vom Durst die Rede. Durst ist sicher ein angeborenes Motiv. Aber haben wir überhaupt noch „Durst"? Haben wir nicht „Bierdurst" oder „Kaffeedurst"? Diese sind sicher nicht angeboren, sondern kommen aus der Erfahrung, sind also gelernt (SECORD & BACKMAN, 1964). Auch der Wunsch nach Geld wird gelernt. Da man alles, was man lernt, in einer bestimmten, speziellen Umgebung erwirbt, sind die Motive der Menschen, je nachdem, in welcher Kultur und in welcher sozialen Schicht sie aufgewachsen sind, unterschiedlich.

Ein einfaches lerntheoretisches Modell soll verdeutlichen, wie es dazu kommt: das der Konditionierung (FLORIN & TUNNER, 1974; HILGARD & BOWER, 1971). Geht der Befriedigung eines Motivs gehäuft ein bestimmtes Ereignis zeitlich unmittelbar voraus, so entsteht schließlich ein Bedürfnis nach diesem Ereignis um seiner selbst willen und zwar auch dann, wenn dieses Ereignis ursprünglich für das Individuum völlig belanglos war. So ist etwa leicht einzusehen, warum viele Kleinkinder sich häufig das Lätzchen vor die Brust halten. Da das Umbinden des Lätzchens, das zunächst für das Kind gänzlich irrelevant war, meist der Befriedigung des Hungers zeitlich unmittelbar vorausging, entstand daraus ein verselbstständigter Wunsch des Kindes, sich das Lätzchen umzubinden.

Beispiel:
Ist jemand gewohnt, seinen Durst immer nur mit Bier (etwa in Bayern), mit Coca-Cola (etwa in den USA) oder mit Buttertee (etwa in Tibet) zu befriedigen, so wird er kraft Gewohnheit ein entsprechendes gelerntes – man sagt auch sekundäres – Motiv entwickeln. Ein angeborenes Motiv hat sich durch Erfahrung spezialisiert. Die nachfolgende Abbildung 4 illustriert das:

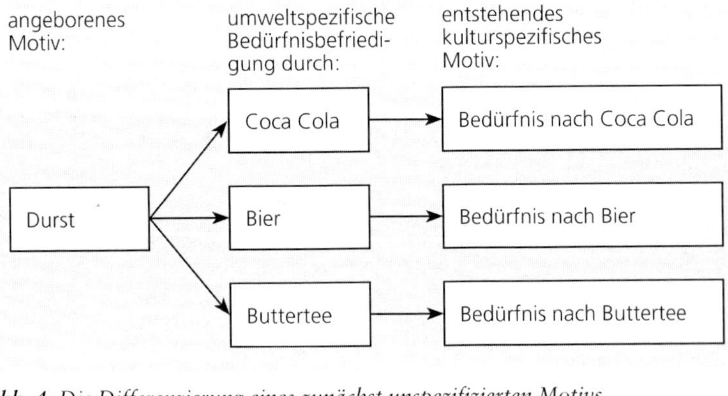

Abb. 4: *Die Differenzierung eines zunächst unspezifizierten Motivs*

*Eine andere Form, in der Motive gelernt werden können, zeigt das nachfolgende Beispiel: Bedürfnis nach Geld ist sicher nicht angeboren. Wer aber in der umgebenden Kultur gewohnt ist, Geld als Mittel zum Zweck bei der Befriedigung seiner anderen Motive zu brauchen, für den wird Geldbedürfnis zum Motiv, das stärker werden kann als alle anderen (*ALLPORT*, 1970). Es gibt im Extremfall Menschen, die aus Geldgier oder Geiz verhungern, verdursten oder erfrieren. Die nachfolgende Abbildung 5 zeigt, wie aus einem Mittel zum Zweck mit der Zeit ein erlerntes Motiv wird (*ALLPORT*, 1970).*

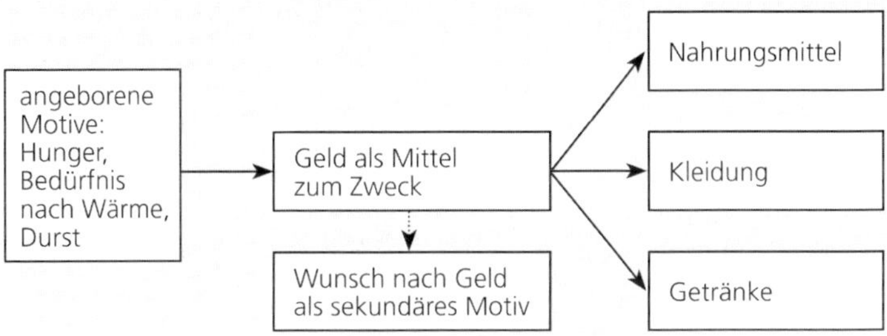

***Abb. 5:** Ein Mittel zum Zweck wird zum Selbstzweck*

Mit der Zeit wird aus der in der Darstellung gezeigten Folge der Wunsch nach Geld zum Selbstzweck, zum Motiv.

Bei den beiden genannten Beispielen scheint es sich auf den ersten Blick um Verschiedenartiges zu handeln: einmal um die Differenzierung eines Motivs, im anderen Fall um die Wandlung eines Mittels zum Zweck in einen Selbstzweck. Dennoch lassen sich beide Lernvorgänge im Sinne der Konditionierung interpretieren: Im ersten Fall folgte dem Griff nach einem spezifischen Getränk die Befriedigung des Grundbedürfnisses Durst, im zweiten Fall der Verwendung von Geld die Befriedigung vielfältiger Grundbedürfnisse. Instrumentelle Konditionierung führte in beiden Fällen zum Entstehen neuer, gelernter Motive.

Motive können sich aber auch durch den Einfluss von Vorbildern, von so genannten Modellen, ändern (BANDURA, 1969). Was bedeutet in diesem Falle Modell?

Sehen wir einen Menschen, der uns selbst ähnlich ist, beobachten wir, dass er durch bestimmte Verhaltensweisen zu Ergebnissen gelangt, die wir als Erfolg bewerten, so wächst in uns die Neigung, ihn nachzuahmen, das gleiche Verhalten zu zeigen. Auch dies ist lerntheoretisch erklärbar. Im Falle des Modell-Lernens werden wir nicht unmittelbar in unserem eigenen Verhalten durch den Erfolg verstärkt, sondern durch eine andere Person, das Modell. Man spricht daher auch von „stellvertretender Verstärkung".

Beispiel:
Ein etwas schüchterner Bub beobachtet, dass ein etwas älterer beim Spielen auf der Straße häufig die Klingeln an den Häusern betätigt, rasch wegläuft, sich versteckt und schadenfroh beobachtet, wie die Hausbesitzer herauskommen, um sich zunächst suchend, dann verärgert, nach dem „Täter" umzusehen. Dieser Täter erntet dafür Bewunderung und Anerkennung bei den übrigen Kindern in der Spielgruppe. Bei unserem Schüchternen wächst dadurch der Wunsch, es dem Vorbild gleich zu tun.

Man darf also folgern: Die meisten menschlichen Motive wurden erlernt oder zumindest von der Umwelt überformt. Da die Umwelt der verschiedenen Menschen – je nachdem, in welcher Kultur, in welcher sozialen Klasse sie aufwachsen, wie sich ihre Familie strukturiert – unterschiedlich ist, sind auch ihre Motive nicht die gleichen. Wünsche, die verschiedene Menschen haben, sind umso unterschiedlicher, je unterschiedlicher die Umwelt ist, in der sie aufwuchsen.

12. Kann man bestehende Motive von außen beeinflussen?

Der Einfluss der Umwelt auf die Motive ist ein doppelter. Zum einen können Motive – vor allem in der Kindheit – in der Umwelt neu erlernt oder umgelernt werden, wie eben gezeigt wurde, zum anderen können bereits bestehende Motive durch die Umwelt aktiviert und somit in ihrer Wirkung verstärkt werden. Bestandteile der Umwelt, die diese Wirkung haben, nennt man *Anreize*. Die Wirtschaftswerbung (v. ROSENSTIEL & NEUMANN, 2002) ist in diesem Sinne ein Anreiz (v. ROSENSTIEL, 1969). Sie führt dazu, dass bestimmte bestehende Motive – seien sie nun angeboren oder erlernt – häufiger oder stärker befriedigt werden; so will die Bierwerbung etwa erreichen, dass Bier häufiger oder in größeren Mengen getrunken wird.

Beispiel:
Ein Beamter mag gewohnt sein, punkt 12 Uhr Hunger zu haben. Stellt man nun aber um 11.30 Uhr ein duftendes Brathendl auf seinen Schreibtisch, so ist der Hunger früher da. Das Brathendl wirkt als Anreiz. Dieses Beispiel zeigt aber zugleich die Grenzen der Wirkung des Anreizes. Stellt man unmittelbar, nachdem der Beamte gegessen hat, ein zweites Brathendl vor ihn auf den Tisch, so wird keineswegs erneut Hunger erzeugt, sondern vielleicht sogar Abstoßung. Anreize wirken also nur auf nicht befriedigte Motive aktivierend.

Motive erwachsener Menschen sind am ehesten über die Wahl angemessener Anreize zu beeinflussen. Dabei wirken die Anreize keineswegs auf alle Menschen gleich. Den Anreizen müssen Motive in der Person entsprechen, sonst wirken sie nicht. Da die Motive verschiedener Menschen aber unterschiedlich sind, sollten auch die Anreize auf den Einzelnen zugeschnitten sein. Motiviertes Verhalten erwächst in diesem Sinne aus einer Interaktion – also dem Zusammenspiel – von individueller Motivstruktur und Situation. Aussagen, die verallgemeinernd aus einer bestimmten individuellen Motivstruktur oder einer bestimmten Situation ein spezifisches motiviertes Verhalten vorhersagen, sind daher grob vereinfachend. Nur die Berücksichtigung beider Einflussgrößen kann zu differenzierten Vorhersagen und Analysen führen (VROOM, 1964).

Häufig wird es das Ziel der Personalpolitik einer Leistungsorganisation sein, über die Motivation menschliches Verhalten zu verändern (BIHL, 1995). Da es meist kaum Erfolg versprechend sein dürfte, erwachsenen Menschen neue Motive beizubringen, dürfte es der sicherste Weg sein, über das Anreizsystem das Verhalten von Mitgliedern eines Betriebes zu beeinflussen, wenn man auf motivationspsychologische Weise Verhaltensänderung – etwa Leistungserhöhung – plant.

13. Werden Motive nur durch Anreize aktiviert?

Der Wunsch in uns, etwas ganz bestimmtes zu tun, kann auf sehr unterschiedliche Weise angeregt werden. Diese Vielfalt der Anlässe wird auch in den unterschiedlichen Motivationstheorien sichtbar (MADSEN, 1968; WEINER, 1996). Dies soll an vier Beispielen verdeutlicht werden. Es soll zugleich zeigen, wie vielfältig das Motivationsgeschehen ist und wie die Unterschiedlichkeit von Menschenbilder sich entwickelt, die eines dieser Prinzipien absolut nehmen und zum „Alleinseligmachenden" erklären.

Ein Motivationsprinzip, das im so genannten *bedürfnistheoretischen* Ansatz erklärt wird, geht vom Prinzip des inneren Körpergleichgewichts aus. Man kann es auch recht gut an technischen Systemen mit negativer Rückkopplung erläutern, wie z. B. am Prinzip der thermostatgesteuerten Heizung. Steigt die Zimmertemperatur über den gewählten Sollwert von 20 Grad, so wird der Brenner im Heizaggregat abgeschaltet. Sinkt die Temperatur unter diesen Sollwert, so wird er wieder eingeschaltet. Ganz entsprechend erklärt die Bedürfnistheorie das Motivationsgeschehen. Wird im Körper durch Mangel an Flüssigkeit, an Blutzucker, an Sauerstoff etc. ein körperlicher Sollwert unterschritten, wird ein erlebtes Bedürfnis in uns wirksam, das uns zu einer Handlung drängt, die auf Beseitigung dieses Defizits ausgerichtet ist.

Beispiel:
Ich habe relativ lange nichts gegessen. Plötzlich verspüre ich ein intensives Hungergefühl, das all mein Sinnen und Trachten darauf ausrichtet, etwas zu essen zu finden. Nachdem mir dieses gelungen ist und ich mit einem wahren Heißhunger Schmackhaftes aus meinem Eisschrank entnommen und verzehrt habe, verschwindet das Hungergefühl wieder, und ich kann mich anderen Aktivitäten widmen.

Beim bedürfnistheoretischen Ansatz, der dem so genannten Homöostase-Prinzip verpflichtet ist, besteht das Ziel motivierten Handelns letztlich darin, ein körperliches Gleichgewicht wieder herzustellen. Beim *anreiztheoretischen* Modell sieht dies ganz anders aus. Hier kommt – wie bereits besprochen – die Anregung von außen und das Prinzip heißt: „soviel wie möglich“. Die von außen kommenden Anregungen werden meist Anreize genannt. Ein Anreiz stellt dabei in der Regel ein begehrenswertes Objekt dar, von dem man soviel wie möglich haben möchte.

Beispiel:
Ein Vater verspricht seinem achtjährigen Sohn, der nicht gerne lernt, jedoch viele unerfüllte kostspielige Wünsche hat, für jede Zwei in einer Schularbeit 2 Euro, für jede Eins 5 Euro. Plötzlich ist die Bereitschaft des Sohnes zu lernen wie verwandelt. Er bereitet sich äußerst fleißig und gründlich auf die Klassenarbeiten vor, bekommt gute Noten, „scheffelt“ die Prämien seines Vaters und kann gar nicht genug davon bekommen.

Motivation wird nun keineswegs allein durch Mangelzustände innerhalb unseres Körpers oder durch äußere Anreize ausgelöst, sondern auch durch Disharmonie oder Widersprüchlichkeit in unserem Denken. Damit beschäftigt sich der *gleichgewichtstheoretische* Ansatz in der Motivationsforschung. Das Prinzip der „kognitiven Dissonanz“ (FESTINGER, 1957) ist ein bekanntes Beispiel dafür. Wenn ich z. B. eine Alternative A gewählt habe und nachträglich in einer Zeitschrift lese, dass die Alternative B die bessere Wahl gewesen wäre, so bin ich in der Folge motiviert, diesen Widerspruch abzubauen, indem ich z. B. versuche, meine Wahl rückgängig zu machen oder aber nachzuweisen, dass der Bericht in der Zeitschrift nicht stimmt.

Beispiel:
Ein junger Mann hat lange geschwankt, ob er sich von seinen Ersparnissen einen VW Polo oder einen Opel Corsa kaufen soll. Er hat Prospekte studiert, Probefahrten in beiden Fahrzeugen unternommen und Freunde und Bekannte befragt, die er dafür kompetent hält. Schließlich hat er sich für einen Opel Corsa entschieden. Da liest er wenig später in einer Fachzeitschrift einen Vergleichstest, bei dem der VW Polo vor dem Corsa rangiert. Dies aktiviert ihn sehr, und er geht auf erneute Informationssuche sowohl über die beiden Automodelle als auch über die Fachzeitschrift. Er ist erst dann beruhigt und stellt seine Informationssuche ein, als ein ihm bekannter Journalist versichert, dass die genannte Fachzeitschrift sehr parteiisch sei, stark von den Werbeeinschaltungen des Volkswagenwerkes abhänge und daher dazu neige, Fahrzeuge dieses Unternehmens in ungerechter Weise positiv zu bewerten.

Gedankliche Widersprüche können uns also stark aktivieren, was den Vater der Theorie der kognitiven Dissonanz, FESTINGER, zu der Aussage gebracht hat: „Genauso wie uns Hunger motiviert, kann uns auch kognitive Dissonanz motivieren."

Es gibt aber ein weiteres Prinzip, das uns immer wieder zum Handeln drängt, das Prinzip der Selbstverwirklichung. „Werde, der du bist" heißt es bei Goethe, und entsprechend ist bei vielen von uns ein mehr oder weniger bewusster Wunsch wirksam, uns zu vervollkommnen. Meist wissen wir, dass das Erreichen eines Zieles noch nicht das Ende des Weges ist, sondern nur ein Zwischenziel. Es geht uns ähnlich wie dem Wanderer an der kalifornischen Pazifikküste. Man möchte noch um einen Dünenvorsprung herumgehen, in die nächste Bucht, wo dann der Wunsch wach wird, wiederum die nächstfolgende zu sehen. So wird schließlich der Weg zum Ziel und die Selbstverwirklichung zu einem unerreichbaren Horizont, dem ich nie näher komme, sondern der weiter in die Ferne rückt, je weiter ich gehe. Mit derartigen Konzepten setzten sich die humanistischen Motivationstheorien auseinander.

Beispiel:
Ein junger Büroangestellter leidet darunter, dass er fast ausschließlich für seinen Beruf lebt. Er hat das Gefühl, auch über musische Talente zu verfügen. Er lernt das Klavierspiel und ist beglückt davon, dass er nach einiger Zeit in akzeptabler Weise schwierige Stücke zu spielen vermag. Bald aber reicht ihm dies nicht aus. Seine Ansprüche wachsen und beschränken sich nicht nur auf das Klavier, sondern er lernt noch Geige. Als er auch dieses Instrument beherrscht, möchte er nicht nur auf beiden Instrumenten vom Blatt spielen, sondern auch komponieren, selbst kreativ Musik schaffen. Dabei ist er mit dem, was er erreicht hat, obwohl augenblicklich beglückt, nie langfristig zufrieden und setzt sich immer neue und höhere Ziele. Von seinen Freunden darauf angesprochen zitiert er aus Goethes Faust: „Werd' ich zum Augenblicke sagen, verweile doch, du bist so schön, dann magst du mich in Ketten schlagen, dann will ich gern zugrunde gehen..."

Es ist sicherlich falsch, eine dieser Motivationstheorien zur allein richtigen, die anderen für falsch zu erklären. Das menschliche Motivationsgeschehen ist vielfältig. Es wirken ganz unterschiedliche Prinzipien, je nachdem, in welcher Situation der Mensch sich befindet. Abbildung 6 verdeutlicht die beschriebenen unterschiedlichen Theorien.

Nr.	Name	Prinzip	Ziel
1	Bedürfnistheorien	Homöostase	Bewahrung des organischen Gleichgewichts
2	Anreiztheorien	Nutzenmaximierung	„So viel wie möglich"
3	Kognitive Theorien	Kognitives Gleichgewicht	Kognitive Harmonien und erlebte Gerechtigkeit
4	Wachstums-theorien	Psychisches Wachstum	„Werde, der du bist "

Abb. 6: Klassifikation der wichtigsten Motivationstheorien

14. Wird das Verhalten nur durch die Motive bestimmt?

Zuvor war gesagt worden, dass Motive Beweggründe des Verhaltens seien. Das Verhalten ist dennoch nicht durch sie allein, sondern auch durch anderes bestimmt. Damit ein entsprechendes Verhalten möglich wird, ist es notwendig, dass der Mensch a) es will – das wäre die Motivation unter Einschluss der Volition – und b) es kann.

Dieses „es kann" lässt sich weiter aufgliedern. Hier muss man fragen, ob der Mensch die entsprechenden Fähigkeiten (seien sie nun angeboren oder erlernt, und Fertigkeiten hat, die für das Verhalten erforderlich sind, und ob die Situation ein solches Verhalten überhaupt zulässt und ob er das soll und darf.

Beispiel:
Ein Mensch hat den Wunsch (das Motiv), einen Baum zu fällen. Dieses Motiv allein bedeutet nicht, dass er es auch tun wird; es sagt nur, dass er versuchen wird, es zu tun. Wenn er nie gelernt hat, wie man Bäume fällt, oder wenn ihm einfach die Kraft fehlt; wenn er kein geeignetes Werkzeug hat oder das Fällen von Bäumen streng verboten ist oder wenn gar kein Baum da ist, so wird er auch keinen Baum fällen.

Gelingt es also einem Mitarbeiter nicht, eine Aufgabe, die er erledigen sollte, zur Zufriedenheit auszuführen, so darf man ihm nicht gleich den guten Willen absprechen. Es ist auch möglich, dass der Mitarbeiter aufgrund seiner Fähigkeiten und Fertigkeiten mit der Aufgabe überfordert war, dass die Situation – etwa das zur Verfügung gestellte Ausgangsmaterial – eine befriedigende Bearbeitungnicht zuließ oder dass unausgesprochene Normen ihm das untersagen.

Sehen wir nun von der Situation, die als potenzielle Anreizkonstellation die Motive beeinflusst, und als Arbeitsplatz die Entfaltung der Fähigkeiten und Fertigkeiten ermöglicht, einmal ab. Vernachlässigen wir auch die „Spielregeln", das Sollen und Dürfen im

Unternehmen. Denken wir nur an den Menschen, so erwachsen daraus, dass das Verhalten von der Motivation einerseits, von den Fähigkeiten und Fertigkeiten andererseits abhängt, gewichtige Konsequenzen. Hier sei wegen seiner Bedeutung das Leistungsverhalten herausgegriffen. Vereinfacht lässt sich sagen (VROOM, 1964):

Leistungsverhalten = Motivation x (Fähigkeiten + Fertigkeiten)

Daraus wiederum ergibt sich, dass gleich hohes Leistungsverhalten ganz unterschiedlich bedingt sein kann, etwa durch hohe Motivation und geringe Fähigkeiten und Fertigkeiten, mittlere Motivation und mittlere Fähigkeiten und Fertigkeiten, geringe Motivation und hohe Fähigkeiten und Fertigkeiten, wie die Felder 1, 2 und 3, deren Flächeninhalt die Leistungshöhe symbolisieren soll, in Abbildung 7 zeigen.

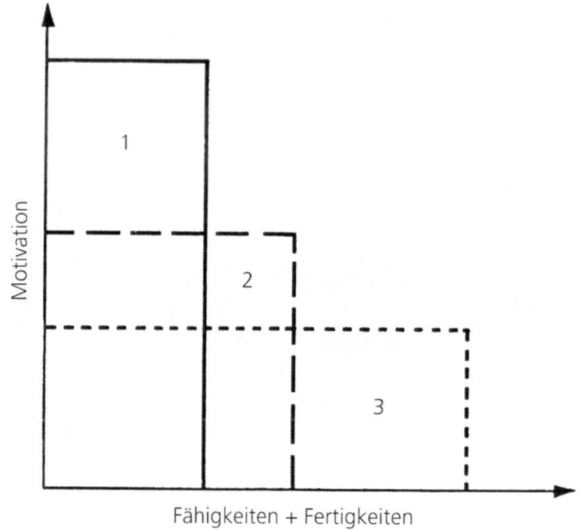

Abb. 7: Unterschiedlich bedingte gleiche Leistungshöhe, symbolisiert durch die Inhalte der Flächen Motivation x (Fähigkeiten + Fertigkeiten)

Es ist wesentlich darauf zu achten, wie die Leistung des Einzelnen determiniert ist, da bei unterschiedlichen Bedingungen auch unterschiedliche Einflussnahmen zu empfehlen sind. Hat man das

Ziel, die Leistung zu erhöhen, so empfiehlt sich bei hoher Motivation und mäßigen Fähigkeiten und Fertigkeiten (Fall 1 in Abb. 7) die Erhöhung der Fähigkeiten und Fertigkeiten durch gezielte Schulungsmaßnahmen, etwa eine explizite Fachausbildung oder -weiterbildung. Sind bei gleicher Leistungshöhe die Motivation gering und die Fähigkeiten und Fertigkeiten hoch (Fall 3 in Abb. 7), so ist es ratsam, durch geeignete Maßnahmen die Motivation zu erhöhen – eine Vorgehensweise, mit der wir uns spezifisch in dieser Schrift beschäftigen wollen. Eine gleich große Steigerung der Fähigkeiten und Fertigkeiten durch fachliche Weiterbildung bringt im Fall 1 deutlich größeren Gewinn als im Fall 3, eine Steigerung der Motivation durch gezielte Anreizmaßnahmen ungleich größeren Gewinn im Fall 3 als im Fall 1, wie Abbildung 8 verdeutlicht.

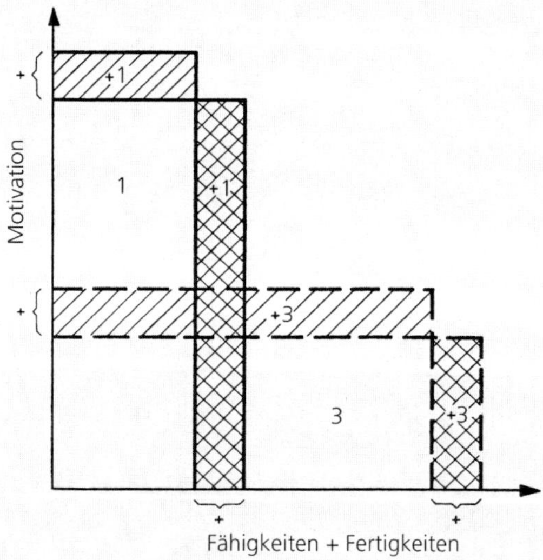

Abb. 8: Die Wirkung der Verbesserung von Fähigkeiten + Fertigkeiten bzw. der Erhöhung der Motivation auf die Leistung bei unterschiedlicher Ausgangslage

Zeigt Abbildung 8 bereits deutlich, dass im Fall 3 durch Steigerung der Motivation im gleichen Umfang wie im Fall 1 ein erheblich größerer Leistungsbetrag gewonnen werden kann, im Fall 1 dagegen durch Verbesserung der Fähigkeiten und Fertigkeiten um einen gleichen Betrag wie im Fall 3 der Gewinn größer ist, so ist noch Zusätzliches zu bedenken: Steigerung der Motivation um einen gleichen Betrag dürfte in Fall 3 leichter als in Fall 1 zu erreichen sein, da es sich in Fall 1 bereits um eine hochmotivierte Person handelt, deren Motivation gewissermaßen bereits „an die Decke stößt" und nur schwerlich weiter gesteigert werden kann. Für den Vergleich der Fälle 1 und 3 gilt das Entsprechende für die Fähigkeiten und Fertigkeiten.

Wir hatten bei diesen Überlegungen von der zuvor genannten Situation abgesehen. In der Praxis aber sollte man dies nicht tun. Unser Verhalten ist eben nicht allein von der Person, d. h. den Fähigkeiten und Fertigkeiten, alltagssprachlich dem Können, und der Motivation, alltagssprachlich dem Wollen, abhängig. Auch die Situation bestimmt in starkem Maße – wie bereits angesprochen – unser Verhalten und damit auch die Ergebnisse unseres Leistungsverhaltens mit.

Innerhalb der Situation kann man wiederum vielfältig differenzieren und ganz unterschiedliche Einflussgrößen voneinander abheben. Auf zwei große Gruppen wollen wir uns jetzt beschränken:

a) das soziale Dürfen und Sollen, d. h. die geschriebenen und ungeschriebenen Normen, Regeln und Selbstverständlichkeiten unserer sozialen Umwelt und
b) die situative Ermöglichung, d. h. die materialen Umstände, die unser Verhalten besonders fördern oder behindern (v. ROSENSTIEL, 2007).

Der Einfluss des sozialen Dürfens und Sollens auf unser Verhalten ist offensichtlich und zeigt sich häufig auch im betrieblichen Handeln. Wir können, z. B. aufgrund intensiven Übens, ein bestimmtes Verhalten zeigen, und wir möchten es auch, da es uns nützlich erscheint. Wir tun es aber nicht, weil wir uns damit von den betrieblichen Selbstverständlichkeiten der „Kultur" (SCHEIN, 2004) des Unternehmens entfernen würden.

Beispiel:
Ein Abteilungsleiter hat in einem Führungsseminar gelernt, wie man Entscheidungen plant, sie dabei gemeinsam mit den unterstellten Mitarbeitern bespricht und versucht, zu einem für alle akzeptablen Konsens zu gelangen. Ihn hat diese Methode auch überzeugt, weil er erkennt, dass dadurch die Konsequenzen der Entscheidung auch von allen in der Abteilung getragen und damit die Arbeitsfreude der gesamten Mannschaft verbessert wird. Am Ende des Seminars sagt er den Mitseminaristen, dass er sich vorgenommen habe, derartige Entscheidungsvorbereitungen in seiner Abteilung einzuführen. Als ihn der Seminarleiter sechs Wochen später wieder trifft, fragt er ihn, ob er dies nun auch getan habe. Er erhält die Antwort: „Nein!"

Als sich der Seminarleiter nach den Gründen erkundigt, bekommt er zur Antwort: „Ach, ich habe es schließlich doch gelassen. So etwas ist bei uns im Unternehmen einfach nicht üblich, keiner macht das. Ich hätte mir geschadet, wenn ich als Einziger so etwas einführe."

Nicht selten scheitert die Übernahme eines neuen Verhaltens an anderen Einflussgrößen von außen. Wenn – um bei dem letztgenannten Beispiel zu bleiben – die Zeit für gemeinsame Besprechungen fehlt oder kein Raum dafür zur Verfügung steht, so sind es harte äußere Bedingungen, die das behindern, was man eigentlich erreichen möchte.

Die Stabilisierung einer Einführung erwünschter Verhaltensweisen sollte also durch das Wollen und Können der Person, aber auch durch das Dürfen und Sollen und die Ermöglichung auf Seiten der Situation gestützt und gefördert werden.

Habe ich mir selbst vorgenommen, ein bestimmtes Verhalten in einer mir wünschenswert erscheinenden Weise zu verändern, so sollte ich mich jeweils fragen:

- Wollte ich das wirklich?
- Konnte ich es, reichten meine Fähigkeiten und Fertigkeiten aus?
- Durfte ich es, oder sprachen irgendwelche geschriebenen oder ungeschriebenen Regeln dagegen?
- War es überhaupt möglich, oder standen dem irgendwelche Barrieren entgegen?

Abbildung 9 verdeutlicht diese Zusammenhänge.

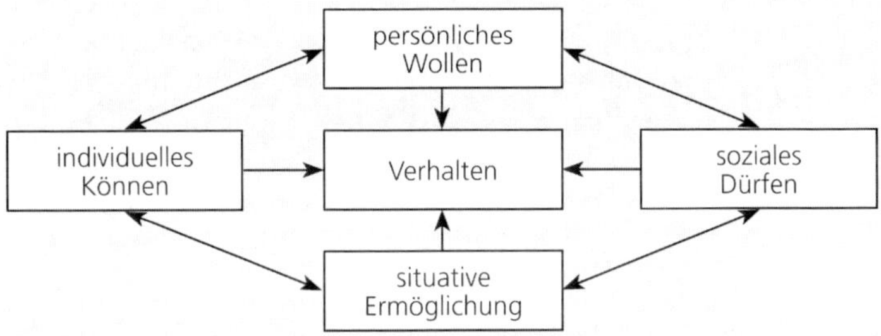

Abb. 9: Bedingungen des Verhaltens

Arbeitsfragen

1. Wie würden Sie einem Fremden die Motivation beschreiben, die Sie das letzte Mal dazu bewegt hat, ins Kino zu gehen? Denken Sie an die vielfältigen Gründe, die dabei zusammenkommen!
2. Welche inhaltlich spezifizierten Motive sind es wohl vor allem, deren Befriedigung innerhalb des Betriebes bei den Mitarbeitern zu einer positiven Einstellung zum Betrieb führen, welche Enttäuschungen bewirken in besonderem Maße negative Einstellungen dem Betrieb gegenüber?
3. Welchen Rat würden Sie dem Mitarbeiter einer Werbeagentur geben, der sich schon lange auf einen Kurzurlaub mit seiner Freundin freut, aber kurz vor Antritt des Urlaubs merkt, dass er den Werbeplan für einen Kunden, der dringend fertig gestellt werden muss, nicht vor Antritt des Urlaubs abschließen kann?
4. Wie würden Sie vorgehen, wenn einer Ihrer jüngeren Mitarbeiter, der plötzlich in der Leistung abgefallen ist, auf Ihre entsprechende Frage antwortet, dass er nicht wisse, wieso es dazu gekommen sei?
5. Wie könnte es zu erklären sein, dass Mitarbeiter sich über die Bedeutung des Gehalts im Einstellungsgespräch häufig ganz anders äußern als im Gespräch, das sich an die Kündigung, die vom Mitarbeiter ausging, anschließt?
6. Wie werden sich die Arbeitsmotive eines Menschen, der in der Kindheit stets von den Eltern für gute Leistungen gelobt wurde, von denen eines anderen unterscheiden, dessen Eltern Faulheit lustig und „bubenhaft“ fanden?
7. Zwei Mitarbeiter erbringen objektiv gleich schlechte Leistungen. Woran könnte man erkennen, ob der eine aus Mangel an Fähigkeit, der andere aber aus Mangel an gutem Willen – an Motivation also – so schlecht arbeitet?

Zusammenfassung des 1. Teils

Von Motiv oder Motivation spricht man, wenn innerhalb eines theoretischen Konzepts erklärend Gründe eines bestimmten Verhaltens genannt werden oder wenn man durch Selbstbeobachtungen in uns selbst liegende Gründe des Verhaltens feststellt. Einen isoliert betrachteten Beweggrund des Verhaltens nennt man *Motiv*, während die *Motivation* das komplexe Zusammenspiel vielfältiger Beweggründe konkreten Verhaltens kennzeichnet. Erlebnismäßig werden Motive als Mangelerlebnisse bewusst, die bestimmten Erwartungen entsprechend zu einem auf die Befriedigung zielenden Verhalten führen, an dessen Abschluss häufig Sättigung steht. Allerdings gibt es auch Formen der Motivation, die nicht von Mangelerlebnissen ausgelöst werden, sondern durch äußere Anreize, durch bewusst werdende gedankliche Widersprüche oder das Erstreben eines als wünschenswert erscheinenden Selbstbildes.

Motivational gestütztes Handeln ist in der Regel von positiven Gefühlen begleitet. Vielfach aber muss man auch Dinge tun, die einem keine Freude bereiten. Der Wille, auch als *Volition* bezeichnet, hilft uns dabei. Ereignissen gegenüber, welche die Befriedigung von Motiven häufig erleichtern, werden stabile positive Einstellungen entwickelt, während hinsichtlich solcher Ereignisse, die der Motivbefriedigung langfristig entgegenstehen, negative Einstellungen aufgebaut werden. Nicht immer werden die Beweggründe des Verhaltens bewusst. Es ist denkbar, dass ein Mensch keine, falsche oder unwesentliche Motive seines Verhaltens kennt und nennt, während die relevanten ihm nicht zu Bewusstsein kommen. Dabei kann spezifisch erwartet werden, dass derartige Motive nicht bewusst werden, die mit dem Selbstbild des Einzelnen nicht übereinstimmen oder den gesellschaftlicen Normen widersprechen. Wenn sie bewusst werden, ist dennoch nicht auszuschließen, dass sie der Handelnde auf Befragen verschweigt und statt dessen Scheingründe oder weniger relevante Motive nennt, um einen ungünstigen Eindruck auf andere zu vermeiden.

Befragung ist nicht der einzige Weg, etwas über die Motive zu erfahren. Fünf Methoden sind zu nennen: (1) die Introspektion oder Innenschau, bei der die Motive vom Handelnden allein beobachtbar sind, aber anderen – meist als Antworten auf verbale oder nonverbale Fragen – mitgeteilt werden können, (2) die Fremdbeobachtung, bei der fremdes Verhalten grundsätzlich mehreren Beobachtern zugänglich ist, jedoch erst auf seine motivationalen Hintergründe hin analysiert werden muss und (3) die Analyse von Verhaltensergebnissen, bei der die Beobachter von den wahrnehmbaren Folgen einer Handlung auf die Motive schließen, die zu ihr führten. Die Motive eines anderen kann man gelegentlich (4) auch an den physiologischen Prozessen, die von außen beobachtbar sind, erkennen oder (5) an Besonderheiten des Körperbaus, doch ist bei derartigen Versuchen große Vorsicht erforderlich. Die mit Hilfe der genannten Methoden ermittelten Ergebnisse bedürfen der Interpretation, um angemessen bewertet werden zu können.

Man darf davon ausgehen, dass dem Menschen einige Motive angeboren sind. Die beim Erwachsenen anzutreffende differenzierte Motivstruktur ist durch einen Lernprozess überformt, so dass sich in ihr bis zu einem gewissen Grad die soziale und gesellschaftliche Umwelt spiegelt, in der sie erlernt wurde. Motive werden jedoch nicht nur durch einen Lernprozess von der Umwelt langfristig beeinflusst, sondern durch bestimmte wahrgenommene Reizkonstellationen der Umwelt – die Anreize – kurzfristig aktiviert. Durch gezielte Vorgabe von Anreizen kann erreicht werden, dass ein Mensch häufiger und intensiver durch sein Verhalten die Befriedigung bestimmter Motive sucht. Das Verhalten ist aber nicht durch die Motive allein bestimmt, sondern auch durch die Gegebenheiten der Situation – „harte" Bindungen sowie soziale Normen - und die individuellen Fähigkeiten und Fertigkeiten. Bei konstanter Situation darf das Verhalten als Produkt aus Motivation x (Fähigkeiten + Fertigkeiten) bestimmt werden. Spezifisch das Leistungsverhalten kann bei hoher Motivation durch Verbesserung der Fähigkeiten und Fertigkeiten, bei guten Fähigkeiten und Fertigkeiten durch Intensivierung der Motivation gesteigert werden.

2. *Die Motivation beruflicher Arbeit*

Dieser Teil soll

- *zeigen, dass berufliche Arbeit in unserer Kultur zu den Selbstverständlichkeiten gehört, die von einem gesunden Erwachsenen erwartet werden;*
- *nachweisen, dass der Wunsch nach Geld nur ein Arbeitsmotiv unter vielen ist;*
- *deutlich machen, dass Arbeitsmotive sich mit dem gesellschaftlichen Wertewandel änderten;*
- *die Unterscheidung zwischen intrinsischen Arbeitsmotiven, die durch die Arbeit selbst befriedigt werden, und extrinsischen Arbeitsmotiven, die durch Folgen und Begleiterscheinungen der Arbeit befriedigt werden, plausibel machen;*
- *vor Augen führen, dass eine Arbeit, die den eigenen Kompetenzen und Neigungen voll entspricht, wie im Spiel, ja, manchmal geradezu wie im Rausch, erledigt wird;*
- *erklären, warum nicht für alle Menschen die gleichen Arbeitsmotive die gleiche Bedeutung haben;*
- *belegen, dass die Befriedigung mancher Motive vor allem Unzufriedenheit verhindert, während die Befriedigung anderer Motive zur Zufriedenheit führt;*
- *ein Gespür dafür vermitteln, dass es oft schwer zu erkennen ist, warum ein Mitarbeiter zufrieden oder unzufrieden ist;*

- *anregen, darüber nachzudenken, warum die Arbeitszufriedenheit in Deutschland in den letzten Jahren kontinuierlich gesunken ist;*
- *vor der Meinung bewahren, dass ein Höchstmaß an Motivation zur Leistung auch stets zur höchsten Leistung führt;*
- *davor warnen, in der Zufriedenheit ein Mittel zum Zweck erhöhter Leistung zu sehen;*
- *zu der Einstellung führen, dass die Leistung der Organisation und die Zufriedenheit der Mitarbeiter gleichberechtigt anzustrebende Ziele sind.*

Einführungsfragen

Bitte blättern Sie jetzt noch nicht weiter! Lesen Sie die nachfolgenden Fragen und versuchen Sie, diese zu beantworten. Vergleichen Sie dann Ihre Antworten mit jenen, die auf den nächsten Seiten gegeben werden.

1. Warum arbeiten Menschen?
2. Arbeiten Menschen bei uns nur des Geldes wegen?
3. Welche Beweggründe für berufliche Arbeit gibt es neben dem Wunsch nach Geld, die nicht unmittelbar in der Tätigkeit selbst liegen?
4. Welche Beweggründe zur Arbeit, die in ihr selbst liegen, gibt es?
5. Was geschieht, wenn die Anforderungen der Arbeit den Kompetenzen und Neigungen des Arbeitenden voll entsprechen?
6. Wie erfährt man etwas über die individuellen Arbeitsmotive?
7. Welche Arbeitsmotive sind die wichtigsten?
8. Was ist eigentlich Arbeitszufriedenheit?
9. Tragen alle Motive gleichermaßen zur Zufriedenheit bei?
10. Kann man von einer allgemeinen Arbeitszufriedenheit sprechen?
11. Wie reagiert man auf eine aversive Arbeitssituation?
12. Kann es auch ein Zuviel an leistungssteigernden Motiven geben?
13. Führt hohe Zufriedenheit stets zu hoher Leistung?

Haben Sie versucht, die 13 Fragen zu beantworten? Dann blättern Sie bitte weiter!

1. Warum arbeiten Menschen?

Berufliche Arbeit ist, wie anderes Verhalten auch, motiviert. Man kann also wie bei anderem Verhalten fragen, warum sie ausgeführt wird; man wird in diesem Sinne nach den Motiven beruflicher Arbeit suchen. Dies wird dennoch selten getan. Arbeit ist uns so selbstverständlich, dass wir keine Probleme darin sehen (v. ROSENSTIEL, 2006). In modernen Industriestaaten arbeiten – zumindest in bestimmten Phasen ihres Lebens – fast 100 Prozent aller Männer und ca. 80 Prozent aller Frauen – d. h. sie haben für kürzere oder längere Zeit eine Berufsrolle inne. So ist berufliche Arbeit auch in Zeiten hoher Arbeitslosigkeit eine von fast allen akzeptierte soziale Norm (NEUBERGER, 1985). Man arbeitet, weil alle arbeiten. Und wer ohne plausiblen Grund nicht arbeitet, muss damit rechnen, dass ihn das Misstrauen oder gar die Verachtung seiner mitmenschlichen Umwelt trifft.

Beispiel:
Wenn in unserer Kultur ein junger, gesunder Mann, der einen Arbeitsplatz finden würde und der nicht mehr in der Ausbildung steht, keiner Arbeit nachgeht oder sich nicht um Arbeit bemüht, sondern zu Hause oder in Cafés herumsitzt, so muss er damit rechnen, dass andere abfällig über ihn reden und er ihre Achtung verliert. Er hat gegen eine soziale Norm verstoßen. Das rächt sich. Dennoch folgt eine solche Beurteilung männlichen Verhaltens keinem allgemein gültigen Gesetz; hier muss kulturspezifisch relativiert werden, wie ein weiteres Beispiel zeigt: Wenn in einer Kultur, in der die Feldarbeit und die Kinderaufzucht ausschließlich von Frauen geleistet wird und die Männer nur zu Zeiten des Krieges und der Jagd aktiv werden, ein junger Mann plötzlich beginnt zu arbeiten, etwa die Felder zu bestellen, so wird er verlacht, verachtet und als weibisch verschrien werden. Er hat gegen die Norm verstoßen, die in der dortigen Kultur besteht.

2. Arbeiten Menschen bei uns nur des Geldes wegen?

Auch wenn man zugibt, dass berufliche Arbeit bei uns eine Norm ist und dass fast alle ihr nachgehen, so wird man doch weiter fragen können, warum Arbeit zur Norm wurde und warum fast alle Menschen ihr in unserer Kultur nachgehen.

Auf diese Frage wird man meist die Antwort erhalten, dass dies doch selbstverständlich sei: Bei uns brauche man Geld, um leben zu können, und Geld verdiene man eben bei der Arbeit. So richtig diese Antwort auch ist, so muss man doch sehen, dass sie nicht ganz eindeutig und nicht ganz ausreichend ist. Zunächst: Geld bedeutet für unterschiedliche Menschen Verschiedenes (McClelland, 1966): für den einen ist es Selbstzweck, für den nächsten ein Mittel, um bestimmte Dinge erwerben zu können, für den dritten Symbol dafür, dass er Anerkennung und Macht erreicht hat etc.

Beispiel:
Frau Maier arbeitet stets sehr hart und ist äußerst sparsam. Sie erlebt dadurch Befriedigung, dass ihr Sparkonto gewichtiger und gewichtiger wird, obwohl sie auf keinerlei konkrete Ziele spart. Herr Müller arbeitet entschieden weniger hart, ist auch am Verdienst nicht so sehr interessiert. Plötzlich beginnt er hart zu arbeiten, viele Überstunden zu machen, Geld zu sparen, da er sich ein neues Auto kaufen möchte. Nachdem er dieses Ziel erreicht hat, verfällt er wieder in den vorherigen Arbeitsstil. Mr. Smith, ein erfolgreicher Manager in den USA, der bereits eine hohe Gehaltsstufe erreicht hat, fordert bei einem Stellenwechsel 10.000 Dollar mehr im Monat. Aufgrund der Steuerprogression würde ihm sehr viel weniger als Mehrbetrag netto bleiben. Er besteht jedoch auf dem hohen Gehalt, da er in der hohen Bruttosumme ein Symbol der Achtung, des Prestiges und der eigenen Bedeutung sieht.

Würde man den Wunsch nach Geld für das einzige Arbeitsmotiv halten, so würde daraus unter dem Aspekt der Leistung eine unmenschliche Konsequenz folgen: Man könnte Menschen schlecht bezahlen, nahe am Existenzminimum halten, um so das Bedürfnis nach Geld – das zur Arbeit führt – bei ihnen besonders stark zur Wirkung zu bringen. Diese Konsequenz ist nicht nur unmenschlich, sie ist auch psychologisch falsch: Es hat sich gezeigt, dass Menschen, die finanziell für ihr ganzes Leben ausgesorgt haben, in aller Regel beruflicher Arbeit nachgehen. Sie suchen in ihrer Arbeit offensichtlich Bedürfnisse zu befriedigen, die nicht mit dem Geldmotiv identisch sind (NEUBERGER, 1986). Diese anderen für die Arbeit wichtigen Motive werden aber nur dann voll zum Tragen kommen können, wenn der Einzelne sich nicht in finanziellen Sorgen erschöpft. Nach solchen über das Bedürfnis nach Geld hinausgehenden Motiven soll jetzt gefragt werden.

3. Welche Beweggründe für berufliche Arbeit gibt es neben dem Wunsch nach Geld, die nicht unmittelbar in der Tätigkeit selbst liegen?

In der Motivationspsychologie, die sich mit der beruflichen Arbeit beschäftigt (V. ROSENSTIEL, 1975; COMELLI & VON ROSENSTIEL, 2009), unterscheidet man zwei große Gruppen von Motiven (HERZBERG, 1966):

a) jene Motive, die nicht durch das Tätigsein selbst, sondern durch die Folgen der Tätigkeit oder durch deren Begleitumstände befriedigt werden. Man nennt sie extrinsische Arbeitsmotive,
b) jene Motive, die durch die Tätigkeit selbst befriedigt werden. Man nennt sie intrinsische Arbeitsmotive. Ein Bespiel zeigt Abbildung 10.

Hier wollen wir zunächst nach den extrinsischen Arbeitsmotiven fragen. Ein besonders wichtiges ist der Wunsch nach Geld, über den wir bereits sprachen. In unserer Kultur, die durch relativen Wohlstand gekennzeichnet ist, hat sich jedoch ein anderes extrinsisches Arbeitsmotiv als noch wichtiger erwiesen, das in Zeiten steigender Arbeitslosigkeit noch an Bedeutung gewonnen hat: das Sicherheitsbedürfnis. Es ist zum Teil mit dem Geldmotiv, bezogen auf die Zukunft, identisch: Man möchte ein gutes Ein-

Arbeitsmotive	**Anreize**
Extrinsische Arbeitsmotive, wie z. B. der Wunsch nach – Geld – Sicherheit – Geltung	*Materielle Anreize*, z. B. – Lohn, Prämien – Renten, Kredite – Statussymbole u. ä. *Soziale Anreize* – Interaktionsmögl. außerhalb der Arbeit (z. B. bei Ausflügen, Vereinstätigkeiten) – Interaktionsmöglichkeiten innerhalb der Arbeit
Intrinsische Arbeitsmotive (die durch die Arbeit selbst befriedigt werden können), wie z. B. der Wunsch nach – körperlicher Betätigung – Kontakt – Leistung – Macht und Einfluss (in der Firma) – Singebung und Selbstverwirklichung	*Arbeitsinhalt:* – Aufhebung extremer Spezialisierung (z. B. durch Job-rotation, Job-enlargement, Job-enrichment) – Feedback über eigene Leistung (z. B. durch Anerkennung und Kritik) – Selbständigkeit (z. B. durch flexible Arbeitszeit, Mitsprachemöglichkeiten) – Lernmöglichkeiten (durch anspruchsvolle Tätigkeiten) – Aufstieg

***Abb. 10:** Intrinsische und extrinsische Motive und Anreize*

kommen auch in Zukunft haben. Das Sicherheitsbedürfnis richtet sich aber auch auf nicht-finanzielle Dinge: Man möchte den Einfluss, die Anerkennung, die äußeren Arbeitsbedingungen etc., die man erworben hat, auch in Zukunft gesichert sehen. Dem Sicherheitsbedürfnis kommt gerade bei deutschen Arbeitnehmern eine hervorragende Bedeutung zu (v. FRIEDEBURG, 1963, SCHRAMM, 1999). Ein weiteres wichtiges Arbeitsmotiv extrinsischer Art ist das Geltungsbedürfnis. Die berufliche Stellung ist zum Einen die wichtigste Ursache dafür, wie wir innerhalb des Betriebes angesehen werden, wie hoch unser Prestige ist; sie ist aber zum Anderen auch die entscheidende Bestimmungsgröße für das Ansehen, das wir außerhalb des Betriebes, etwa in der Nachbarschaft, genießen (WARNER, MEEKER & EELLS, 1949).

Schließlich ist auch Sexualität als extrinsisches Arbeitsmotiv nicht zu übersehen (MAINIERO, 1994; RASTETTER, 1994). Der Beruf ist eins der entscheidenden Bereiche, auf dem sich künftige Ehepartner kennen lernen; er ist außerdem – ohne dass es dabei zu sexuellen Aktivitäten kommen muss – der wichtigste Lebensbereich, in dem sich Männer und Frauen außerhalb der Ehe begegnen. Der Einfluss der Sexualität auf die berufliche Leistung – sei es fördernd oder hemmend – ist häufig nicht zu unterschätzen. Die Bedeutung und Situationsabhängigkeit extrinsischer Motivation zeigt folgender Fall:

Beispiel:
Ein türkischer Arbeitnehmer, Vater von sechs Kindern, kommt nach Deutschland. Er hat sich seit Jahren darum bemüht. Er ist bereit, praktisch jede Arbeit anzunehmen, da er möglichst viel Geld nach Hause bringen möchte, die Zukunft seiner Kinder sichern will und sich auf die Achtung freut, die er nach seiner Heimkehr als relativ wohlhabender und weitgereister Mann bei den dörflichen Nachbarn finden wird. Dieser Arbeitnehmer ist also weitgehend extrinsisch – durch den Wunsch nach Geld, das Sicherheitsstreben und den Geltungsdrang – motiviert.

Nach Hause zurückgekehrt, eröffnet er ein kleines Geschäft. Er verdient weniger als in Deutschland, doch die Arbeit macht ihm Freude. Der Wandel in seiner gesellschaftlichen Position wandelte auch seine Arbeitsmotivation. Die zuvor überwiegend extrinsische Arbeitsmotivation wurde von einer intrinsischen abgelöst.

Die Bedeutung der extrinsischen Arbeitsmotive ist groß. Noch wichtiger in ihrem Einfluss auf die Arbeitsleistung und das Arbeitsverhalten dürften auf die Dauer die intrinsischen Arbeitsmotive sein (VOLPERT, 1990, v. Rosenstiel, 2006). Dies gilt in umso stärkerem Maße, je anspruchsvoller, abwechslungsreicher und je mehr von der eigenen Entscheidung bestimmt der Inhalt der Arbeit ist.

4. Welche Beweggründe zur Arbeit, die in ihr selbst liegen, gibt es?

Arbeit selbst – ganz abgesehen von ihren Folgen – befriedigt eine ganze Reihe menschlicher Bedürfnisse. Zu nennen wären hier:

- der Wunsch nach Energieabfuhr. Überlastung ist unangenehm, gänzliches Untätigsein jedoch auch (HILL, 1956). Ein mittlerer Grad an Aktivität und Tätigkeit ist der menschlichen Motivation angemessen; Arbeit bietet die Möglichkeit, dieses Motiv zu befriedigen;
- das Kontaktbedürfnis. Moderne Arbeit ist weitgehend Teamarbeit geworden und fordert somit zwischenmenschliches Gespräch als Teil der Arbeit. Die Familie bietet dagegen immer weniger Kontaktmöglichkeit, da in der Regel nur noch Eltern und Kinder zusammenleben, die Kinderzahl sinkt, Großeltern und ferne Verwandte nicht mehr im Hause sind, der Ehepartner vielleicht fern von zu Hause tätig ist. Der Beruf wird also zur wichtigsten Quelle der Befriedigung des Kontaktbedürfnisses (MORSE & WEISS, 1955, KLAGES, 1984);
- die Leistungsmotivation. Ein Leistungsziel, das man sich selbst gesetzt hat und das zu erreichen man gewillt ist, befriedigt (MCCLELLAND, 1966). Der Beruf bietet die Möglichkeit dafür und zwar um so stärker, je selbstständiger man innerhalb seiner Tätigkeit ist, je mehr man also Einfluss auf die eigenen Aufgaben und Arbeitsziele hat;
- das Machtstreben (MAYER, 1961, McClelland 1978). Je höher man in der hierarchischen Struktur einer Organisation steigt, desto mehr gehört es zur Aufgabe innerhalb der Organisation, Einfluss auf Personen und Sachzusammenhänge zu nehmen. Das Machtstreben wird dadurch befriedigt;
- der Wunsch nach Sinngebung und Selbstverwirklichung. Jeder Mensch hat das Bedürfnis, nicht sinnlos dahinzuvegetieren, sondern etwas zu leisten, was der Gemeinschaft nützt und was Bedeutung hat (FRANKL, 1979). Der Beruf bietet dazu die Möglichkeit, wenn dem Einzelnen einsichtig gemacht wird, welches Gewicht für einen größeren Zusammenhang seine Tätigkeit hat (WHITE, 1959).

Beispiel:
Ein neuer Abteilungsleiter wird an die Spitze einer Abteilung innerhalb eines größeren Unternehmens berufen. Die Abteilung arbeitete bisher stets mit Verlust. Den neuen Leiter reizt die schwierige Aufgabe. Er setzt sich das Ziel, die Abteilung endlich aus den roten Zahlen herauszuführen. Er kniet sich mit aller Energie in die Arbeit, erreicht nach 12 Monaten sein Ziel und ist daraufhin sehr zufrieden. Der Abteilungsleiter dachte bei seiner Arbeit weder an möglichen nachfolgenden Aufstieg oder an eine etwaige Gehaltserhöhung. Die Leistung selbst reizte ihn. Die Befriedigung der Leistungsmotivation machte ihn zufrieden. Er war intrinsisch motiviert.

Die Arbeit so zu gestalten, dass sie intrinsische Motivbefriedigung für alle bietet, dürfte ein entscheidendes Ziel der Zukunft sein. Dadurch könnte eine Ungerechtigkeit gemildert werden, die in unserer Kultur noch fundamentaler als die ungleiche Einkommensverteilung ist: dass die einen Freude an ihrer Arbeit haben und die anderen nicht.

Die intrinsische Motivation ist für die Arbeit wichtig, die extrinsische aber ist es auch. Wäre es da nicht dringend zu empfehlen, die Arbeit so zu gestalten, dass ihre Ausführung Freude macht und außerdem ihre Begleitumstände und Folgen befriedigen? Auf diese Weise könnte man die intrinsische mit der extrinsischen Motivation kombinieren. Tatsächlich wird man bei der Gestaltung von Arbeit und der Gestaltung von Belohnungssystemen dies auch meist versuchen. Dennoch soll zur Vorsicht und zur Sensibilität auf diesem Gebiet aufgerufen werden. Es kann vorkommen, dass durch extrinsische Belohnungen eine ursprünglich hohe intrinsische Motivation zerstört wird (Wirsma, 1992, Frey & Osterloh, 2002).

Beispiel:
Kinder in einer Familie bauen mit Freude und Begeisterung aus Bauklötzchen hohe Türme. Sie freuen sich daran, wenn ihnen immer neue und originellere Formen gelingen, sind stolz, wenn der Turm höher wird als bei allen Versuchen zuvor. Den Vater freut dieses Spiel seiner Kinder. Er sagt: „Wenn ihr heute wieder

einen so schönen Turm baut wie gestern, dann bekommt jeder von euch 1 Euro!" Die Kinder strengen sich an; ihr Turm wird sehr schön, und sie erhalten die versprochene Belohnung. Am zweiten und am dritten Tag wiederholt sich dies in gleicher Weise. Am vierten Tag sagt der Vater: „Ihr macht mich ja arm; ab jetzt gibt es für das Türme Bauen kein Geld mehr!" Daraufhin verlieren die Kinder den Spaß am Bauen von Türmen. Dieses Spiel ist nun für sie „gestorben".

Die Gründe, die uns zur Arbeit bewegen, und die Befriedigung, die wir in ihr finden, sind keineswegs stabil. Die Strukturen innerhalb gesellschaftlicher Arbeit ändern sich beständig und auch die Gesellschaft selbst ist vielfältigen Wandlungsprozessen unterworfen. Mit diesem gesellschaftlichen Wandel ändern sich auch die Menschen in ihren Ansprüchen an die berufliche Arbeit (KLAGES, 1984). Dies ist in den vergangenen vierzig Jahren im Zuge des Wertewandels in Deutschland vielfach diskutiert worden (V. ROSENSTIEL, DJARRAHZADEH, EINSIEDLER & STREICH, 1993). Tatsächlich kann man zeigen, dass die berufliche Arbeit für die Mehrheit der Bevölkerung das Wichtigste im Leben war. Die Stunden, in denen gearbeitet wurde, wurden gleich positiv bewertet wie jene der Freizeit. Dies hat sich kontinuierlich verändert, so dass heute der Mehrheit jene Stunden lieber sind, in der keine Arbeit erforderlich ist. Die Abbildung 11 verdeutlicht dies.

Aber auch die Ansprüche an die Arbeit haben sich gewandelt. So genannte materialistische Gesichtspunkte dominierten früher, sind aber in ihrer Bedeutung zugunsten postmaterialistischer Ansprüche zurückgegangen (COMELLI & V. ROSENSTIEL, 2009), wie die Abbildung 12 zeigt.

Allerdings darf man derartige Tendenzen nicht linear fortschreiben. Der Wertewandel in der Gesellschaft hat sich jeweils in kürzeren oder längeren Wellen vollzogen. So lässt sich heute beobachten, dass man von dem, was nach „1968" besonders starke Ausprägungen zeigte, seit Mitte der neunziger Jahre des vergangenen Jahrhunderts wieder abrückt (NOELLE-NEUMANN & PETERSEN, 2001).

All dies hat Konsequenzen für die betriebliche Personalarbeit. War es früher häufig eine durchaus viel versprechende Methode, höhere Leistung vor allem durch die Wahl von materiellen Anreizen wie Leistungslohn oder Prämien zu begünstigen, sind heute andere Formen wie z. B. anspruchsvolle Arbeitsinhalte oder vermehrte Teamarbeit (v. ROSENSTIEL, 1992) zielführend.

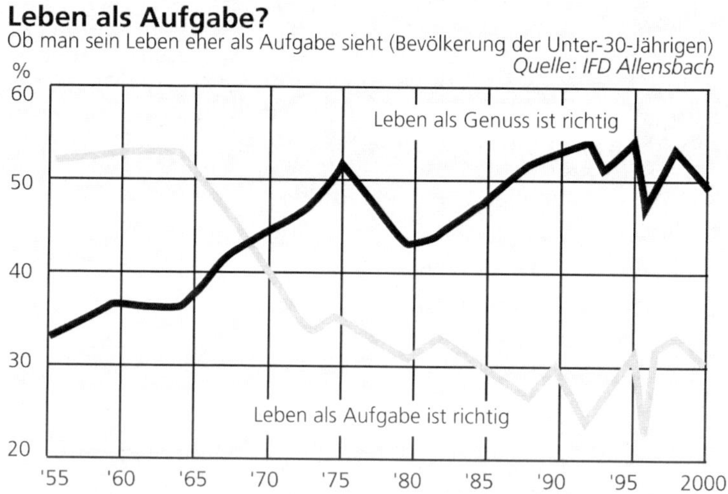

„Zwei Männer/Frauen unterhalten sich über das Leben. Der/die eine sagt: ‚Ich betrachte mein Leben als eine Aufgabe, für die ich da bin und für die ich alle Kräfte einsetze. Ich möchte in meinem Leben etwas leisten, auch wenn das oft schwer und mühsam ist.' Der/die zweite sagt: ‚Ich möchte mein Leben genießen und mich nicht mehr abmühen als nötig. Man lebt schließlich nur einmal, und die Hauptsache ist doch, dass man etwas von seinem Leben hat.' – Was meinen Sie, welche(r) von diesen beiden Männern/Frauen macht es richtig?"

Abb. 11: Die Bedeutung von Arbeit und Freizeit

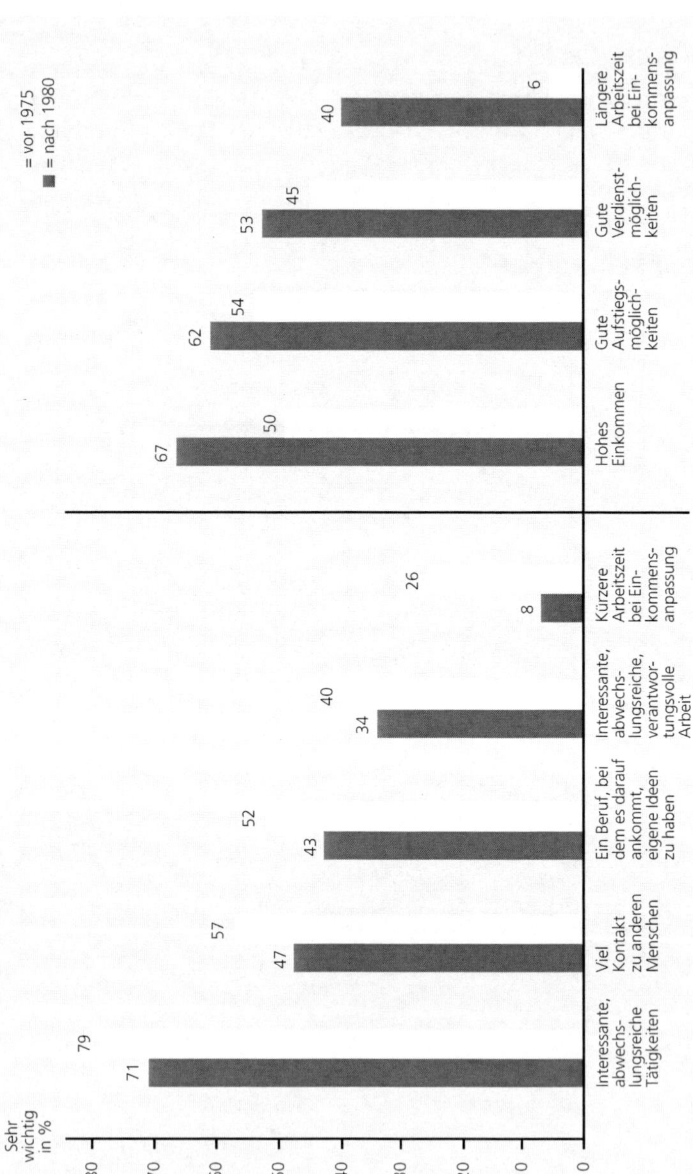

***Abb. 12:** Gewandelte Ansprüche an die Berufsarbeit*

5. Was geschieht, wenn die Anforderungen der Arbeit den Kompetenzen und Neigungen des Arbeitenden voll entsprechen?

Meist wird berufliche Arbeit in Organisationen geleistet. Für den Einzelnen ist dies häufig eine konflikthaltige Situation. Zwar bietet die Mitgliedschaft in einer Organisation – z. B. in einem Betrieb, einer Behörde – vielfältige Befriedigungsmöglichkeiten, die man als Selbstständiger nicht hat, doch ist dies auch mit Opfern verbunden. Der Einzelne strebt nach Autonomie und Selbstständigkeit, die Organisation fordert Unterordnung und Anpassung; der Einzelne ist individuell geprägt und als Persönlichkeit unverwechselbar, die Organisation besteht auf allgemeine Regeln. Abbildung 13 illustriert diese Spannung.

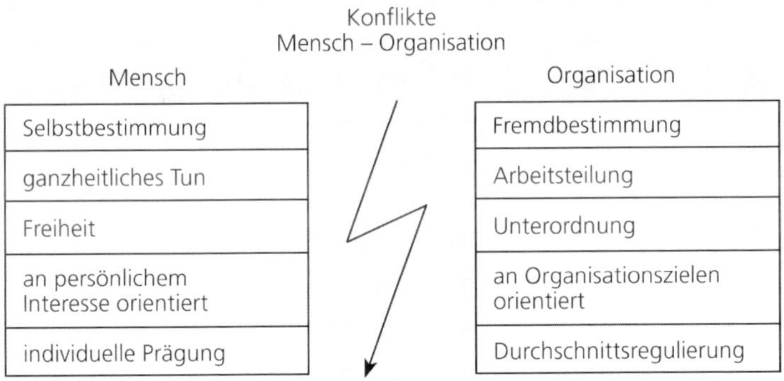

Abb. 13: Konflikte zwischen dem Menschen und der Organisation (in Anlehnung an ARGYRIS)

Was sich in der Abbildung als typische Grundspannung zwischen dem Individuum und der Organisation zeigt, wirkt bis in die einzelnen Arbeitsaufgaben der Arbeitnehmer hinein. Aufgrund der Arbeitsteilung ist das, was der Einzelne zu tun hat, in der Regel nur Teil eines Ganzen. Meist entsteht dadurch Monotonie und das Gefühl der Langeweile. Auf der anderen Seite kann der ständige Wandel, die immer häufiger auftretende Notwendigkeit, sich auf neue Herausforderungen einzustellen, auch zur quantitativen und qualitativen Überforderung führen. Kurz, häufig entsprechen die aktuellen Anforderungen weder den Kompetenzen noch den Neigungen des Arbeitenden. Ist dies aber doch einmal der Fall, so hat es äußerst positive Konsequenzen für das Erleben der Arbeit und die dabei erbrachte Leistung. CSIKSZENTMIHALYI (1975, 1992) hat dies untersucht. Es kommt in derartigen Situationen zu einem Einswerden des Menschen mit seinem Handeln oder – wie der Autor es nennt – zum „Flow-Erlebnis". Im Extremfall führt das zu einer intensiven Hingabe an die Tätigkeit, wie dies z. B. bei Künstlern zu beobachten ist, wenn sie an ihrem Werk arbeiten oder auch bei Spitzensportlern, die den hohen Herausforderungen gewachsen sind. Man wird gewissermaßen eins mit der Situation, und die Handlung fließt, ohne dass man sich bewusst anstrengt oder gar willentlich zu ihrer Bewältigung zwingen muss. Abbildung 14 illustriert das Flow-Erleben.

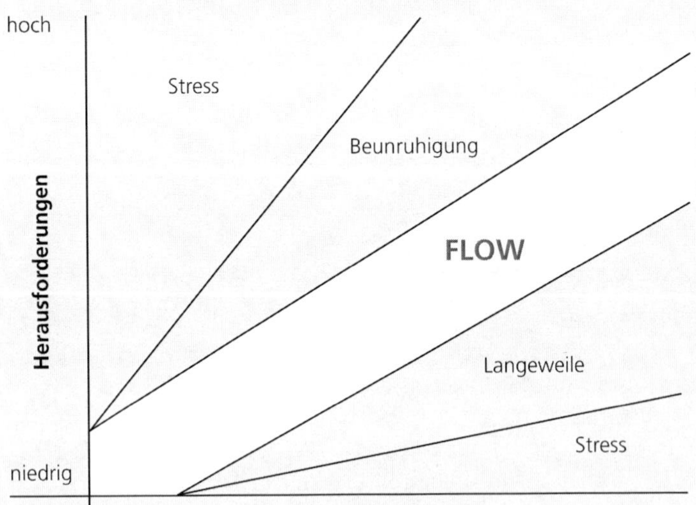

Abb. 14: Das Flow-Erleben im Modell von CSIKSZENTMIHALYI

Beispiel:
Eine Programmiererin beginnt nach dem Mittagessen ihre Arbeit an einem neuen Programm. Sie verfügt über reiche einschlägige Erfahrung. Ihr Chef hat ihr für die Gestaltung des nun zu erarbeitenden Programmes freie Hand gelassen. Sie beginnt mit ihrer Tätigkeit, die sie zunehmend fasziniert. Alles geht ihr locker von der Hand. Sie vergisst Zeit und Stunde. Als sie auf die Uhr schaut, ist es kurz vor Mitternacht, was sie völlig überrascht.

Übersteigen in der subjektiven Wahrnehmung die Herausforderungen die eigenen Kompetenzen, so führt das zunächst zu Beunruhigung und Unsicherheit und schließlich zu Stress. Dies allerdings gilt auch dann, wenn die Herausforderungen den eigenen Fähigkeiten und Fertigkeiten nicht entsprechen, weil sie zu niedrig sind. Langeweile kommt auf, die Tätigkeiten werden nur noch mit Widerwillen und ohne Interesse ausgeführt, wobei man gelegentlich auch von „Antiflow“ spricht.

6. Wie erfährt man etwas über die individuellen Arbeitsmotive?

Die methodischen Vorgehensweisen zur Feststellung menschlicher Motive – z. B. Introspektion, Fremdbeobachtung, Analyse der Verhaltensergebnisse – wurden bereits im ersten Teil besprochen. Sie werden grundsätzlich auch dann angewandt, wenn es darum geht, die Arbeitsmotive zu erkennen. Dies gilt sowohl, wenn man versucht, sich über die eigenen Arbeitsmotive Rechenschaft abzulegen, als auch dann, wenn man sich bemüht, etwas über fremde Arbeitsmotive in Erfahrung zu bringen.

Man sollte sich also gelegentlich selbst die Frage stellen, warum man spezifisch diesem Beruf nachgeht und keinem anderen, warum man innerhalb dieses Berufes gerade zu diesen und weniger zu anderen Tätigkeiten neigt. Man sollte auch bei weitgehend unreflektiert ausgeführtem berufsspezifischem Verhalten hin und wieder zu analysieren suchen, welche Motivationsstruktur hinter diesem Verhalten stand, und man sollte sich schließlich auch, wenn man vor den Ergebnissen seines Tuns steht und sie kritisch betrachtet, fragen, warum sie gerade so und nicht besser oder anders ausfielen. Untersucht man auf diese Weise die eigene Arbeitsmotivation, so wird, auch wenn man eigenes Verhalten oder die Folgen dieses Verhaltens untersucht, der Introspektion besondere Bedeutung zukommen, da man bei der Analyse eigenen Verhaltens und eigener Verhaltensfolgen meist nicht einfach indirekt auf die Motive schließen, sondern rückblickend Innenschau betreiben wird.

Sucht man die Arbeitsmotive anderer zu erkennen, so wird der Introspektion in der Regel geringere Bedeutung zukommen. Sie kann aber durch gezielte Fragen angeregt werden. Ihre Ergebnisse können dann beim Einstellungsgespräch (SCHULER, 2002), dem in regelmäßigen Abständen zu führenden Mitarbeitergespräch (HOSSIEP, BITTNER & BERNDT, 2008), sprachlich vermittelt werden oder bei Betriebsumfragen in schriftlicher Form dargestellt werden. Betriebsumfragen sollten in bestimmtem Rhythmus vorgenommen werden, um den Befragten die Gelegenheit zu geben, wichtige Probleme der Organisation unter ihrem Aspekt darzustellen und dadurch den Anlass zu Veränderungen zu geben (V. ROSENSTIEL & BÖGEL, 1992). Befriedigte und unbefriedigte Motive anderer werden dem Fragenden so zugänglich. Manche Ergebnisse der Introspektion, die auf den ersten Blick gar nichts mit der Motivation zu tun zu haben scheinen, können sich ebenfalls als wesentliche Indikatoren der Arbeitsmotivation erweisen. So darf man annehmen, dass Personen, die auch außerhalb der Arbeitszeit viel an Probleme ihrer Arbeit denken, eine starke Bindung an ihre berufliche Tätigkeit aufweisen (VROOM, 1962).

Die Beobachtung fremden Verhaltens, z. B. das der Mitarbeiter am Arbeitsplatz, kann häufig Entscheidendes über die Arbeitsmotivation verraten. Die Ergebnisse können dann zu einem gezielten Eingreifen des Vorgesetzten führen, wenn die Situation registriert wurde, in der das beobachtete Verhalten auftrat. Kommt es etwa nach der

Einführung bestimmter organisatorischer Neuerungen zu häufigem Fernbleiben vom Arbeitsplatz, gesteigertem Zuspätkommen, der Bildung von Cliquen oder Leistungsrestriktion (MATHEWSON, 1931; v. ROSENSTIEL, 1995), so wird man häufig auf Misstrauen oder Unzufriedenheit schließen und ein Gespräch über die Neuerung mit den Betroffenen herbeiführen, um Missverständnisse zu beseitigen oder gegebenenfalls die Entscheidung zu revidieren.

Wichtige Hinweise auf die Motivation der Mitarbeiter erhält man auch, wenn man erfährt, womit sie ihre Zeit verbringen und auch auf das achtet, worüber sie sprechen.

Beispiel:
Ein junger Informatiker, der erhebliche Teile seiner Freizeit dafür verwendet, zu studieren und Weiterbildungsseminare zu besuchen, hat offensichtlich eine ganz andere Motivation als jener, der Bücher über ferne Länder liest und sich sorgfältig und mit viel Zeitaufwand auf seinen Auslandsurlaub vorbereitet. Entsprechend darf man auch bei einer Sekretärin, die sich beim Essen in der Kantine hauptsächlich über jene Projekte äußert, die sie gerade bearbeitet, andere Motive vermuten als bei ihrer Kollegin, die bei dieser Gelegenheit fast ausschließlich von ihrem Mann und von ihren Kindern berichtet.

Hinweise auf die Motivation erhält man aber auch dann, wenn man zu erkunden sucht, welche Kompetenzen ein Mitarbeiter hat. Dabei lässt sich der Befund in zweifacher Weise deuten. Wenn ein Mitarbeiter mehrere Fremdsprachen beherrscht, so ist dies häufig ein Zeichen dafür, dass er offensichtlich Interessen auf diesem Felde hat, denn sonst hätte er ja wohl die Zeit für das Lernen nicht aufgewendet. Aber auch ein weiterer Gedanke ist hier wichtig. Wer weiß, dass er über bestimmte Kompetenzen verfügt, wird diese in der Regel auch anwenden wollen. Man wird zum Beispiel nur äußerst selten einen Menschen treffen, der sagt: „Ich kann zwar sehr gut Ski fahren, aber ich tue es nicht gerne!“ Meist will man das auch tun, was man gut zu beherrschen glaubt. In diesem Sinn ist –

vereinfacht ausgedrückt – jede Kompetenz ihre eigene Motivation. In der Praxis gelangt man häufig zu besseren Informationen über das, was andere Leute gerne tun möchten, wenn man sie danach fragt, was sie können, als wenn man direkt von ihnen erfahren möchte, was sie gerne tun wollen. Ähnlich können auch die Ergebnisse des berufsspezifischen Verhaltens, etwa erhöhter Ausschuss, gesteigerte Rückweisung durch die Endkontrolle oder Kundenreklamationen, Heraufschnellen der Fluktuationsrate, aber auch Produktivitätserhöhungen, häufiger eingereichte Verbesserungsvorschläge u. ä. m. bei systematischer Registrierung und sorgfältiger Analyse (MERRIHUE & KATZELL, 1955) etwas über Motivationsstrukturen verraten, was, bezogen auf die Situation, wieder zu relevanten Entscheidungen führen sollte. Freilich ist kritisches Abwägen erforderlich, wenn aus den Verhaltensfolgen auf die Motivation geschlossen werden soll. Denkbare andere Einflussgrößen müssen bedacht werden. Erhöhte Produktivität muss nicht in gesteigerter Leistungsmotivation ihre Ursache haben, sondern kann durch technische Rationalisierung begründet sein, eine gestiegene Fluktuationsrate muss nicht für eine verminderte Attraktivität des Arbeitsplatzes sprechen, sondern kann durch eine Veränderung der Arbeitsmarktlage verursacht sein (BEHREND, 1953).

Auf eines sollte man besonders achten, wenn man sich ein Bild über die Arbeitsmotive der Mitarbeiter in einer Leistungsorganisation zu machen sucht: Die Motivationsstruktur, die man bei dem Inhaber eines bestimmten Arbeitsplatzes feststellt, ist kein Merkmal, das ausschließlich durch diesen Menschen bestimmt ist und ihm zeitlebens anhaftet. Die Situation, spezifisch der Arbeitsplatz, prägt weitgehend mit, welche Arbeitsmotive überhaupt wirken können. Die Veränderung der Arbeit kann entsprechend zu einer raschen Veränderung der Motivationsstruktur führen.

Beispiel:
Ein Arbeiter, der am Fließband in einem metallverarbeitenden Betrieb tätig war, zeigte wenig Interesse an seinem Tun. Auf die Frage, was ihn denn bei seiner Arbeit hielte, antwortete er, dass die Bezahlung recht gut sei und er glaube, in diesem Großunternehmen

einen recht sicheren Arbeitsplatz zu haben. Auf die zusätzliche Frage, was ihn denn an der Arbeit selbst interessiere, erwiderte er: „Nichts – wenn man vom Kontakt zu den Kollegen einmal absieht." Einige Zeit später wurde es dem Arbeiter durch eine kleinere Erbschaft möglich, seinen bisherigen Arbeitsplatz aufzugeben und ein Einzelhandelsgeschäft aufzubauen. Er hatte mit erheblichen Anfangsschwierigkeiten zu kämpfen. Sein Gewinn lag zunächst deutlich unter seinem bisherigen Lohn, obwohl die Arbeitszeit entschieden angestiegen war.

Er gab auf Befragen dennoch an, seinen Entschluss keineswegs zu bereuen, da er seine Arbeit jetzt so gestalten könne, wie er wolle und es ihn zudem reize, etwas aufbauen zu können, auch wenn sich dabei gelegentlich unerwartete Schwierigkeiten einstellten.

Das Beispiel zeigt, dass man den Arbeiter falsch beurteilt hätte, wenn man von ihm ausgesagt hätte, dass er aufgrund seiner Persönlichkeitsstruktur in seinem Arbeitsverhalten ausschließlich durch materielle Interessen und durch Sicherheitsdenken, nicht aber durch Leistungsmotivation und das Bedürfnis nach Selbstentfaltung bestimmt sei.

Nicht vorwiegend die Persönlichkeitsstruktur, sondern die Arbeitssituation hatte seine wirksam werdenden Motive bestimmt. Die monotone Arbeit, deren Rhythmus durch die Maschine bestimmt wird und deren Inhalt durch Entscheidungen des Einzelnen nicht beeinflussbar ist, hatte die Leistungsmotivation oder den Wunsch nach Selbstverwirklichung nicht aktivieren können. Diese Bedürfnisse, die bei einer anderen Arbeit, wie sich später zeigte, zu tragenden Kräften wurden, waren frustriert oder vielleicht auch auf die Freizeit abgelenkt worden.

Bei der Beurteilung der Motivationsstruktur des Menschen am Arbeitsplatz ist also jeweils zu fragen, inwieweit die aufgefundene Motivationsstruktur durch überdauernde Persönlichkeitszüge und inwieweit durch den Arbeitsplatz selbst bestimmt ist. Bei der Organisation der Arbeit sollte man sich dieser Dynamik wegen bemühen, sie so zu gestalten, dass eine mögliche Vielzahl menschlicher Motive wirksam werden kann, um damit der Selbstentfaltung des Einzelnen zu dienen und die Arbeit humaner zu gestalten (McGregor, 1960, Ulich, 2005).

7. Welche Arbeitsmotive sind die wichtigsten?

Man kann generell nicht sagen, welche Arbeitsmotive die wichtigsten sind. Je nach Situation, Aufgabe und Persönlichkeitsstruktur kann das unterschiedlich sein (Centers und Bugental, 1966; Vroom, 1960). Einen gewissen Anhaltspunkt aber bietet die „klassische“ und noch immer viel zitierte Motivationstheorie des Amerikaners Abraham Maslow (1954), will man abschätzen, welche Motive besonders wichtig sind. Maslow unterscheidet fünf hierarchisch geordnete besonders wichtige Motive:

- Bedürfnis nach Selbstverwirklichung
- Bedürfnis nach Anerkennung
- Bedürfnis nach mitmenschlicher Zuwendung
- Sicherheitsbedürfnis
- körpernahe Grundbedürfnisse

Nach der Auffassung von Maslow ist das jeweils niedrigere Motiv das wichtigste, solange es unbefriedigt ist. Ist es befriedigt, so wird das nächsthöhere Motiv zum wichtigsten.

Beispiel:
Wer nicht genug Geld verdient, um das Existenzminimum zu erreichen, d. h. seine Grundbedürfnisse zu befriedigen, dem werden Sicherheit, Kontakt, Anerkennung und Selbstverwirklichung relativ gleichgültig sein. Er wird vor allem versuchen, mehr Geld zu verdienen. Wer dagegen gut verdient, eine sichere Stellung hat, in angenehmer mitmenschlicher Atmosphäre arbeitet und Anerkennung findet, dem wird eine interessante und selbstständige Arbeit, die ihm Möglichkeit zur Selbstverwirklichung bietet, das Wichtigste sein.

Untersuchungen haben nun gezeigt, dass in Industriebetrieben die höheren Motive der Organisationsmitglieder umso bedeutsamer werden, je höher sie innerhalb der betrieblichen Hierarchie stehen. Während etwa Angehörige der untersten Ebenen – z. B. angelernte Arbeiter – die Bedürfnisse nach Geld und Sicherheit besonders betonen, wird innerhalb der höheren hierarchischen Ebenen stärker die Befriedigung durch die Arbeit selbst hervorgehoben (CENTERS & BUGENTAL, 1966). Inhaber der höchsten Führungspositionen äußern die stärkste Befriedigung der Bedürfnisse nach Selbständigkeit und Selbstverwirklichung (PORTER, 1962).

Man darf folgern, dass mit dem Aufsteigen innerhalb der Hierarchie einer Organisation die unteren im MASLOWschen Modell genannten Motive befriedigt werden, die nächsthöheren Motive danach wirksam werden, bei weiterem Aufstieg auch Befriedigung finden, so dass die Wahrscheinlichkeit der stärksten Befriedigung vieler Motive an der Spitze der Betriebshierarchie am größten ist. Graphisch ließe sich das, wie in Abbildung 15 gezeigt, veranschaulichen.

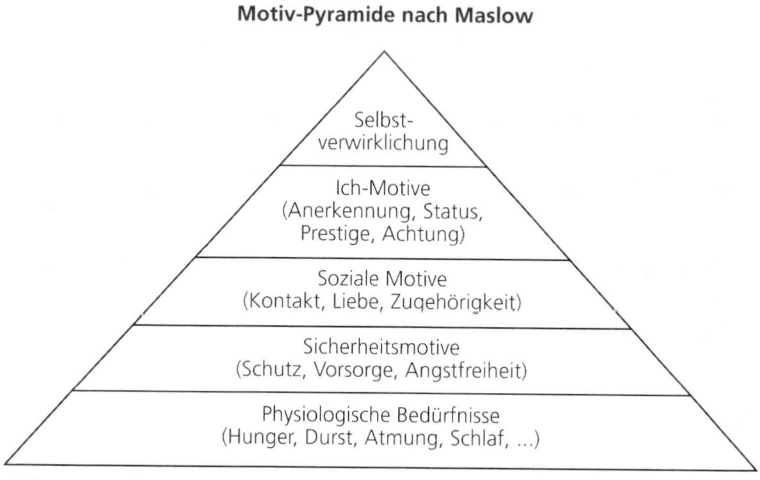

Abb. 15: Das hierarchische Modell der Motive nach MASLOW

Selbstverständlich ist das Modell von MASLOW nur ein Anhaltspunkt. Es gibt Ausnahmen. Man denke etwa an wenig erfolgreiche Künstler. Ihnen geht es fast nur um Selbstverwirklichung, obwohl die vier anderen Motive noch keineswegs befriedigt sind. Auch die Einordnung der Bedürfnisse nach menschlicher Zuwendung erscheint problematisch. Werden diese Wünsche wirklich erst wichtig, wenn wir uns „satt und sicher" fühlen oder ist es nicht viel mehr so, dass wir gerade in der Not die Nähe anderer Menschen ersehnen?

Ohnehin ist die ungebrochen hohe Akzeptanz des Motivationsmodells von MASLOW in der Praxis nicht seinem wissenschaftlichen Wert, sondern seiner großen Plausibilität zuzuschreiben. Ein Zeitgenosse von MASLOW, der Schriftsteller BERT BRECHT, sagt in seiner Dreigroschenoper: „Erst kommt das Fressen, dann kommt die Moral". Die Aufgliederung der Motivinhalte in fünf Gruppen leuchtet unmittelbar ein und ist leicht nachzuvollziehen. Es entspricht vielfach eigener Erfahrung, dass die „höheren" Motive für das Verhalten nur eine untergeordnete Rolle spielen, wenn die „unteren" nicht befriedigt sind. Außerdem ist es relativ leicht, sich betriebliche Anreize auszudenken, die mit den Grundbedürfnissen, sowie den Bedürfnissen nach Sicherheit, nach menschlichem Kontakt, nach Anerkennung und Geltung und schließlich mit dem Wunsch nach Selbstverwirklichung korrespondieren. So lassen sich z. B. auf der Basis des Modells Checklisten entwickeln, die dem Führenden dabei helfen können, die Stärke einzelner Motive eines Mitarbeiters abzuschätzen, um die für diesen geeignete Anreize auszuwählen oder zu gestalten. Abbildung 16 zeigt eine derartige Liste.

Der Anregungsgehalt des Modells ist vor allem hier zu suchen. Soll dagegen ganz konkret für einen Betrieb ein Anreizsystem entwickelt werden, das den Wertorientierungen und Motiven der Mitarbeiter entspricht, so sollte deren konkrete Situation beachtet und möglichst auf empirische Weise erfasst werden (V. ROSENSTIEL & BÖGEL, 1992; BIHL, 1995; COMELLI & V. ROSENSTIEL, 2009).

Checkliste zur Motivation

Denken Sie an irgendeinen Ihrer Mitarbeiter, damit Sie ein konkretes Beispiel vor Augen haben. Stellen Sie nur begründete Vermutungen an. Wie wichtig sind wohl die nachfolgend aufgeführten Motive für das berufliche Handeln dieses Mitarbeiters?

Motiv	5 sehr wichtig	4	3	2	1 un-wichtig
Es beruflich noch weiterbringen					
Eigene innovative Ideen im Beruf verwirklichen					
Selbstständig und autonom handeln					
Sich weiter qualifizieren					
Etwas geschafft haben, das bleibt					
Stolz auf die eigene Leistung sein					
Abwechslung bei der Arbeit erleben					
Andere übertreffen					
Ansehen und Geltung gewinnen					
Anderen demonstrieren, was man geleistet hat					
Einfluss auf andere Menschen ausüben					
Wissen, dass man seine Pflicht tut					
Der Familie und Freunden etwas bieten					
Positive Kontakte zu anderen haben					
Viele Menschen kennen lernen					
Beliebt sein bei anderen					
Die berufliche Position gesichert wissen					
Auch in Zukunft materiell gesichert sein					
Ein Vermögen aufbauen					
Im Wohlstand leben					
Nicht mehr tun müssen als andere					
Viel verdienen					

Und nun überlegen Sie sich, wie Sie überprüfen könnten, ob Ihre Vermutungen zutreffend sind! Was ist dann die Konsequenz? Wie können Sie künftig diesen Mitarbeiter motivieren? Und nun machen Sie sich bitte in gleicher Weise Gedanken darüber, wie das bei Ihren übrigen Mitarbeitern aussieht!

***Abb. 16:** Checkliste zur Einschätzung der individuellen Motivation*

Welche Motive für die Mitarbeiter jeweils Priorität haben, hängt einmal davon ab, wie sie in Elternhaus und Schule geprägt und in einer spezifischen Phase gesellschaftlicher Entwicklungen sozialisiert wurden. Es wird aber auch von aktuellen Bedingungen ihres Alltags bestimmt, die zur Folge haben, dass spezifische Motive erlebnismäßig in den Vordergrund treten. In diesem Sinne ist es schlüssig, dass Menschen, die im Rahmen ihrer Erziehung besonders auf den Wert der Selbstständigkeit hin geprägt wurden, durch großen Handlungsspielraum bei der Arbeit zu aktivieren sind. Andererseits ist es plausibel, dass Menschen, die ökonomischen Nachholbedarf haben und die Sicherheit ihrer Arbeitsplätze im überdurchschnittlichen Maße bedroht sehen, wie z. B. jene in den neuen Bundesländern, im Vergleich mit denen in den alten Bundesländern, auf gute Verdienstmöglichkeit und Sicherheit am Arbeitsplatz besonders großen Wert legen.

8. Was ist eigentlich Arbeitszufriedenheit?

Es war soeben darauf hingewiesen worden, dass Zufriedenheit aus der Befriedigung aktivierter Motive erwächst. Stellt sich also Arbeitszufriedenheit entsprechend immer ein, wenn etwas erreicht worden ist, was man erreichen wollte? Dann allerdings wäre die Arbeitszufriedenheit ein sich ständig verändernder emotionaler Zustand. Die Arbeitszufriedenheit wäre niedrig, wenn ich noch weit vom Ziel entfernt bin, sie wäre hoch, wenn ich das Ziel erreicht habe.

So aber wird in aller Regel die Arbeitszufriedenheit nicht verstanden. Man interpretiert sie meist als eine relativ stabile Bewertung betrieblicher Gegebenheiten durch den Mitarbeiter. In diesem Sinne darf man sie als eine *Einstellung* deuten (NEUBERGER & ALLERBECK, 1978). Einstellungen ergeben sich ja – das wurde zuvor bereits dargelegt – daraus, dass ich bestimmte Bedingungen als hilfreich für das Erreichen meiner Ziele betrachte. Wenn ich z. B. bemerke, dass meine Tätigkeit im Außendienst meinem starken

Wunsch, möglichst viele unterschiedliche Menschen kennen zu lernen, nutzt, so werde ich eine positive Einstellung dieser Tätigkeit gegenüber entwickeln oder – einfacher ausgedrückt – ich bin mit meiner Tätigkeit zufrieden. Entsprechend wird Arbeitszufriedenheit auch häufig als die Einstellung verschiedenen Aspekten der Arbeit gegenüber definiert. Diese Aspekte sind sehr vielfältig. Man denke z. B. an

- den Arbeitsinhalt
- die Arbeitsbedingungen
- den Vorgesetzten
- die Kollegen
- die innerbetriebliche Information
- die Unternehmensleitung und -verwaltung
- die Weiterbildungsmöglichkeiten
- die Aufstiegschancen
- den Betriebsrat
- die Arbeitszeitregelung
- das Gehalt
- die Sozialleistung
- das Ansehen des Betriebs in der Gesellschaft etc.

Für die Arbeitszufriedenheit sind vor allem jene Bedingungen wichtig, auf die der Einzelne besonders großen Wert legt.

Vergessen wird allerdings häufig, dass Arbeitszufriedenheit je nach der Art und Weise, in der sie zustande kommt, verschiedene Qualitäten haben kann. Die Arbeitszufriedenheit beruht – das wurde ausgeführt – auf Bewertungsprozessen. Diese Bewertungsprozesse aber lassen sich darauf zurückführen, dass man einen wahrgenommenen Ist-Zustand mit einem persönlichen Anspruch, einem Soll-Zustand, vergleicht. So betrachtet, könnte man Zufriedenheit dadurch erlangen, dass die Bedingungen im Betrieb sich so verbessern, dass sie den eigenen Ansprüchen entsprechen, aber auch dadurch, dass man seine Ansprüche reduziert. Es ist offensichtlich, dass dies denn jeweils zu einer ganz andersartigen Qualität der Arbeitszufriedenheit führt.

Die hier angesprochenen Gedanken sind von AGNES BRUGGEMANN in einem viel beachteten Modell noch verfeinert und differenziert worden, wie Abbildung 17 verdeutlicht (BRUGGEMANN, GROSKURTH & ULICH, 1975).

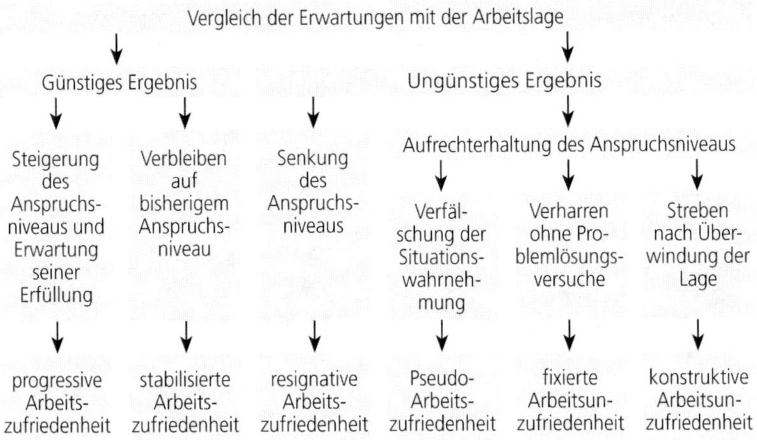

***Abb. 17:** Formen der Arbeitszufriedenheit und Arbeitsunzufriedenheit nach* AGNES BRUGGEMANN

Man erkennt, dass man, je nachdem, ob man seine Ansprüche aufrechterhält oder angesichts der Härte der Realität senkt, zu anderen Formen der Arbeitszufriedenheit gelangt. Die Diskrepanz zwischen dem Soll und dem Ist können Menschen in sehr unterschiedlicher Weise zu bewältigen suchen. Dies hat dann nicht nur für das eigene Erleben, die eigene psychische Gesundheit, ganz unterschiedliche Konsequenzen, sondern auch für das zu erwartende Verhalten.

Stabilisierte Arbeitszufriedenheit ist kaum eine Basis, aus der sich gesteigerte Leistungsbereitschaft ableiten lässt. Hier wird eher ein Ausruhen auf den eigenen Erfolgen anzunehmen sein. Ganz anders sieht dies bei der progressiven Arbeitszufriedenheit aus. Bei ihr wird eher die Haltung vorliegen: „So ist es gut, es kann aber noch besser werden; packen wir's an!“

Ähnlich wird man auch bei den verschiedenen Unzufriedenheitsformen zu unterschiedlichen Vorhersagen hinsichtlich des Leistungsverhaltens kommen. Bei fixierter Arbeitsunzufriedenheit wird vermutlich eine Haltung dominieren, die sich ausdrücken lässt mit: „Schlecht ist's, da kann man nichts machen“, während konstruktive Arbeitsunzufriedenheit eher zu der Haltung führt: „Schlecht ist's, also machen wir's künftig besser!“

Besonders häufig – das zeigen empirische Analysen – ist die resignative Arbeitszufriedenheit. Menschen erkennen, dass sie ihre ursprünglichen Ziele nicht erreichen konnten und senken ihre Ansprüche.

Eine derartige resignative Haltung lähmt die Kreativität und die Leistungsbereitschaft. Es ist daher im Interesse des Einzelnen und des Unternehmens wichtig, aus der resignativen Arbeitszufriedenheit konstruktive Arbeitsunzufriedenheit zu machen (Bednarek, 1985). Dies gelingt am ehesten, wenn man Personen die Erfahrung vermittelt, dass sie durch eigene Anstrengungen dazu beitragen können, Bedingungen in sichtbarer Weise zu verändern. Entsprechend konnte Gebert (2002) nachweisen, dass Innovationen vor allem dort zu erwarten sind, wo es erlaubt ist, kritisches Feedback von unten nach oben zu kommunizieren. Den Mitarbeitern gibt dies das Gefühl, Kontrolle über die gegebene Situation zu gewinnen. Sie handeln und versinken nicht in Resignation, die bis zur „inneren Kündigung“ reichen kann.

Beispiel:
In einem Motorenwerk, das „auf der grünen Wiese“ neu gebaut wurde, sollten die Arbeiter ein verbessertes Wir-Gefühl entwickeln. Man fasste sie daher in so genannten Lernstattgruppen zusammen, d. h. sie trafen sich gelegentlich für mehrere Stunden, diskutierten dabei über private Lebensbedingungen und über Erfahrungen bei der Arbeit, wobei bald ganz spontan Verbesserungsvorschläge erarbeitet wurden. Aus organisationalen Gründen konnte allerdings nur ein Teil der Arbeiter solchen Gruppen zugeordnet werden; für die übrigen war das nicht möglich. Nach einiger

Zeit prüfte man, welche Effekte die Mitgliedschaft in den Lernstattgruppen hatte. Es zeigte sich – im Vergleich mit den anderen –, dass die Mitglieder der Lernstattgruppen an der Arbeit sehr viel interessierter waren, eine höhere Qualifikation aufwiesen und betriebliche Bedingungen besser kannten. Sie waren aber auch – eine erhebliche Überraschung – sehr viel unzufriedener.

Die genaue Analyse zeigte, dass es sich um eine konstruktive Arbeitsunzufriedenheit handelte. Verbesserungsvorschläge waren gemacht worden und damit die Ansprüche gestiegen. Umso größer war die Enttäuschung, dass die Gruppenmitglieder sehen mussten, dass viele ihrer Vorschläge nicht umgesetzt wurden.

Für die Unternehmensleitung stellt sich in solchen Fällen die Frage, ob man lieber konstruktiv unzufriedene Mitarbeiter haben will, also solche, die kritisch mitdenken und enttäuscht sind, wenn sich nichts bewegt, oder aber Mitarbeiter im Sinne des berühmten Ausspruchs des Lyrikers GOTTFRIED BENN: „Dumm sein und Arbeit haben, das ist das Glück ...“

9. Tragen alle Motive gleichermaßen zur Zufriedenheit bei?

Wie zuvor besprochen, erwachsen aus den Motiven Erwartungen. Zufriedenheit tritt ein, wenn diese erfüllt werden. Das ist der Regelfall. Im Ausnahmefall ist es denkbar, dass jemand falsche Erwartungen hat. Er wird dann bei deren Erfüllung nicht zufrieden sein. Wenn jemand etwa davon ausgeht, Himbeersaft lösche den Durst, er dann aber nach drei Gläsern Himbeersaft immer noch Durst hat, ist trotz eines ungestörten Verhaltens im Sinne der Erwartung die erhoffte Befriedigung nicht eingetreten.

Die Zufriedenheit wird im Regelfall außerdem umso größer sein, je wichtiger das befriedigte Motiv für den Erlebenden ist.

Die klassische Annahme sieht dabei so aus, dass Zufriedenheit und Unzufriedenheit als die Extrempunkte auf einer Skala angesehen werden, wobei der Grad der Zufriedenheit um so intensiver ist, je mehr Motive befriedigt werden und je bedeutsamer sie für den Erlebenden sind. Dabei wird Zufriedenheit am Arbeitsplatz vor allem dann gefunden, wenn die Bezahlung gut ist, günstige Aufstiegsmöglichkeiten bestehen, der Vorgesetzte einen mitarbeiterorientierten Führungsstil zeigt, Mitbestimmung am Arbeitsplatz möglich ist, die Arbeit selbst abwechslungsreich ist, dem Arbeitenden Einfluss auf die Arbeitsmethoden und den Arbeitsrhythmus zugestanden und ihm Kontaktmöglichkeiten zu den Kollegen eingeräumt werden (VROOM, 1964). Starke Unzufriedenheit ist entsprechend bei einer gegenteiligen Konstellation aufzufinden. Diese Theorie der eindimensionalen Zufriedenheit ließe sich graphisch so verdeutlichen, wie es Abbildung 18 zeigt.

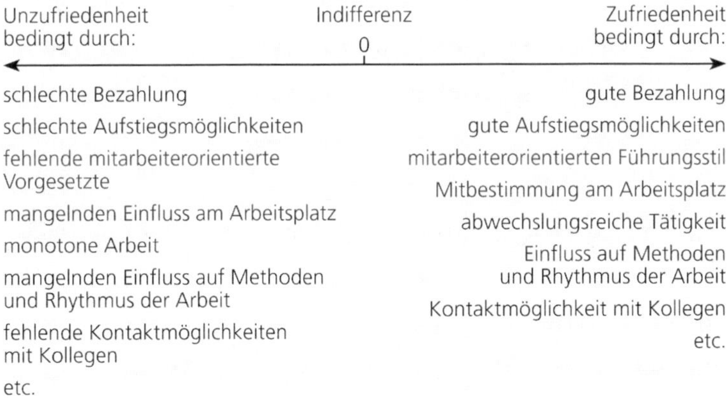

***Abb. 18:** Das eindimensionale Modell der Zufriedenheit*

Dieses eindimensionale Modell ist jedoch umstritten. Betriebsuntersuchungen des Amerikaners HERZBERG und seiner Mitarbeiter (1959) haben gezeigt, dass es bestimmte betriebliche Einflussgrößen gibt, die besonders geeignet sind, Unzufriedenheit zu vermeiden oder abzubauen, während es andere gibt, die vor allem den Effekt haben, Zufriedenheit herbeizuführen (HERZBERG, MAUSNER & SNYDERMAN, 1959).

Unzufriedenheit wird vor allem durch die von HERZBERG so genannten *Hygienefaktoren* herabgesetzt, durch die speziell extrinsische Arbeitsmotive befriedigt werden. Hygienefaktoren sind etwa die Unternehmenspolitik und -verwaltung, die nicht leistungsgebundene Entlohnung, die äußeren Arbeitsbedingungen und die zwischenmenschlichen Beziehungen zu Vorgesetzten und Kollegen.

Zufriedenheit wird durch die von HERZBERG so genannten *Motivatoren* bewirkt, die vor allem intrinsische Arbeitsmotive befriedigen. Motivatoren sind etwa die Leistung selbst, die Art der Arbeit, Anerkennung, Übertragen von Verantwortung, Aufstieg, Qualifikationsmöglichkeiten. Motivatoren haben sich in besonderem Maße als leistungssteigernd erwiesen.

Beispiel:
Ein Angestellter eines Dienstleistungsunternehmens ist seit geraumer Zeit unzufrieden, da er sich unterbezahlt fühlt. Da erhält er auf Grund einer Betriebsvereinbarung eine unverhofft große Gehaltserhöhung. Er freut sich darüber; die Unzufriedenheit ist weg. Er gewöhnt sich jedoch rasch an das erhöhte Gehalt, nimmt es als selbstverständlich und ist in der näheren Zukunft weder als zufrieden noch als unzufrieden beschreibbar. Einem anderen Angestellten wurde eine verantwortungsvolle Führungsaufgabe übertragen. Die Arbeit macht ihm Freude und fordert ihn jeden Tag aufs Neue. Er ist jetzt – auch auf die Dauer gesehen – zufriedener mit seinem Beruf, geht mit mehr Schwung an die Arbeit und leistet mehr. Die Übertragung von Verantwortung wirkte als Motivator.

Hygienefaktoren sind gewissermaßen Selbstverständlichkeiten; sie sollten für Betriebsangehörige im mindestens üblichen Maße gegeben sein. Ist dies der Fall, so wird keine hochgradige Unzufriedenheit aufkommen. Als spezifisch einzusetzende Anreize und Führungsinstrumente sind Motivatoren dagegen zu bevorzugen, da sie die Zufriedenheit dauerhaft verbessern und zudem die Leistung steigern können.

Die Auffassung HERZBERGs kann als die *Zweifaktorentheorie der Zufriedenheit* bezeichnet werden. Sucht man sie graphisch anschaulich zu machen, so ergibt sich ein Bild, wie es Abbildung 19 zeigt.

Abb. 19: *Die Zweifaktorentheorie der Zufriedenheit*

Beim gegenwärtigen Stand der wissenschaftlichen Diskussion lässt sich kaum entscheiden, ob das eindimensionale oder das zweidimensionale Modell besser dazu geeignet ist, die Wirklichkeit abzubilden (SIX & KLEINBECK, 1989; V. ROSENSTIEL, MOLT & RÜTTINGER, 2005, FISCHER, 2006).

Für die Entscheidung über organisatorische Maßnahmen im Betrieb ist die nicht beendete wissenschaftliche Diskussion allerdings nur von untergeordneter Bedeutung. Ob man nun eher zum eindimensionalen Modell neigt und sich entsprechend zum Ziel setzt, die Zufriedenheit der Organisationsmitglieder zu erhöhen, oder ob man zum zweidimensionalen Modell neigt und in diesem Sinne Unzufriedenheit der Organisationsmitglieder vermeiden und zugleich ihre Zufriedenheit steigern möchte – stets werden es praktisch identische Maßnahmen sein, die man für das Erreichen dieser Ziele wählen wird.

10. Kann man von einer allgemeinen Arbeitszufriedenheit sprechen?

Es erscheint zunächst zweifelhaft, ob man von einer allgemeinen Arbeitszufriedenheit sprechen kann. Der eine ist vielleicht mit seiner Aufgabe zufrieden, mit dem Vorgesetzten aber unzufrieden, ein anderer mit seinem beruflichen Vorwärtskommen zufrieden, mit dem Betriebsklima aber sehr unzufrieden. Untersuchungen haben aber gezeigt, dass die verschiedenen Formen der Zufriedenheit nicht voneinander unabhängig sind (WHERRY, 1954). Wenn auch methodische Fehler der entsprechenden Untersuchungen nicht ganz auszuschließen sind (VROOM, 1964), darf man doch das Folgende annehmen:

Wer mit einem betrieblichen Einflussfaktor zufrieden ist, ist es mit erhöhter Wahrscheinlichkeit auch mit anderen und umgekehrt. Möglicherweise unterscheidet sich das Anspruchsniveau verschiedener Personen generell voneinander, oder es gibt so etwas wie die

Neigung zur Zufriedenheit als einen – wenn vielleicht auch zeitlich begrenzten – Persönlichkeitszug (VROOM, 1964, BRANDSTÄTTER, 2006).

Beispiel:
Eine junge Verwaltungsbeamtin schimpft über die schlechten Aufstiegschancen. Die Schuld gibt sie dem Vorgesetzten, der sie nicht fördere. Die Bezahlung sei auch schlecht, und die Kollegen würde sie am liebsten auch nicht mehr sehen. Überhaupt passe ihr der ganze Laden nicht. Die Regierung sei auch so schlecht wie keine andere zuvor, und von ihrem Partner sei sie auch enttäuscht. Eine andere äußert sich in all diesen Punkten eher positiv.

Eine Tendenz zu einer allgemeinen Arbeitszufriedenheit oder Arbeitsunzufriedenheit besteht also. Für den Vorgesetzten heißt dies, dass er auf Klagen eines Mitarbeiters, der im Gegensatz zu seinen Kollegen über alles schimpft, nicht in dem Maße achten sollte, wie auf Klagen eines anderen, der sonst in der Regel zufrieden ist. Wer über alles nörgelt, obwohl es, wie man aus den Äußerungen anderer sieht, die in der gleichen Situation stehen, tatsächlich nicht so schlecht sein kann, sagt damit eher etwas über sich selbst als über die Arbeitssituation aus. Wer über präzise Punkte klagt, sonst aber zufrieden ist, sagt vermutlich mehr über die Situation als über seine Persönlichkeitsstruktur aus. Freilich gibt es Fälle, in denen über alles geschimpft wird und der Grund weniger in der Persönlichkeitsstruktur des Unzufriedenen als vielmehr in der betrieblichen Situation gesucht werden muss. Dies gilt dann, wenn die entscheidenden Bestandteile der Arbeitssituation objektiv, d. h. im Vergleich zur Norm anderer grundsätzlich ähnlich strukturierter Betriebe, schlecht sind. Eine allgemeine Arbeitsunzufriedenheit wird dann die Folge sein, die dazu führen dürfte, dass auch relativ positive Komponenten der Arbeitssituation nicht mehr gerecht beurteilt werden. Da nun in dieser unbefriedigenden Arbeitssituation in der Regel viele, wenn nicht gar alle Organisationsmitglieder stehen, dürften sie auch in ihrer Mehrzahl von der allgemeinen Arbeitsunzufriedenheit erfasst werden.

Da alle Betriebe eines Landes einer Gesamtwirtschaft und einem gesellschaftlichen Umfeld angehören, erscheint es sogar sinnvoll über die Betriebsgrenzen hinweg repräsentativ die Arbeitszufriedenheit einer Region, einer Branche oder auch des ganzen Landes zu erfassen. In Deutschland geschieht dies regelmäßig mit Hilfe des „sozioökonomischen Pannels“. Dabei zeigt sich, dass – mit einigen Schwankungen – die Arbeitszufriedenheit kontinuierlich gesunken ist und zwar in den alten und in den neuen Bundesländern.

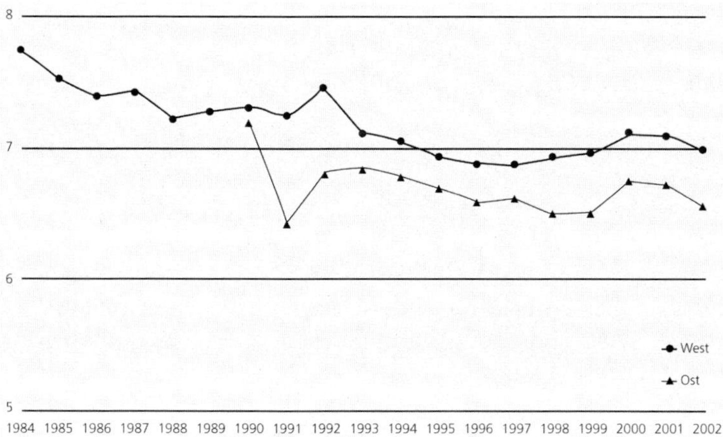

Abb. 20: *Das Sinken der Arbeitszufriedenheit in Deutschland im sozioökonomischen Pannel (SOEP)*

Über die Gründe kann man nur Vermutungen anstellen. Hängt es an der erlebten Bedrohung des Arbeitsplatzes, der Arbeitsplatzunsicherheit (SCHRAMM, 1999), an der zunehmenden Arbeitsverdichtung, die zu steigendem Leistungsdruck führt, oder dem Eindruck, dass – im Vergleich – früher bei der Arbeit generell vieles besser war?

In der Praxis wird häufig dann, wenn nahezu alle Mitglieder des Betriebs zufrieden sind, von einem guten Betriebsklima gesprochen. Oft kann man feststellen, dass eine klare begriffliche Unterscheidung zwischen der Arbeitszufriedenheit und dem Betriebsklima nicht ganz leicht fällt. Dennoch ist es ratsam, hier eine Grenze zu ziehen, da sonst recht Unterschiedliches vermischt wird. Für eine differenzierte begriffliche Analyse bietet sich die *Facettenanalyse* an, eine Methode, die hilft, vielschichtige Begriffe zu zerlegen (v. ROSENSTIEL & BÖGEL, 1992). Geht es darum zu untersuchen, wie betriebliche Bedingungen im Bewusstsein der Mitarbeiter abgebildet werden, so ist es hilfreich, drei verschiedene Facetten voneinander abzuheben:

- die Analyseeinheit, d. h. ob die Untersuchung beim einzelnen Betriebsmitglied oder bei der ganzen Gruppe bis hin zur gesamten Belegschaft ansetzt;
- das Analyseelement, womit die Unterscheidung zwischen der ganz konkreten Arbeit, also dem Arbeitsinhalt und den Arbeitsbedingungen einerseits und den umfassenden Organisationsbedingungen andererseits gemeint ist;
- die Art der Messung, was bedeutet, dass man die gegebenen und subjektiv abgebildeten Dinge zum einen einfach beschreiben und zum anderen bewerten kann.

Wählt man zwei Ausprägungen einer jeden Facette und nimmt man darüber hinaus an, dass diese Facetten logisch voneinander unabhängig sind, so ergeben sich (2 x 2 x 2) = 8 verschiedene Bedingungen, wie Abbildung 21 zeigt.

Typ des Konzepts	A	B	C	D	E	F	G	H
Facetten Analyse-einheit	Individuum	Individuum	Individuum	Individuum	soziales Kollektiv (aggregiert)	soziales Kollektiv (aggregiert)	soziales Kollektiv (aggregiert)	soziales Kollektiv (aggregiert)
Analyse-element	Arbeit	Arbeit	Organisation (Abt. oder Team)	Organisation (Abt. oder Team)	Arbeit	Arbeit	Organisation (Abt. oder Team)	Organisation (Abt. oder Team)
Art der Messung	Bewertung	Beschreibung	Bewertung	Beschreibung	Bewertung	Beschreibung	Bewertung	Beschreibung
	Zufriedenheit des Einzelnen mit seiner Arbeit: *Arbeitszufriedenheit*	Beschreibung des Einzelnen in seiner Arbeit: *Wahrgenommene Arbeitscharakteristika*	Zufriedenheit des Einzelnen mit der Organisation: Organisationszufriedenheit	Beschreibung des einzelnen Mitglieds der Organisation: *Wahrgenommene Organisationscharakteristika = Psychologisches Klima*	Übereinstimmung der Arbeitszufriedenheit: *„Role Morale" = Arbeitsmoral*	Übereinstimmung der Organisationsbeschreibung: *„Role Climate" = Arbeitsklima*	Übereinstimmung der Organisationszufriedenheit: Rollenklima	Übereinstimmung der Beschreibung der einzelnen Mitglieder der Organisation: *Organisationsklima*
							„Betriebsklima"	

Abb. 21: *Klima- und Zufriedenheitskonzepte in der Facettenanalyse nach* PAYNE

Innerhalb dieser Abbildung lässt sich die Arbeitszufriedenheit recht klar bestimmen. Es geht dabei um die Bewertung der Arbeit durch den Einzelnen. Eine typische Aussage in einem Arbeitszufriedenheitsfragebogen könnte entsprechend wie folgt aussehen: „Ich bin mit dem Inhalt meiner Tätigkeit zufrieden."

5	4	3	2	1
stimme voll zu	stimme weitgehend zu	weder noch	stimme weitgehend nicht zu	stimme nicht zu

Das andere Extrem, also Konzept H, zeigt das so genannte Organisationsklima. Hier geht es um die Beschreibung von Organisationsbedingungen durch die Gesamtbelegschaft. Die gemeinsame, von allen Betriebsmitgliedern in ähnlicher Form vorgenommene Beschreibung ist gefragt. Tatsächlich kann man ja auch in Gruppen häufig beobachten, dass die Art und Weise, wie man Dinge beschreibt oder bewertet, sich angleicht (ASCH, 1965; BRANDSTÄTTER, 1989). Durch vielerlei Gespräche und Diskussionen bildet sich eine gemeinsame Auffassung heraus. Man nennt dies eine soziale Norm. Dies gilt auch für das Organisationsklima, das dadurch gekennzeichnet ist, dass in übereinstimmender Weise Betriebsmitglieder Organisationsbedingungen beschreiben. Eine typische Frage in einem derartigen Klimafragebogen könnte heißen: „Bei uns im Betrieb werden alle wichtigen Entscheidungen an der Spitze getroffen."

5	4	3	2	1
stimme zu	stimme weitgehend zu	weder noch	stimme weitgehend nicht zu	stimme nicht zu

Das Betriebsklima, von dem in deutschen Unternehmen häufig gesprochen wird, ähnelt weitgehend dem hier vorgestellten wissenschaftlichen Konzept des Organisationsklimas (V. ROSENSTIEL, FALKENBERG, HEHN, HENSCHEL & WARNS, 1983).

Der Unterschied zwischen der Arbeitszufriedenheit und dem Betriebsklima sollte besonders beachtet werden. Bei der Arbeitszufriedenheit geht es um eine wertende Stellungnahme, beim Betriebsklima um die Art und Weise, wie die objektiven Gegebenheiten von der Belegschaft wahrgenommen werden.

11. Wie reagiert man auf eine aversive Arbeitssituation?

Arbeit kann krank machen. Ursachen dafür sind auch, aber keineswegs nur, Bedingungen der Arbeitssituation, die physisch schädigend wirken, wie es bei giftigen Arbeitsmaterialien (z. B. Asbest), Staub, Lärm, extremen Temperaturschwankungen, Überkopfarbeit etc. gilt. Dies ist ein Thema, das vor allem die Arbeitsmedizin betrifft. Die Arbeit kann jedoch auch vermittelt über die Psyche zu körperlicher Krankheit führen. Darüber wurde im Zusammenhang mit dem Flow-Erleben bereits gesprochen. Erhebliche Über- und Unterforderungen verursachen Stress, der langfristig körperliche Krankheiten nach sich ziehen kann (GEBERT, 1981; UDRIS & FRESE, 1988; SEMMER & UDRIS, 2007). Dabei lässt sich Stress als eine übermäßige Aktivierung des Organismus auf eine bedrohliche oder unsichere Situation beschreiben, wobei diese Aktivierung mit negativen Gefühlen verbunden ist.

Man hat nun in der Forschung nach Bedingungen gesucht, die häufig zu derartigen Reaktionen führen (MCGRATH, 1976). Dabei ist man u. a. auf eine unangemessene Schwierigkeit der zu erledigenden Aufgaben, auf Rollenkonflikte durch die Position, auf belastende Bedingungen der physikalischen Arbeitsumgebung, auf schwierige zwischenmenschliche Beziehungen am Arbeitsplatz, auf soziale Isolation bei der Arbeit und ähnliches mehr gestoßen. Allerdings bewirken objektiv gleiche Bedingungen nicht bei allen Personen Stress. Manche ertragen relativ gelassen hohe Belastungen, während andere schon auf relativ geringe Belastungen mit Stress reagieren. Entsprechend hat man versucht, zwischen Personen zu unterscheiden. Besonders bekannt geworden ist die sog. „A-B-Typologie" (FRIEDMAN & ROSENMAN, 1975). A-Typen kommen besonders häufig in den westlichen Industriegesellschaften vor. Sie fühlen sich beständig als unter Zeitdruck stehend und erleben sich in starker Konkurrenz mit anderen, denen gegenüber sie feindliche Gefühle entwickeln. Sie neigen im überdurchschnittlichen Maße zu Herz-Kreislaufstörungen und erleiden entsprechend gehäuft einen Herzinfarkt. Dies ist beim Typ B sehr viel seltener der Fall. Der Typ B kommt häufiger in kollektivistischen Gesellschaften

(HOFSTEDE, 1997) vor, die stärker am „Wir" als am „Ich" orientiert sind, wie dies z. B. für Japan gilt.

Allerdings erscheint die Betrachtung der Arbeitssituation oder des Menschen jeweils isoliert nicht angemessen. Es gilt das Wechselspiel, die Interaktionen zwischen Personen und Situationen, zu beachten, wie das LAZARUS (1966) mit seinem Modell, das Abbildung 22 zeigt, vorgeschlagen hat.

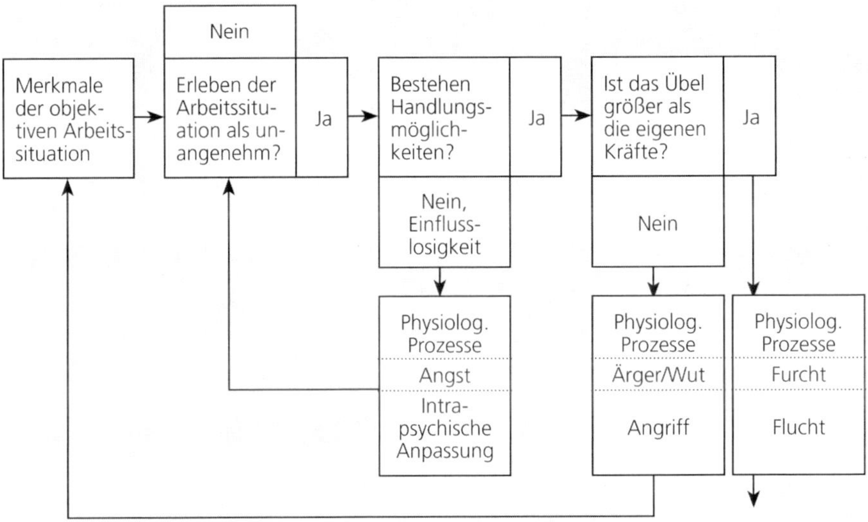

Abb. 22: Stress und Copingmechanismen nach LAZARUS

Man erkennt, dass es nicht die objektiven Merkmale der Arbeitssituation sind, die unmittelbar den Stress auslösen, sondern die Bewertungen dieser Arbeitssituation durch den Stelleninhaber. Empfindet er sie als unangenehm, aversiv, bedrohlich, verunsichernd, so entsteht im Ansatz Stress. Damit gilt es umzugehen, wofür die Person so genannte „Copingmechanismen" entwickelt. Diese aber werden je nach Arbeitssituation anders ausgestaltet. Erlebt sich die Person als einflusslos, so wird sie sich irgendwie mit der

Situation arrangieren. Dieses sich Anpassen ist nah verwandt mit der resignativen bzw. Pseudo-Arbeitszufriedenheit, die wir in Abbildung 17 kennen gelernt hatten. Glaubt die Person dagegen, dass Handlungsmöglichkeiten bestehen und dass außerdem ihre Kräfte größer sind als das wahrgenommene Übel, so wird sie versuchen dieses zu beseitigen. Allein oder gemeinsam mit anderen reagiert sie mit Ärger und Wut, geht zum Angriff über und versucht die objektive Situation zu verändern. Dies erinnert stark an die konstruktive Arbeitsunzufriedenheit, wie sie ebenfalls in Abbildung 17 visualisiert wurde. Wird allerdings das Übel als größer und stärker wahrgenommen als es die eigenen Kräfte sind, so wird Furcht erlebt werden und Flucht die wahrscheinliche Reaktion sein. Diese Flucht kann – wenn der Arbeitsmarkt keine Möglichkeiten bietet – die innere Kündigung sein, sonst das Verlassen des Arbeitsplatzes, um an anderem Ort bessere Bedingungen zu finden. Auch diese Flucht, dieses aktive Handeln, kann Ausdruck einer konstruktiven Arbeitsunzufriedenheit sein.

Von außen betrachtet ist das Sich-Abfinden mit der zunächst als aversiv erlebten Situation am wenigsten spektakulär. Aber gerade diese Form des Resignierens oder des Sich-etwas-Vormachens ist für die betroffene Person besonders schädlich und kann vielerlei psychosomatische Störungen im Gefolge haben.

Beispiele:
Aufgrund einer Fusion zweier Versicherungen werden 20 Prozent der Mitarbeiter entlassen und die verbleibenden Arbeitsplätze danach neu gestaltet. Dabei steigt einerseits die zu erledigende Leistungsmenge, zum anderen geht der bisher gegebene Handlungsspielraum deutlich zurück.

Einige Mitarbeiter, es sind insbesondere die älteren, sehen keine Handlungsmöglichkeiten, sondern erleben sich als einflusslos. Sie reagieren ängstlich und passen sich resignativ den neuen Gegebenheiten an. Auf die Frage, wie sie denn die neue Situation erleben, antworten sie: „Ach, es geht; es hätte ja noch viel schlimmer kommen können."

Andere, es sind vor allem jüngere, die sich aufgrund ihrer hohen fachlichen Spezialisierung ihres Wertes – ja ihrer Unersetzlichkeit – für die Organisation bewusst sind, fühlen sich stark. Sie organisieren sich zu einer schlagkräftigen Gruppe, sprechen sich mit dem Betriebsrat ab und gehen zum Angriff über. Sie setzen ihre Vorgesetzten unter Druck, deuten an, dass sie gute Marktchancen haben und erreichen schließlich, dass ihnen wieder erhöhter Handlungsspielraum zugestanden wird.

Wiederum andere glauben nicht daran, dass eine derartige gemeinsame Aktion an den neuen Strukturen etwas ändert. Sie studieren die Stellenanzeigen in den Wochenendausgaben großer Zeitungen, bewerben sich bei konkurrierenden Unternehmen und verlassen schließlich ihren bisherigen Arbeitsplatz. Kurz, es gilt angesichts einer aversiven Situation zwischen drei Möglichkeiten zu wählen:

- *„Love it!“*
- *„Change it!“*
- *„Leave it!“*

Stress ist schädlich. Er bedroht nicht nur langfristig die körperliche Gesundheit, sondern reduziert auch Arbeitsmotivation und Arbeitszufriedenheit. Gegen Stress am Arbeitsplatz sollte daher wenn irgend möglich etwas unternommen werden. Der sicherlich beste Weg besteht darin, die Bedingungen, die den Stress erzeugen, zu verbessern (primäre Prävention). Ein alternativer Weg kann darin bestehen, die Personen für den Umgang mit den übermäßigen Belastungen fit zu machen, z. B. dadurch, dass man sie fachlich in ihrer Kompetenz verbessert, dass man sie durch Einübung von Entspannungsmethoden dazu befähigt, mit den belastenden Situationen besser umzugehen oder dadurch, dass man sie zur Artikulation ihrer Interessen organisiert (sekundäre Prävention). Noch besser ist es natürlich, beides zugleich und in abgestimmter Weise anzustreben.

12. Kann es auch ein Zuviel an leistungssteigernden Motiven geben?

Es wurde bereits darauf hingewiesen, dass das Leistungsverhalten nicht nur von den Motiven, sondern auch von den Fähigkeiten und Fertigkeiten der Person und den Gegebenheiten der Situation abhängt. Wenn man nun aber einmal voraussetzt, dass Fähigkeiten, Fertigkeiten und Situationsgegebenheiten bei allen gleich sind, so fragt sich, ob mit einem Mehr an Motivation stets ein Mehr an Leistung einhergeht (VROOM, 1964). Man könnte dann eine direkte Proportionalität zwischen der Motivation zur Leistung und der Leistung vermuten, wie sie Abbildung 23 zeigt.

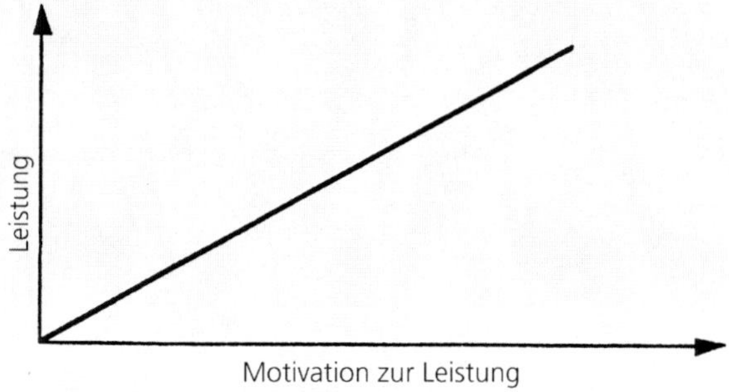

Abb. 23: Die Beziehung zwischen Motivation und Leistung bei fehlender Berücksichtigung einer Leistungsobergrenze

Man wird nach kurzer Überlegung eine solche Beziehung für unwahrscheinlich halten. Die Leistung lässt sich nicht beliebig steigern. Wer an der Leistungsgrenze angelangt ist, wird bei noch so viel gutem Willen (= Motivation) nicht noch mehr Leistung bringen können. Die Kurve wird also abflachen, wie Abbildung 24 das zeigt.

Abb. 24: Beziehung zwischen Motivation und Leistung bei Berücksichtigung einer Leistungsobergrenze

Selbst diese Beziehung erscheint fragwürdig. Untersuchungen haben gezeigt, dass ein Übermaß an Motivation nervös und ängstlich macht und somit die Leistung negativ beeinflusst (BRANDSTÄTTER, FRANKE & V. ROSENSTIEL, 1966). Eine Beziehung, wie sie Abbildung 25 zeigt, ließe sich daraus ableiten.

Abb. 25: Beziehung zwischen Motivation und Leistung bei Berücksichtigung empirischer Befunde

Beispiel:
Eine Führungsposition wird in einem Jahr frei. Einer der in Frage kommenden Nachfolger, welcher der Überzeugung ist, der Aufstieg hänge von der Leistung ab, beginnt daraufhin mit hektischer Aktivität zu arbeiten, fällt überstürzte Entscheidungen, macht viele Flüchtigkeitsfehler und erbringt so insgesamt trotz hohen Einsatzes eine Leistung, die schlechter war als zuvor. Er war zu hoch motiviert.

Es ist für den Vorgesetzten also nicht immer ratsam, durch Einsatz aller nur denkbaren Anreize die Motivation eines Mitarbeiters noch weiter zu steigern (COMELLI & V. ROSENSTIEL, 2009). Zu hohe Motivation kann auch schaden. Geringe Leistung wegen zu geringer Motivation erkennt man meist an zu geringer Aktivität und an Interesselosigkeit. Geringe Leistung wegen zu hoher Motivation zeigt sich in hoher Aktivität, hohem Interesse, aber auch in der Neigung zu Fehlern und Fehlentscheidungen, wodurch dann letztlich eine nicht befriedigende Leistung zustande kommt.

13. Führt hohe Zufriedenheit stets zu hoher Leistung?

Eine häufig wiederholte Behauptung geht dahin, dass hohe Zufriedenheit auch zu hoher Leistung führe, dass also Zufriedenheit als Mittel zum Erreichen des Zwecks Leistung verwendbar sei. Dieser Sachverhalt wird gelegentlich auch mit dem boshaften Wort umschrieben, dass „glückliche Kühe mehr Milch geben“.

Das Problem ist jedoch komplexer als es die eben genannte Annahme, die vor allem von der „Human-relation“-Bewegung vertreten wurde (TANNENBAUM, 1969), erscheinen lässt. Zum einen sollte man sich grundsätzlich von der Vorstellung, Zufriedenheit als Mittel zum Zweck benutzen zu wollen, frei machen. Zufriedenheit und Leistung sind gleichberechtigte unabhängige Ziele. Beide sollten in der Organisation um ihrer selbst willen angestrebt werden (V. ROSENSTIEL, 2007). Zum anderen ist Zufriedenheit keineswegs – wie empirische Untersuchungen zeigten – stets mit höherer Leistung verbunden (SIX & KLEINBECK, 1989, BOWLING, 2007). Nachgewiesen konnte werden, dass gelegentlich hohe Zufriedenheit mit geringer Leistung bzw. geringe Zufriedenheit mit hoher Leistung verbunden ist, gelegentlich zwischen Zufriedenheit und Leistung keinerlei Beziehung besteht, recht häufig dagegen geringe Zufriedenheit mit geringer Leistung, hohe Zufriedenheit mit hoher Leistung vorkommt (VROOM, 1964). Doch selbst in diesem letzten Fall ist nicht gesagt, dass die Zufriedenheit Ursache der hohen Leistung war (BASS, 1965). Dies ist nur eine von drei Möglichkeiten, also:

Zufriedenheit → Leistung

Beispiel:
Jemand arbeitet gern in einem Betrieb, weil die Kollegen so nett sind. Er ist zufrieden. So zeigt er denn zum einen, weil er durch die Zufriedenheit generell gut gestimmt und seelisch nicht belastet ist, zum anderen, weil er auf keinen Fall den angenehmen Arbeitsplatz gefährden will, eine recht gute Leistung.

Aber es kann auch die Leistung Ursache der Zufriedenheit sein, also:

Leistung → Zufriedenheit

Beispiel:
Jemand hat sich das Ziel gesetzt, ein hohes Leistungsergebnis zu erreichen. Unter Aufbietung aller Kräfte schafft er es. Daraufhin ist er zufrieden.

Es gibt aber auch Fälle, in denen Leistung und Zufriedenheit sich nicht direkt beeinflussen, sondern von einer dritten Einflussgröße (X) abhängen, also:

X
↓ ↓
Zufriedenheit Leistung

Beispiel:
Ein Vorgesetzter ist so umgänglich und menschlich, dass seine Mitarbeiter zufrieden sind, er weiß aber auch die Aufgaben so geschickt aufzuteilen und interessant darzustellen, dass die Leistung der Mitarbeiter hoch ist.

Dies alles waren Beispiele für den Fall, dass Leistung und Zufriedenheit positiv korrelieren. Es sei aber nochmals daran erinnert, dass auch eine negative Korrelation vorkommen kann.

Beispiel:
In einem Arbeitslager werden unter Androhung härtester Strafen von den Gefangenen hohe Leistungen erpresst. Die Leistungen sind hoch, die Zufriedenheit ist extrem niedrig.

Macht man sich differenziert Gedanken über die Beziehung zwischen der Leistung und der Zufriedenheit, so muss man natürlich auch danach fragen, wie jeweils Leistung und Zufriedenheit begrifflich gefasst und gemessen werden. Verdeutlichen wir das mit Beispielen aus beiden Fällen.

Leistung kann in bestimmten Situationen schlicht als Menge, als Quantität, sie kann aber im anderen Bereich weit eher als Güte, als Qualität, definiert werden. Man könnte sie messen auf der Basis von harten Daten, z. B. Stückzahl pro Tag, an Aussagen des Vorgesetzten, aber auch jenen des Arbeitnehmers selbst. Dass dies dann zu jeweils anderen Werten führt, kann kaum verwundern und auch die Beziehung der Leistung zur Zufriedenheit kann sich dann jeweils anders darstellen.

Beispiel:
Ein Verkäufer freut sich über die Abschlüsse, die er innerhalb des letzten Monats getätigt hat. Er stuft seine Leistung also hoch ein und ist zufrieden. Der Verkaufsleiter dagegen hat sich höhere Abschlüsse erhofft und stuft die Leistung seines Verkäufers als unterdurchschnittlich ein. Entsprechend ist er irritiert von dessen Zufriedenheit.

Aber auch die Zufriedenheit kann natürlich in sehr unterschiedlicher Weise erfasst und bestimmt werden. Denken wir noch einmal zurück an die zuvor besprochenen verschiedenen Formen der Arbeitszufriedenheit. Die „stabilisierte" Zufriedenheit hat ja ein wenig damit zu tun, dass man sich mit dem Erreichten zufrieden gibt. Besondere Leistungsimpulse dürften also der stabilisierten Arbeitszufriedenheit kaum entspringen. Die progressive Arbeitszufriedenheit dagegen ist ja dadurch gekennzeichnet, dass man die Ansprüche weiter erhöht, was auch Anlass zu der Vermutung gibt, dass die Leistung sich verbessern werde. Fixierte Arbeitsunzufriedenheit geht davon aus, dass zwar die Ansprüche aufrechterhalten werden, man jedoch wenig unternimmt, sie zu erreichen. Somit wird als Folge einer derartigen Unzufriedenheit auch unterdurchschnittliche Leistung angenommen. Die konstruktive Arbeitsunzufriedenheit ist dagegen von dem Bemühen gekennzeichnet, Schwächen und Fehler zu beseitigen. Sie dürfte den Impuls zu höherer Leistung in sich tragen.

Aber auch bei der Messung der Zufriedenheit kann man verschiedene Wege gehen. So lassen sich z. B. Einzelne im offenen Gespräch interviewen oder ganze Belegschaften mit einem standardisierten Verfahren anonym befragen. Man geht gelegentlich auch den Weg, ganz bestimmte beobachtbare Indikatoren wie die Fehlzeiten- oder Fluktuationsrate als Hinweise für den Grad der Arbeitszufriedenheit zu nutzen.

Aber selbst dann, wenn man auf unterschiedliche Begriffsbestimmungen und Erhebungsmethoden nicht achtet, wird man kaum eine direkte Proportionalität zwischen der Leistung und der Zufriedenheit annehmen (BOWLING, 2007). Viele theoretische Ansätze zeigen das. Ein Modell, das in der Praxis gelegentlich als „Führungsbusen" bezeichnet wird, macht dies in exemplarischer Weise deutlich, wie Abbildung 26 zeigt.

Wie ist diese Abbildung zu verstehen? Es wird davon ausgegangen, dass mit steigendem Druck auf den Mitarbeiter seine Zufriedenheit sinkt; bei hohem Druck durch den Vorgesetzten oder den Betrieb wird er also besonders unzufrieden werden. Die Leistung aber sinkt – das wird gut sichtbar – nicht in entsprechender Weise ab. Die Beziehungen sind weit komplexer. Fehlt jeder Druck, gibt es nicht einmal klare Ziele, so ist die Leistung gering. Stellt sich dagegen ein leichter Druck ein, z. B. dadurch, dass Ziele vereinbart wurden oder so etwas wie Wettbewerb zwischen einzelnen Arbeitnehmern entsteht, so steigt die Leistung deutlich an. Wird nun z. B. durch ständiges Nachfragen oder Kontrollieren des Vorgesetzten der Druck verschärft, so bildet sich Reaktanz, Widerstand

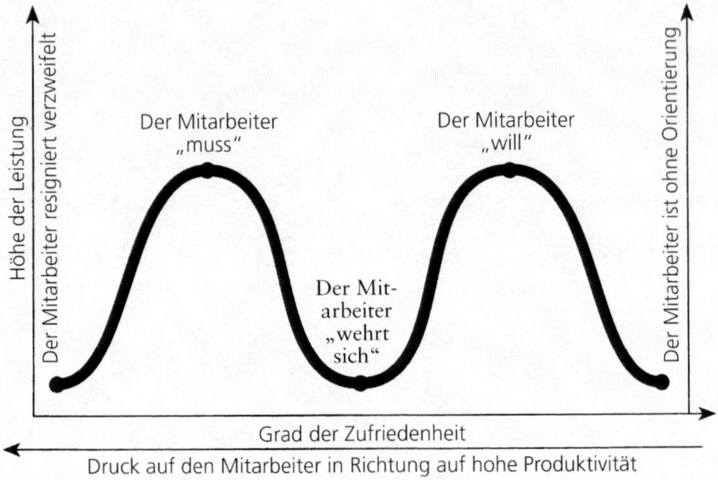

Abb. 26: „Der Führungsbusen"

(BREHM, 1966) heraus. „So lassen wir nicht mit uns umspringen!", sagen die Mitarbeiter. Die Leistung sinkt.

Nun kann der Vorgesetzte, um diesen Widerstand zu brechen, den Druck weiter erhöhen, z. B. indem er glaubwürdig mit Sanktionen bis hin zur Abmahnung oder gar Kündigung droht. Die Leistungen steigen wieder an. Wird er allerdings in einer geradezu extremen Weise verschärft, wie wir dies aus Zwangsarbeitslagern in totalitären Regimen kennen, so sinkt die Leistung wieder ab: „Schießt mich doch tot, mir ist alles egal...", lautet hier die resignative Reaktion.

Vergleicht man nun jene beiden Situationen miteinander, in denen die Leistung hoch ist, so sieht man, dass sie einmal mit Zufriedenheit, das andere Mal mit Unzufriedenheit verbunden ist. Die Haltung des Mitarbeiters, der in einer Zufriedenheit bietenden Arbeitssituation hohe Leistung bringt, könnte man mit den Worten umschreiben: „Ich will!" Seine Haltung in der Unzufriedenheitssituation könnte man eher mit den Worten: „Ich muss!" charakterisieren.

Bei allen für den Personalbereich wichtigen Maßnahmen, die man in einem Betrieb plant, sollte man jeweils getrennt überlegen, welchen Einfluss sie auf die Zufriedenheit und welchen Einfluss sie auf die Leistung haben. Kann man davon ausgehen, dass eine Maßnahme die Zufriedenheit erhöht, ist damit noch nichts über ihren Einfluss auf die Leistung ausgesagt; kann als wahrscheinlich gelten, dass sie die Leistung steigert, so ist ihr Einfluss auf die Zufriedenheit noch völlig fraglich. Entscheidet man sich schließlich für eine spezifische Maßnahme, so sollte gewährleistet sein, dass der Leistung und der Zufriedenheit gedient ist und nicht der einen Größe auf Kosten der anderen.

Arbeitsfragen

1. Denken Sie einmal an sich selbst: Welches sind die Gründe, die Sie dazu bewegen, täglich Ihrer beruflichen Arbeit nachzugehen?
2. Worin wird sich das Arbeitsverhalten eines Menschen, der vor allem Befriedigung in der Arbeit findet, von dem eines anderen unterscheiden, der in der Arbeit ein Mittel zu dem Zweck sieht, seine Freizeit befriedigend gestalten zu können?
3. Wenn Sie an Einstellungsgespräche denken, die Sie in der letzten Zeit geführt haben – welche Erwartungen an die neue Stellung wurden von den Bewerbern am häufigsten geäußert? Welche Motive standen wohl dahinter?
4. Welche Arbeitsmotive werden bei einem Angestellten der mittleren Laufbahn vermutlich in der Jugend dominieren, wie werden sie sich wandeln und wohl im Alter, kurz vor der Pensionierung, ausgerichtet sein?
5. Es gibt Situationen, in denen geht man ganz in seiner Aufgabe auf, vergisst die Zeit und arbeitet wie in einem Rausch. Welche Bedingungen sind es wohl, die ein derartiges Arbeitserleben begünstigen?
6. Es gibt Menschen, die sind zunächst über eine Veränderung ihrer Arbeitsbedingungen sehr unglücklich. Nach einiger Zeit aber scheinen sie sich damit abgefunden zu haben. Fragt man sie, wie sie denn die veränderte Situation bewerten, so antworten sie häufig: „Ach, es geht schon; es könnte ja noch schlimmer sein!“ Wie kann man eine derartige Anpassung an eine verschlechterte objektive Situation interpretieren?
7. Wie wird sich ein Angestellter wohl zunächst, wie einige Wochen später verhalten, der angibt, seines niedrigen Gehalts wegen unzufrieden zu sein und nun plötzlich die gewünschte Gehaltserhöhung erhält?
8. Woran könnte man erkennen, ob ein Mitarbeiter aus privaten oder aus beruflichen Gründen missmutig und unzufrieden ist?
9. Denken Sie sich Situationen, in denen man als Vorgesetzter aus menschlichen Gründen eigentlich verpflichtet sein sollte, auf ein Mehr an Leistung zu verzichten, um die Zufriedenheit der Mitarbeiter nicht zu senken!

Zusammenfassung des 2. Teils

Menschen gehen in unserer Kultur beruflicher Arbeit nach, weil beinahe alle das tun und Berufsarbeit damit eine soziale Norm ist. Diese Normbildung hat ihre individuellen motivationalen Gründe darin, dass sowohl Begleitumstände und Folgen der Arbeit – Gelderdienst, Zukunftssicherung, Geltung, Kontakt mit dem anderen Geschlecht – als auch Bestandteile der Arbeit selbst – Tätigkeit an sich, Kontakt mit anderen, Erreichen von Leistungszielen, Einfluss auf Menschen und Dinge, selbstständige Gestaltung sinnvoller Arbeitsverläufe – wesentliche Motive zu befriedigen vermögen. Man erkennt die wirksamen Arbeitsmotive vor allem durch Introspektion, Fremdbeobachtung und Analyse der Verhaltensfolgen in der Arbeitssituation, wobei die aufgefundene Motivationsstruktur des Arbeitenden nicht nur von seiner überdauernden Persönlichkeitsstruktur, sondern auch von der konkreten Arbeitssituation determiniert ist. Die Gewichtigkeit einzelner Arbeitsmotive hängt entsprechend ebenfalls stark von der Arbeitssituation ab, wobei man verallgemeinernd sagen darf, dass mit ansteigender Höhe seiner Position in der Betriebshierarchie der Einzelne bei einer wachsenden Zahl von Bedürfnissen Befriedigung findet.

Die Bedeutung der Motive des Einzelnen ist aber auch Spiegelbild gesellschaftlicher Werte. Ändern sich z. B. im Zuge des Wertewandels die Prioritäten, so ändert sich auch das, was Einzelne für wichtig und erstrebenswert halten.

Höchst bedeutsam für das Arbeiten ist die intrinsische Motivation; d. h. die Befriedigung relevanter Motive durch die Tätigkeit selbst. Besonders intensiv ist diese Befriedigung dann, wenn die Aufgabe mit ihren Anforderungen weitestgehend den Kompetenzen und Bedürfnissen des Arbeitenden entspricht. Unter solchen Bedingungen kommt es gelegentlich zum so genannten „Flow“-Erleben.

Je bedeutsamer einem Menschen ein Arbeitsmotiv ist und je stärker es befriedigt wird, desto mehr trägt es zur Arbeitszufriedenheit bei. Es ist allerdings umstritten, ob verschiedene Gegebenheiten der Arbeitssituation, die der Motivbefriedigung dienen, gleichermaßen der Vermeidung von Unzufriedenheit und der Steigerung der Zufriedenheit zugute kommen, oder ob einige spezifisch zur Vermeidung von Unzufriedenheit, andere zur Erhöhung der Zufriedenheit führen. Obwohl die individuelle Zufriedenheit durch vielerlei unterschiedliche situative betriebliche Komponenten determiniert ist, scheint es berechtigt, von einer Gesamtzufriedenheit zu sprechen.

Allerdings ist Zufriedenheit nicht gleich Zufriedenheit; das gleiche Wort verdeckt, dass es verschiedene qualitativ höchst unterschiedliche Formen von Zufriedenheit gibt, die sich daraus entwickeln, dass eine Person der Situation gegenüber ihr Anspruchsniveau erhöhen, stabilisieren oder senken kann. Diese Überlegung ist auch dafür hilfreich, den Umgang des Einzelnen mit Stress zu verdeutlichen. Manche passen sich in resignativer Weise an eine belastende Situation an, andere versuchen, sie durch aktive Maßnahmen zu verbessern, während wiederum andere aus dem Felde gehen, d. h. sich von der aversiven Situation distanzieren.

Neben den Fähigkeiten und Fertigkeiten, den sozialen Normen und der Situation ist es die Motivation, welche die Leistung bestimmt. Dennoch scheint eine extreme Steigerung leistungsbezogener Motive der Leistung abträglich zu sein, da dies zu Angst führt und damit Fehler bei der Leistungserstellung begünstigt. Die Zufriedenheit, die auf unterschiedliche Weise zustande kommt und verschiedenartige Qualitäten haben kann, darf im Regelfall nicht als eine Determinante der Leistung angesehen werden. Leistung und Zufriedenheit sind weitgehend unabhängig voneinander. Aber auch in den Fällen, in denen sie positiv miteinander korreliert sind, ist es zunächst offen und bedarf der Prüfung, ob die Leistung Ursache der Zufriedenheit, die Zufriedenheit Ursache der Leistung oder eine dritte Einflussgröße Ursache von Leistung und Zufriedenheit ist.

3. *Die Beeinflussung der Arbeitsleistung und der Arbeitszufriedenheit*

Dieser Teil soll

- *verständlich machen, was innerhalb des Betriebes ein Anreiz ist;*
- *dazu führen, dass nicht nur im Geld ein Anreiz gesehen wird, sondern die Vielfalt möglicher Anreize erkannt wird;*
- *dazu beitragen, dass Anreize nicht nur danach ausgesucht werden, dass sie der Leistung dienen, sondern dass ihr positiver Einfluss auf Leistung und Zufriedenheit zum Entscheidungskriterium gemacht wird;*
- *dazu anregen, sich an den Beispielen der wichtigen Anreize Geld, Führungsstil, Ziele, persönlicher Vornahmenn Kommunikation, Arbeitsgruppe, Arbeitsinhalt, Arbeitszeit, Aufstiegschancen, Markta uftritt, Unternehmenskultur und Wandel im Unternehmen darüber zu informieren, unter welchen Umständen betriebliche Anreize der Leistung und der Zufriedenheit dienen;*
- *dazu anleiten, mit Hilfe kleiner praktischer Problemfälle über psychologische Ursachen und Folgen betrieblicher Maßnahmen nachzudenken;*
- *dazu führen, dass neben den besprochenen Anreizen auch andere in ihrer Wirkung auf Leistung und Zufriedenheit durchdacht werden.*

Einführungsfragen

Bitte blättern Sie jetzt noch nicht weiter! Lesen Sie die nachfolgenden Fragen und versuchen Sie, diese zu beantworten. Vergleichen Sie dann Ihre Antworten mit jenen, die auf den nächsten Seiten gegeben werden.

1. Was sind wichtige Anreize für Angehörige eines Betriebes?
2. Welche Anreize soll man einsetzen?
3. Unter welchen Umständen dient das Geld der Leistung und der Zufriedenheit?
4. Unter welchen Umständen dient der Führungsstil der Leistung und der Zufriedenheit?
5. Unter welchen Umständen dienen Ziele der Leistung und der Zufriedenheit?
6. Unter welchen Umständen dienen persönliche Vornahmen der Leistung und der Zufriedenheit?
7. Unter welchen Umständen dient die innerbetriebliche Kommunikation der Leistung und der Zufriedenheit?
8. Unter welchen Umständen beeinflusst die Arbeitsgruppe Leistung und Zufriedenheit?
9. In welcher Form beeinflusst der Arbeitsinhalt Leistung und Zufriedenheit?
10. Unter welchen Voraussetzungen dient die Arbeitszeit der Leistung und der Zufriedenheit?
11. Unter welchen Voraussetzungen dienen die Aufstiegschancen der Leistung und der Zufriedenheit?
12. Unter welchen Bedingungen beeinflusst das Angebot des Unternehmens auf dem Markt Leistung und Zufriedenheit?
13. Unter welchen Umständen hat die Unternehmenskultur Einfluss auf Leistung und Zufriedenheit?
14. Unter welchen Voraussetzungen dient Wandel im Unternehmen der Leistung und der Zufriedenheit?
15. Welche weiteren Anreize sind wichtig für Leistung und Zufriedenheit?

Haben Sie versucht, die 15 Fragen zu beantworten? Dann blättern Sie bitte weiter!

Anmerkung zu den Fallstudien

Die Abschnitte 3 bis 14 dieses Teils enthalten jeweils zwei Falldarstellungen aus der Praxis. Es handelt sich hier um Problemsituationen, die stark durch die Motivation der beteiligten Personen bestimmt sind. Man sollte versuchen, das bereits bestehende Führungswissen oder die bei Lektüre dieses Buches erworbene Kenntnis bei der Erarbeitung von Lösungsansätzen zu erproben. Die Lösungsansätze selbst kann man dann mit jenen Lösungsskizzen vergleichen, über die der Anhang Auskunft gibt.

Bei der Erarbeitung der Lösungsskizzen kann man ganz unterschiedlich vorgehen, wobei die Arbeitsweise auch stark davon abhängen wird, ob man allein im Selbststudium die Thematik durcharbeitet oder dies gemeinsam tut, etwa in einer Arbeitsgruppe oder im Rahmen einer Seminarveranstaltung.

Als denkbare Wege der Fallarbeit bieten sich an:

- Lektüre des Falles in Einzelarbeit, wobei die Arbeitsfragen am Ende eines jeden Falles helfen sollen, die eigenen Überlegungen zu gliedern und zu strukturieren. Hat man einen Lösungsweg gefunden, so sollte man ihn knapp skizzieren und danach mit der im Anhang enthaltenen Lösungsskizze vergleichen.

- Besteht eine Situation des gemeinsamen Lernens, so könnte auch hier der Weg gewählt werden, dass zunächst jeder allein einen Lösungsvorschlag erarbeitet. Die verschiedenen Lösungsvorschläge werden sodann in der Gruppe vorgestellt und miteinander verglichen, wobei man wiederum als einen weiteren Vergleichsmaßstab die Lösungsskizze im Anhang hinzuziehen kann.

- Es lässt sich aber auch die Fallbearbeitung in der Form denken, dass sofort alle Personen in der Gruppe nach der Lektüre des Falles in die gemeinsame Diskussion eintreten, um auf diese Weise zu einer einheitlichen Lösung zu gelangen. Arbeiten –

z. B. innerhalb eines größeren Seminars – mehrere Gruppen am gleichen Fall, so können jeweils Sprecher den Gruppenvorschlag im Plenum vorstellen, worauf dann eine Plenumsdiskussion alle Lösungsvorschläge vergleichend nebeneinander stellt.

- Da in den hier vorgestellten Fällen mehrere agierende Personen beschrieben werden, besteht auch die Möglichkeit, dass sich je eine Teilgruppe mit einer dieser Personen identifiziert und darzulegen versucht, was diese Person wohl angesichts der Problemlage tun würde. Die derart in der Gruppe vorgestellten Handlungspläne werden darauf miteinander verglichen, um auf diese Weise zu erkennen, welche Konflikte im Fortgang der Situation zu erwarten wären.

- Der soeben angesprochene Gedanke lässt sich noch differenzieren und zu größerer Aktivierung in der Lerngruppe nutzen, wenn die Handlungstendenzen der im Fall beteiligten Personen nicht nur vorgestellt, sondern in einer realitätsnahen Situation im Rahmen eines Rollenspiels simuliert werden. Jemand übernimmt bei solchen Situationen z. B. die Rolle des Vorgesetzten, ein anderer die Rolle des Mitarbeiters und die übrigen die Rollen von Juroren, die ein optimales Lösungsmodell zu entwickeln suchen, um daran das Verhalten des Vorgesetzten und des Mitarbeiters zu messen, wie es sich im Rollenspiel präsentiert.

- Ist die Seminargruppe groß und ausreichend mit Räumen versorgt, so können jeweils Teilgruppen sich mit den verschiedenen Rollen auseinandersetzten und je einen aus ihrem Kreis auf die jeweiligen Rollen präparieren bzw. auch die Sprecher einer Jury in angemessener Weise vorbereiten.

- Wählt man den Weg des Rollenspiels, so lassen sich die Lernerfolge noch dadurch verbessern, dass das Rollenspiel auf Video aufgenommen und danach der Ablauf der Argumentation und die Besonderheiten der Körpersprache vom Plenum analysiert werden.

1. Was sind wichtige Anreize für Angehörige eines Betriebes?

Ein Anreiz hat eine zweifache Funktion. Zum einen aktiviert er motiviertes Verhalten auf ein bestimmtes Ziel hin, zum anderen kann er, wenn das durch ihn für die motivierte Person wünschenswert gewordene Ziel erreicht wird, zur Zufriedenheit führen.

Beispiel:
Ein hoher Akkordlohn motiviert einen Arbeiter zu hohem Leistungsverhalten. Erreicht er dadurch den erhofften Lohn, so wird er – zumindest kurzfristig – zufrieden sein.

Nicht jeder Anreiz wirkt bei jedem gleich. Die Motive und das Anspruchsniveau unterschiedlicher Menschen sind verschieden. Den Geltungssüchtigen wird ein versprochener Titel anspornen, das Erreichen des Titels zufrieden machen, während ein anderer davon vielleicht kaum berührt wird (VROOM, 1964, V. ROSENSTIEL, 2003).

Da Menschen von ihrer Kultur geprägt werden, lassen sich entsprechend deutliche Differenzen in den Werthaltungen (HOFSTEDE, 1997) und Leitbilder von Führung (HOUSE et al., 1999) feststellen. SAVIN (2005) zeigte für Russland, dass Anreize, die dort agierende deutsche Firmen deutschen Leitvorstellungen entsprechend einsetzen, die russischen Mitarbeiter kaum erreichen. MA (2007) wies für China das Entsprechende nach. Hier sind also interkulturelle Sensibilisierung und interkulturelles Training erforderlich (THOMAS, 1993).

Aber auch mit dem Lebensalter ändert sich die Bedeutung mancher Motive. Karriereplanung, Schulung und andere, auf die Zukunft gerichtete Anreize verlieren an Bedeutung, dagegen steigt das Gewicht der Freude an der Arbeit, der Wertschätzung erworbener Erfahrung und der Autonomie beim beruflichen Handeln (GRUBE & HERTEL, 2008; V. ROSENSTIEL, 2008). Angesichts des demographischen Wandels, der dazu führen wird, dass mehr Menschen lange arbeiten werden, hat dies für die betriebliche Anreizpolitik erhebliche Bedeutung.

	überdauernde Stärke fünf verschiedener Motive bei			Ausprägungsgrad des Situationsmerkmals	aktivierte leistungsrelevante Motivstärke bei		
	Person 1	Person 2	Person 3		Person 1	Person 2	Person 3
Bedürfnis nach materiellem Besitz	3	2	2	gerechter Leistungslohn 1	3	2	2
Bedürfnis nach Sicherheit	3	3	1	Sicherheit des Arbeitsplatzes 3 bei guter Leistung	9	9	3
Geltungsstreben	1	3	1	bei guter Leistung Aufstieg 3 zu Titeln und Ansehen	3	9	3
Leistungsmotivation	1	1	3	Möglichkeit sich Leistungs- 2 ziele zu setzen u. zu erreichen	2	2	6
Unabhängigkeitsbedürfnis	2	1	3	Möglichkeit unabhängig von ander. 1 seine Leistung zu erstellen	2	1	3
	10	10	10	10	19	23	17

Abb. 27: *Die aktivierte Motivation von drei verschiedenen Personen in einer gleichen Situation (1 bedeutet geringe, 2 mittlere und 3 höhere Ausprägung)*

Ein einfaches Denkmodell soll die Zusammenhänge zwischen der Anreizkonstellation und der Persönlichkeitsstruktur verständlich machen. Das Bemühen des Einzelnen, also sein Vorhaben, ein Ziel in einer konkreten Situation zu erreichen, soll als Produkt aus vorgegebener, überdauernder Motivation, wie sie etwa ein Psychologe mit standardisierten Testverfahren ermitteln würde, und der Stärke des Anreizes, wie sie geschulte Experten nach einer

Situationsanalyse bestimmen könnten, verstanden werden. Abbildung 27 soll am Beispiel von drei Personen mit unterschiedlicher Persönlichkeitsstruktur, die in der gleichen betrieblichen Situation stehen, verdeutlichen, durch welches Bemühen, welche aktivierten Motive also, ihr Verhalten vermutlich gesteuert sein dürfte. Der Übersichtlichkeit der Abbildung wegen wurden nur fünf Motive der Personen und fünf Besonderheiten der Situation berücksichtigt.

Die Darstellung verdeutlicht, dass alle drei Personen eine vergleichbare überdauernde arbeitsrelevante Motivstärke haben, die Arbeitssituation der jeweiligen Motivationsstruktur aber sehr unterschiedlich gerecht wird. Sie ist gut auf Person 2 zugeschnitten, da die Situation bei hoher Leistung Sicherheit des Arbeitsplatzes und Aufstieg zu Positionen mit Titeln und Ansehen ermöglicht und somit den Wunsch nach Sicherheit und das Geltungsstreben der Person 2 als leistungsrelevante Motive anregt. Person 3 dagegen wird nur wenig zur Leistung aktiviert, da bei ihr der Wunsch nach Sicherheit und das Geltungsstreben nur schwach ausgeprägt sind, während die bei ihr starken Motive: Leistungsmotivation und Unabhängigkeitsbedürfnis durch die Situation nur mäßig oder gering angesprochen werden. Person 1 liegt in der Mitte; für sie ist die Situation weder besonders günstig noch besonders ungünstig. Zu erwarten ist also in dieser spezifischen Situation – in einer anderen könnte es ganz anders aussehen – das höchste Bemühen um Leistung bei Person 2, gefolgt von Person 1 und Person 3. Inwieweit die Leistungshöhe selbst dieser Reihenfolge entspricht, hängt freilich auch davon ab, ob die jeweiligen Arbeitsplätze gleich gute Leistung zulassen und ob die Fähigkeiten und Fertigkeiten der drei Personen vergleichbar hoch sind.

Fragt man danach, welche Anreize beim Vorherrschen bestimmter Motive besonders wirksam sind, so wollen wir das hier am Beispiel der Motivhierarchie MASLOWs diskutieren. Zu beachten ist, dass Vorgesetzte auf einige dieser Anreize Einfluss haben, auf andere jedoch nicht, weil sie außerhalb ihrer Entscheidungskompetenz liegen oder gar dem privaten Bereich angehören, also überhaupt nicht innerhalb der Organisation wirken (v. ROSENSTIEL, 1988, 2007).

a) Für die *Grundbedürfnisse* sind vor allem wichtig: das Gehalt, die Gestaltung des Arbeitsplatzes, Abschirmung von Belästigungen und Störungen, verbilligte Einkaufs- und Wohnmöglichkeiten, Hilfe bei der Wohnungsbeschaffung, Güte oder überhaupt Vorhandensein einer Kantine, ärztliche Betreuung, Urlaubsregelung, aber auch Art der Wohnung, Sport- und Erholungsmöglichkeit, befriedigende familiäre und eheliche Verhältnisse wären zu nennen.
b) Für das *Sicherheitsbedürfnis* sind bedeutsam: Vertrauen in die Zukunft des Unternehmens, Versicherung gegen Krankheit, Unfall, Invalidität und Alter, Sicherheit des Arbeitsplatzes, der Stellung, der Kompetenzen und des Ansehens auch im Alter, aber ebenfalls Sicherheit der Wohnung und der familiären Geborgenheit.
c) Für das *Kontaktbedürfnis* sind wichtig: die Möglichkeiten der Kommunikation am Arbeitsplatz, angenehme Kollegen und mitarbeiterorientierte Vorgesetzte, Konferenzen und Problemlösungsgespräche, Mitgliedschaft in Projektgruppen oder Qualitätszirkeln, Betriebsausflüge und Kollegentreffen, aber auch die zwischenmenschliche Seite von Anerkennung und Kritik (NEUBERGER, 2001). Außerhalb der Organisation wirken hier private Kontakte, Freunde und Bekannte, Familiengröße etc.
d) Das *Bedürfnis nach Anerkennung* korrespondiert mit Anreizen wie Aufstiegsmöglichkeiten, übertragenen Kompetenzen, Ehrentiteln, verbaler Anerkennung, Gehaltshöhe, Art des Fahrzeugs und der Wohnung, Ansehen des Unternehmens und der beruflichen Stellung in der Gemeinde und dem Nachbarschaftskreis.
e) Für das *Bedürfnis nach Selbstentfaltung* sind Anreize wie Delegation, Mitbestimmung bei der Arbeit, partizipative Führung, Problemlösungskonferenzen, gleitende Arbeitszeit oder flexible Teilzeit, abwechslungsreiche Tätigkeit, betriebliche Fortbildungsprogramme wichtig. Auch die Art und Möglichkeit der Freizeit- und privaten Lebensgestaltung sind hier bedeutsam. Dabei ist nicht immer erkennbar, auf welches Motiv ein Anreiz wirkt; der gleiche Anreiz kann für verschiedene Personen Unterschiedliches bedeuten.

Beispiel:
Zwei Angestellte erhalten eine gleich hohe Gehaltsverbesserung. Der eine sieht sie als Möglichkeit, endlich einen schon lange für seine Gesundheit notwendigen Urlaub anzutreten, der andere sieht darin vor allem einen Ausdruck der Anerkennung durch den Vorgesetzten. In einem Fall wurden also Grundbedürfnisse, im zweiten Fall das Bedürfnis nach Anerkennung durch objektiv Gleiches befriedigt.

Ein Vorgesetzter sollte Anreize nicht schematisch einsetzen, sondern – wo immer es möglich ist – entsprechend der gegebenen Bedürfnislage des individuellen Mitarbeiters.

Dabei sollte man sich bewusst sein, dass diese Bedürfnisse zum Teil in der Natur des Menschen liegen, also angeboren sind, zum Teil aber – von aktuell erlebten Befriedigungsmöglichkeiten in der realen Lebenssituation angeregt – unterschiedlich intensiv in den Vordergrund treten oder aber durch die Prägung innerhalb der Gesellschaft langfristig und relativ stabil überformt werden. Motive, die heute eine große Bedeutung für das Verhalten haben, waren möglicherweise vor zwanzig Jahren wenig relevant und können sich in zwanzig Jahren wiederum verändert in der Prioritätenliste der Person einordnen.

Beispiele:
In der ehemaligen DDR spielte bei den Arbeitnehmern das Bedürfnis nach Sicherheit des Arbeitsplatzes kaum eine Rolle. Jeder hatte die Pflicht, aber auch das Recht zu arbeiten. Zwar konnte man nicht beliebig auswählen, was man inhaltlich tun wollte, aber der Zugang zu bezahlter beruflicher Tätigkeit war für jeden und für jede garantiert. Das Bedürfnis nach Sicherheit trat dadurch in den Hintergrund.

Eine Familie aus einem ostasiatischen Staat mit einer kollektivistischen Kultur, in der das „Wir" eine große und das „Ich" eine untergeordnete Rolle spielt, wandert in die USA aus. Dort, in einer individualistischen Kultur, lernt der heranwachsende Sohn bereits in der Schule, dass Wert darauf gelegt wird, mit anderen zu konkurrieren, sie zu übertreffen und sich selbst in ein besonders helles Licht zu stellen. Für Vater und Sohn wirken nun ganz unterschiedliche Arbeitsbedingungen motivierend. Der Vater entfaltet sich und ist zufrieden, wenn er in Harmonie mit den Kollegen in seiner Arbeitsgruppe lebt; er freut sich, wenn die Gruppenleistung gut ist und möchte nicht auf seine persönlichen Beiträge dazu angesprochen werden. Der Sohn dagegen versucht sich in den Vordergrund zu spielen, will besser dastehen als die Kollegen im Team und ist besonders dann aktiviert, wenn die Situation ihm die Chance gibt, andere zu übertreffen.

Gerade in Zeiten eines starken Wandels der Wertorientierungen (KLAGES, HIPPLER & HERBERT, 1992; V. ROSENSTIEL, DJARRAHZADEH, EINSIEDLER & STREICH, 1993) muss man damit rechnen, dass die jeweils jüngeren Personen sich durch andere Bedingungen aktiviert fühlen als die Generation ihrer Vorgänger. Dies soll an einem Beispiel verdeutlicht werden. Fragt man Eltern danach, auf was sie bei der Erziehung ihrer Kinder besonderen Wert legen, so ergibt sich – exemplarisch gezeigt an der Bedeutung dreier Erziehungsziele – ein Bild, wie es Abbildung 28 wiedergibt.

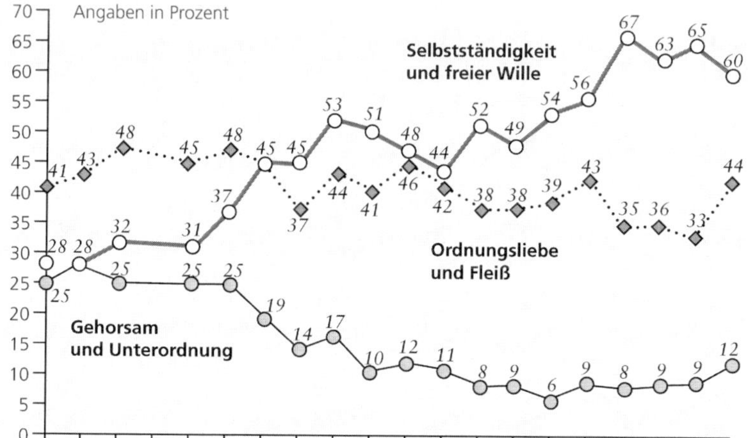

Abb. 28: *Erziehungswerte im Wandel*

Man erkennt, dass der Erziehungswert Selbstständigkeit seit den frühen Fünfzigerjahren beständig angestiegen ist, wogegen jener des Gehorsams entsprechend absank. Die größte Veränderungsdynamik lässt sich dabei für die späten sechziger und die frühen Siebzigerjahre („1968") konstatieren. Wenn man nun davon ausgeht, dass Eltern über Selbstständigkeit als Ziel der Erziehung ihrer Kinder nicht nur reden, sondern dass sie auch entsprechend handeln, darf man annehmen, dass die Möglichkeit zu selbstständigem Arbeiten, Führung über Delegation, Freiräume für eigene Ideen bei den so Erzogenen stärker als Anreiz wirken als für die ältere Generation, während sie andererseits durch enge Vorschriften, hohe Grade der Reglementierung, autoritäres Führungsverhalten des Chefs stärker abgestoßen werden, als dies für ihre Vorgänger galt.

Arbeitsfrage:
Überlegen Sie sich, welche typischen in Betrieben eingesetzten Anreize es gibt, die einen Teil der Mitarbeiter deutlich aktivieren, den übrigen jedoch völlig „kalt lassen"!

2. Welche Anreize soll man einsetzen?

Ein Betrieb ist einerseits eine Leistungsorganisation, zum anderen – ob er sich nun als solche verstehen will oder nicht – eine soziale Organisation. Er sollte entsprechend zwei Ziele anstreben:

- Leistung im Sinne der eigentlichen Aufgabenstellung
- Zufriedenheit der Betriebsangehörigen.

Leistung und Zufriedenheit werden aber nicht nur aus einer bestimmten Perspektive, der des Menschen in der Organisation, besonders herausgestellt. Sie haben auch ein hohes Gewicht, wenn man eine übergeordnete Betrachtungsweise wählt. Leistung eines Betriebes ist ja kein Selbstzweck, sondern dient in einem marktwirtschaftlichen System der Bedürfnisbefriedigung jedes Menschen, der auf die Produkte, Dienstleistungen oder Ideen des Betriebes angewiesen ist. Gelingt es dem Betrieb nicht mehr, durch seine Angebote diesem gesellschaftlichen Bedarf oder konkreter den Bedürfnissen der Menschen zu dienen, so wird er vom Markt verschwinden. Leistung ist so betrachtet Bedürfnisbefriedigung durch die Organisation.

Die Menschen aber, die diese Leistung erbringen, haben ebenfalls einen Anspruch auf Bedürfnisbefriedigung bei ihrer Arbeit; sie fordern humane und befriedigende Arbeitsbedingungen und Aufgaben. Es geht in diesem Sinne um Arbeitszufriedenheit als Bedürfnisbefriedigung in der Organisation.

Es wäre ja grotesk und weder gesellschaftlich noch individuell vermittelbar, wenn der Arbeitende ein Sklave sein müsste, damit der Kunde ein König sein kann; oder anders ausgedrückt: wenn der Einzelne in seiner Dienstzeit geknechtet würde, damit er in seiner Freizeit hofiert werden kann.

Für den Vorgesetzten gilt es, beide Ziele, die Bedürfnisbefriedigung durch und in der Organisation, so gut wie möglich zu realisieren.

Ein Betrieb hat allerdings noch anderes zu bedenken. Aus einer gesamtgesellschaftlichen Perspektive sollte er nicht nur jedem Einzelnen zufriedenstellende Arbeitsbedingungen bieten, d. h. allen seinen Mitarbeitern, sondern er sollte in Zeiten drohender Arbeitslosigkeit dafür sorgen, dass möglichst viele eine Arbeit finden. So verstanden handelt der Betrieb verantwortungsvoller, wenn er für eine größere Zahl von Personen Beschäftigung schafft, als wenn er diejenigen, die eine gesicherte Stelle haben, regelmäßig Überstunden machen lässt. Aus der Sicht des gesamten, den Betrieb umgebenden Systems stellt sich allerdings auch die Forderung, dass das Handeln des Betriebes ökologisch verantwortbar sein soll, z. B. in einem Produktionsunternehmen dafür gesorgt wird, dass weder die Entwicklung noch die Produktion oder die Vermarktung des Produktes unsere natürlichen Lebensbedingungen übermäßig belasten. Darüber hinaus soll Verantwortung dafür übernommen werden, beim Konsum bzw. dem Gebrauch der Produkte und ihrer Entsorgung Umweltschädigung zu vermeiden (STEGER, 1992).

Indirekt kann sich dies wieder positiv auf die Arbeitsmotivation auswirken. In der Regel dürften sich Mitarbeiter eher mit einem Unternehmen identifizieren, von dem sie wissen, dass es sozial und ökologisch verantwortlich handelt, als mit einem anderen, das durch die Öffentlichkeit und die Massenmedien wegen seiner verantwortungslosen Handlungsweise vielfach kritisiert wird.

Dennoch stehen Leistung und Zufriedenheit unter der Perspektive der Vorgesetzten-Mitarbeiter-Beziehung insgesamt im Vordergrund.

Wenn hier Leistung und Zufriedenheit als gleichberechtigte Ziele genannt werden, so muss man doch sehen, dass die Beziehung zwischen diesen Zielen komplex ist. Der Leistung, die in unserem Wirtschaftssystem im Regelfall das Überleben einer Organisation sichert, wird man so lange ein gewisses Primat zugestehen müssen, wie die Organisation unmittelbar gezwungen ist, um ihr Überleben zu kämpfen. Leistung ist aber auch in diesem Falle nicht Selbstzweck, sondern dient menschlichen Bedürfnissen: denen der Betriebsangehörigen, deren Arbeitsplätze gesichert werden müssen und denen der Gesellschaft, der mit der Erstellung von Produkten und Dienstleistungen durch die Organisation gedient wird.

Je gesicherter die Position eines Unternehmens ist, desto legitimer wird die Forderung, dass es sich unmittelbar bemüht, die Zufriedenheit der Betriebsangehörigen zu erhöhen, auch wenn dies weder mittelbar – etwa durch Gewinn qualifizierten Personals in der Zukunft – noch unmittelbar – z. B. durch Senkung der Fehlzeiten – zu erhöhter Leistung führen sollte.

Es wäre nun allerdings utopisch anzunehmen, dass es sich ein Unternehmen in einer Wettbewerbsgesellschaft freiwillig zur Regel macht, Kosten erhöhende Maßnahmen zu ergreifen, die nur der Zufriedenheit aber nicht zugleich der Leistung dienen. Aus dem Doppelziel Leistung und Zufriedenheit würde sich ableiten lassen, dass kostenintensive Maßnahmen in bestimmten Situationen dennoch gewählt werden, dass beispielsweise auf Entlassungen verzichtet wird, auch wenn sie unter rein ökonomischem Aspekt zu empfehlen wären. Würde jedoch ein einzelner Unternehmer sich also innerhalb einer reinen Wettbewerbsgesellschaft zu dem hier genannten Doppelziel bekennen, so würde er sich in letzter Konsequenz möglicherweise selbst gefährden. Die Umorientierung der Ziele muss daher für konkurrierende Unternehmungen synchron erfolgen. Diese Synchronisierung kann dadurch möglich werden, dass sich innerhalb der Gesamtgesellschaft Kräfte freisetzen, mit denen die aus der reinen Wettbewerbsgesellschaft erwachsenen Forderungen einen Ausgleich finden müssen.

Die eine stärkere Humanisierung der Wirtschaft fordernden Kräfte, die auf alle Unternehmungen der Gesamtgesellschaft wirken, zeigen sich als

- öffentliche Meinung außerhalb des Betriebes,
- Erwartungen der Mitarbeiter und ihrer Vertreter innerhalb des Betriebes.

Weder die öffentliche Meinung noch die Erwartungen der Mitarbeiter kann die Unternehmensführung auf die Dauer unberücksichtigt lassen. Sie ist daher gezwungen, bei der Wahl ihrer Maßnahmen einen Kompromiss zwischen den Forderungen einer reinen Wettbewerbsgesellschaft und denen einer demokratischen und sozialen Gesellschaft zu finden. Dieser Zwang zum Kompromiss bestimmt die Wahl von Anreizen entscheidend mit.

Anreize, die man einsetzt, dienen nicht notwendigerweise zugleich den beiden Zielen Leistung und Zufriedenheit, sondern sie können auch einseitig wirken, da Leistung und Zufriedenheit nicht notwendigerweise verbunden sind (Blum & Naylor, 1968, Bowling, 2007), wie bereits ausgeführt wurde.

Beispiel:
Eine Hausfrau, deren Kinder aus dem Haus sind und deren Mann beruflich oft unterwegs ist, fühlt sich vereinsamt. Ihr Kontaktbedürfnis ist hoch. Sie sucht wieder Arbeit. Der Vorgesetzte

gliedert sie in eine Arbeitsgruppe ein, die für viel „Geratsche" und häufige inoffizielle Pausen bekannt ist. Das Kontaktbedürfnis der Frau wird befriedigt, die Leistung ist gering. Dem Ziel Zufriedenheit wurde gedient, dem Ziel Leistung nicht.

Gegenteiliges Beispiel:
In Zeiten hoher Arbeitslosigkeit droht ein Vorgesetzter seinen Mitarbeitern mit Kündigung. Darauf steigt die Leistung, die Zufriedenheit sinkt. Dem Ziel Zufriedenheit wurde nicht gedient, dagegen dem Ziel Leistung.

Anreize sollten so gewählt werden, dass sie der Zufriedenheit und der Leistung dienen. In diesem Sinne kann das Kontaktbedürfnis durch Arbeitsbesprechungen, Problemlösungskonferenzen oder durch Kundenbetreuung befriedigt werden. Gehaltserhöhung sollte nicht nach der Kündigungsdrohung des Mitarbeiters, sondern ausdrücklich als Anerkennung für die Leistung gegeben werden. Das Bedürfnis nach Selbstentfaltung ist angemessener durch Delegation von Verantwortung (NEUBERGER, 1977) als durch Ratschläge für die Freizeitgestaltung zu erfüllen. Der Wunsch nach Achtung und Anerkennung ist besser dadurch zu befriedigen, dass man dem Mitarbeiter eine Position gibt, die Achtung fordert, als durch bloße verbale Äußerungen.

Ohnehin sollte man Anreize in ihrer Wirkung auf den Menschen nicht überschätzen. Der Einzelne ist keine Marionette, die ziel- und willenlos an den Fäden des Führenden hängt, der sie mithilfe einer geschickten Anreizgestaltung zieht (SPRENGER, 2006). Die Arbeitssituation ist nicht in erster Linie das Insgesamt aller Anregungen; die arbeitsrelevante Motivation muss nicht durch Anreize erst in Gang gesetzt werden. Der Mensch hat von sich aus Ziele, Handlungspläne, Freude daran, etwas zu bewegen. Dies gilt auch für das Feld der Arbeit (BRUNSTEIN & MAIER, 1996; KASCHUBE, 1997). Es ist also nicht nur darauf zu achten, dass Anreize, die für die Person angemessen sind, zur Wirkung kommen, sondern auch darauf, die Bedingungen so zu gestalten, das ohnehin bestehende Aktivierung nicht gebremst, unterdrückt oder gar abgetötet wird

(SPRENGER, 2006). Der bereits mehrfach zitierte HERZBERG hat einmal gesagt, dass die meisten Menschen das, was sie bei der Arbeit tun, gerne tun, allerdings nicht unter den Bedingungen, unter denen sie dies zu tun haben. Mit Blick auf viele konkrete Arbeitssituationen kann man HERZBERG nur zustimmen.

Arbeitsfrage:
Bitte überlegen Sie sich, welche Anreize innerhalb eines Betriebes sowohl der Leistung der Organisation als auch der Zufriedenheit der Mitarbeiter dienen können!

3. Unter welchen Umständen dient das Geld der Leistung und der Zufriedenheit?

Selbstverständlich wirkt Geld ungünstig auf Leistung und Zufriedenheit, wenn einfach zu wenig gezahlt wird. Wer ständig finanzielle Sorgen hat, unter Umständen nicht einmal satt werden kann, wird unzufrieden sein und meist wenig leisten. Diese Gegebenheit spielt allerdings in unserer Kultur kaum eine Rolle. Wichtig für die Frage, ob jemand sein Gehalt als zufriedenstellend erlebt oder nicht, ist – sobald man über dem Existenzminimum liegt – nicht der absolute Betrag des Gehalts, sondern die relative Gehaltshöhe (ADAMS, 1965). Entscheidend ist also die Antwort auf die Frage: Verdiene ich mehr oder weniger als andere, die mit mir vergleichbar sind? (Theorie des sozialen Vergleichs; PATCHEN, 1961). Der Gesichtspunkt, nach dem man sich vergleicht, kann dabei recht unterschiedlich sein. Der eine berücksichtigt dabei die Art der Ausbildung, der zweite die Leistung, der dritte die Dauer der Betriebszugehörigkeit, der vierte die Familiengröße und der fünfte eine Mischung aus all diesen Faktoren.

Ein besonders wichtiger Vergleichsgesichtspunkt scheint auch die Zeitspanne zu sein, die man ohne fremde Kontrolle arbeitet. Erfolgt Kontrolle in jeweils kurzen Abständen, wird ein geringes Gehalt als angemessen erlebt; ist das Intervall zwischen den Kontrollen hoch, erscheint ein höheres Gehalt gerecht (JAQUES,

1961). Das Gefühl der Gerechtigkeit dürfte dabei wiederum von den in den westlichen Industriestaaten geltenden Gehaltsnormen bestimmt sein.

Bei Gehaltsvergleichen entsteht nun häufig ein Ungleichgewicht. Menschen neigen dazu, sich zum einen eher nach oben als nach unten zu vergleichen und zum anderen ein relativ gutes Abschneiden eher der eigenen Leistung und Tüchtigkeit zuzuschreiben, ein relativ ungünstiges Abschneiden dagegen der Ungerechtigkeit des Vorgesetzten (v. ROSENSTIEL, 2003).

Beispiel:
Ein Angestellter bemerkt, dass er der Bestbezahlte aus dem Kollegenkreis ist. Er freut sich darüber, sagt sich aber bald, dass dies schließlich nicht verwunderlich ist, da er ja doch der Tüchtigste sei. So gewöhnt er sich rasch an das gute Gehalt, hält es für gerecht und nimmt es als selbstverständlich hin.

Ein anderer merkt, dass er weniger als die Kollegen verdient. Er gewöhnt sich keineswegs daran, sondern sagt sich, er sei ebenso tüchtig wie die Kollegen, der Vorgesetzte sei ungerecht, man wolle ihm einfach nicht wohl. Er fehlt häufig und denkt an Kündigung.

So darf man generell vermuten, dass gutes Abschneiden beim sozialen Vergleich zwar Unzufriedenheit vermeidet, auf die Dauer aber keine besonderen positiven Folgen hat, sondern als selbstverständlich hingenommen wird und somit nur negative Konsequenzen verhindert (HERZBERG, 1966). Ungünstiges Abschneiden wird dagegen Unzufriedenheit erzeugen, die lang dauernd wirkt, die Leistung senkt und – wie fast stets bei Unzufriedenheit – die Fehlzeiten und die Kündigungen steigert (HERZBERG, MAUSNER, PETERSON & CAPWELL, 1957).

Allerdings sollte man hier eine wichtige Unterscheidung nicht übersehen. Geld ist in der Wirkung nicht gleich Geld. Wird es individuell als Prämie für gute Leistungen gezahlt, ist es wie Anerkennung ein Motivator; erhalten es alle ohne Rücksicht auf individuelle Leistungen auf Grund eines Tarifabschlusses, so ist es – wie bei HERZBERG et al. (1959) klassifiziert – ein Hygienefaktor.

Als Konsequenz aus dem Gesagten ergibt sich die Forderung nach einem gerechten – an der Leistung und an sozialen Gegebenheiten orientierten – Lohn, der in Mitarbeitergesprächen begründet wird. Er wäre auch die Voraussetzung für ein „gläsernes Gehaltskonto“, das – trotz aller zu erwartenden Schwierigkeiten in der Anfangsphase – zu empfehlen wäre, da es zu gerechterer Gehaltspolitik zwingt, häufigere Mitarbeitergespräche fordert und bei richtiger Handhabung leistungsfördernd wirkt. Als Kompromiss bietet sich Folgendes an: Die Bandbreite der Gehälter einer Gruppe ist öffentlich. Jeder kann nun erkennen, wo er steht – z. B. im oberen oder unteren Drittel. Er erfährt aber nicht konkret die Gehaltshöhe der Kolleginnen und Kollegen. Ein besonderes Problem entsteht, wenn der Vergleich nicht innerhalb der eigenen Organisation, sondern mit Betriebsangehörigen anderer Branchen erfolgt, wie es etwa bei Bankangehörigen oder Versicherungsangehörigen, die Einblick in fremde Gehaltskonten haben, häufig der Fall sein wird. In einer solchen Situation gilt es zu prüfen, ob die Organisation nicht Zusatzleistungen, wie 13. oder 14. Monatsgehalt, Feriengelder, verbilligte Kredite, Versicherungen, Essenszuschüsse etc., die in anderen Branchen nicht üblich sind, bietet. Derartige Sonderleistungen werden beim Vergleich meist vergessen; berücksichtigt wird dabei häufig ausschließlich das Monatsgehalt. Ein Mitarbeitergespräch ist also empfehlenswert, bei dem man dem mit seinem Gehalt Unzufriedenen vorrechnen kann, wie viel er – bei Berücksichtigung der Sonderleistungen – insgesamt verdient.

Aus den bisherigen Überlegungen könnte der Eindruck entstehen, dass das Gehalt lediglich Unzufriedenheit erzeugen oder vermeiden kann, jedoch keinen direkten Einfluss auf die Leistung hat. Das stimmt nicht. Empirische Untersuchungen haben gezeigt, dass jemand, der glaubt überbezahlt zu sein, mehr oder besser arbeitet, als jemand, der sich unterbezahlt fühlt (ADAMS & ROSENBAUM,

1962). Menschen passen also ihre Leistung der subjektiv erlebten Gehaltshöhe an (ADAMS, 1963). Sie reagieren dabei auf vermutete Unterbezahlung sehr viel empfindlicher als auf vermutete Überbezahlung (ANDREWS, 1967).

Beispiel:
Sagt man kurzzeitig eingestellten Aushilfskräften in einem Verlag, sie seien durch ein Versehen der Buchhaltung zu hoch bezahlt, man wolle das versprochene Gehalt jetzt aber nicht rückgängig machen, sie hätten eben Glück gehabt, so kann man bei Kräften, die zum Korrekturlesen eingestellt sind, Folgendes beobachten:

a) bei Stücklohn – also Bezahlung pro gelesener Seite – wird pro Stunde weniger gelesen, jedoch gründlicher, d. h. es werden weniger Fehler übersehen. Die Qualität ist hoch;
b) bei Zeitlohn – also einem festen Satz pro Stunde – wird pro Zeiteinheit mehr getan. Die Quantität ist also hoch.

Lässt man Arbeitskräften in ähnlicher Situation bei objektiv gleichem Gehalt etwa durch Gerücht zutragen, das Gehalt, das sie erhielten, liege an der unteren Grenze des in der Branche Üblichen, so wird

a) bei Stücklohn die Zahl der gelesenen Seiten pro Stunde steigen, – es werden jedoch viele Fehler übersehen. Die Qualität ist also gering;
b) bei Zeitlohn die Zahl der gelesenen Seiten pro Stunde sinken. Die Quantität ist also gering.

Da man bei auf Dauer eingestellten Arbeitskräften kaum erreichen wird, dass sie sich überbezahlt fühlen, wird man – durch Gehaltspolitik und Mitarbeitergespräche – zumindest ein Gefühl der Unterbezahlung vermeiden müssen.

Das Mitarbeitergespräch über das Gehalt verdient auch aus einem anderen Grunde Beachtung: Das Gehalt ist von der Organisation her ja gewissermaßen als Tauschobjekt für die vom Organisationsangehörigen erbrachte Leistung gedacht. Erlebnismäßig geht jedoch für viele Organisationsmitglieder – besonders wenn sie ein festes Gehalt beziehen und nicht im Akkord arbeiten – die Beziehung zwischen dem Gehalt und der Leistung verloren (GELLERMAN, 1968). Sie erleben die Bezahlung als „Gehalt für die Mitgliedschaft" (GELLERMAN, 1968), d. h., sie empfinden es als selbstverständlich, dafür bezahlt zu werden, dass sie in einer Organisation beruflicher Tätigkeit nachgehen. Die Leistung ist für sie nicht durch die Gehaltshöhe determiniert, sondern z. B. durch die soziale Norm, d. h. durch die mittlere Leistungshöhe, die sie bei anderen Betriebsangehörigen beobachten. Das Mitarbeitergespräch kann dazu beitragen, die erlebnismäßige Beziehung zwischen Gehalt und Leistung zu verstärken und somit die Grundlage dafür zu schaffen, dass das Gehalt als Leistungsanreiz wirkt.

An Einzelfragen verdient zunächst das *Einstellungsgehalt* besondere Beachtung. Ob es dem neu Eingestellten hoch oder niedrig erscheint, hängt auch wieder von einem Vergleichsvorgang ab und zwar in diesem Falle besonders vom Vergleich mit dem Gehalt in der Position, die der neu Eingestellte zuvor innehatte (STOCKFORD & KUNZE, 1950). Seine Aufmerksamkeit wird sich in starkem Maße auf das Einstellungsgehalt richten, da ihm zunächst kaum gesicherte Informationen über die Organisation, der er jetzt angehört, zugänglich sind. Er wird sie erst im Laufe der Zeit erwerben. Lediglich die Höhe des Anfangsgehalts steht ihm als erste objektive Information zur Verfügung. Meist wird nun, wenn die Wirtschaftslage sich nicht verschlechtert hat, die Arbeitskraft des Stellungssuchenden voll erhalten ist und er nicht in eine ganz andere berufliche Laufbahn überwechselt, das Einstellungsgehalt mindestens ebenso gut, meist sogar besser sein als die Bezahlung, die er in seiner vorigen Position erhielt, da er andernfalls die angebotene Stellung gar nicht annehmen wird. Besondere Umstände – die beispielsweise in familiären Konstellationen oder in der Bindung an ein Eigenheim bestehen können – führen jedoch in Ausnahmefällen dazu, dass die Wahlfreiheit des Stellungsuchenden eingeschränkt ist und er dadurch gezwungen sein kann, eine neue Position auch dann anzutreten, wenn das Einstellungsgehalt unter dem Gehalt liegt, das ihm zuvor gezahlt wurde. Es empfiehlt sich jedoch nicht, die persönliche Zwangslage eines Stellungsuchenden auszunutzen und ihn „billig einzukaufen“. Ein ungünstiges Einstellungsgehalt führt – wie Untersuchungen zeigten – zu negativen Einstellungen dem Betrieb gegenüber, die auch dann noch mit deutlicher Intensität anhalten können, wenn das Gehalt im Zuge von Gehaltserhöhungen über das frühere angestiegen ist. Negative Einstellungen dem Betrieb gegenüber, gerade wenn sie aus subjektiver Unterbezahlung resultieren, bergen aber fast stets die Gefahr in sich, die Leistungsbereitschaft zu senken, die Wahrscheinlichkeit der Kündigung zu erhöhen und auf die Einstellungen anderer Mitarbeiter dem Betrieb gegenüber „abzufärben“. Man sollte sie daher zu vermeiden suchen.

Als ein besonderes Problem darf außerdem die *Gehaltserhöhung* genannt werden. Sie wird, wenn sie bei Tarifänderung oder rein routinemäßig erfolgt, psychologisch kaum wirksam sein, jedoch ansonsten erhebliche positive oder negative Wirkung haben. Gehaltserhöhungen – wenn sie nach Meinung der Empfänger nicht nur gesunkene Kaufkraft ausgleichen, sondern eine reale Steigerung des materiellen Besitzstandes bedeuten – können als Belohnung wirken, und Belohnungen – das hat die Psychologie vielfach gezeigt – verstärken jenes Verhalten, das zu ihnen führte (FLORIN & TUNNER, 1974; HOLLAND & SKINNER, 1971). Fordert also ein Mitarbeiter mit der Drohung, er werde sonst kündigen, mehr Gehalt und gibt man ihm nach, so wird er wieder und wieder mit solchen „Erpressungen“ kommen, und seine Kollegen, die davon hören, werden ihm nacheifern und es auch tun. Gehaltserhöhungen sollten daher vom Vorgesetzten ausgehen, der dem Mitarbeiter in einem Gespräch sagen sollte, weshalb es zu dieser Verbesserung kam – etwa wegen besonderer Spitzenleistung, guter Dauerleistung, auffallender Zuverlässigkeit, langjähriger Betriebstreue etc. Man verstärkt dann diese im Sinne der Organisation positiven Verhaltensweisen.

Bei Gehaltserhöhungen sollte man den „Schwellenwert“, die so genannte Reizschwelle, bedenken (METZGER, 1963). Die Psychologie zeigt, dass die Wirkung vieler Veränderungen von ihrem relativen Verhältnis zur Ausgangsgröße und nicht von ihrem absoluten Wert abhängt. Das dürfte auch für die Gehaltserhöhung gelten.

Beispiel:
Erhält ein Lehrling (nach dem Berufsbildungsgesetz ein „Auszubildender"), der bisher 400 Euro im Monat verdiente, plötzlich 75 Euro mehr, so wird er diese Veränderung bemerken und sich darüber freuen.

Erhält eine leitende Angestellte, die bisher 6000 Euro verdiente, eine Gehaltserhöhung der objektiv gleichen Größe, also von 75 Euro mehr, so wird sie dies zwar vermutlich auch bemerken, sich jedoch nur darüber ärgern und sie als lächerlich abtun.

Aus diesen Überlegungen folgt, dass man lieber seltener, dann aber größere Gehaltserhöhungen zahlen sollte, da häufige, aber kleine Gehaltserhöhungen in ihrer Wirkung verpuffen oder sogar negative psychologische Effekte haben. Also: „Nicht kleckern, sondern klotzen!"

Fall I: Ein Geheimnis und ein Gerücht

Die Buchhaltungsabteilung des Kundendienstbereichs eines großen Unternehmens war seit geraumer Zeit unterbesetzt. Trotz intensiven Bemühens der Personalabteilung gelang es nicht, geeignete Mitarbeiter zu gewinnen. Schließlich zeigte ein noch recht junger Bewerber, der bei der Vorstellung einen vorzüglichen Eindruck hinterließ und sehr gute Zeugnisse vorweisen konnte, Interesse. Der Abteilungsleiter der Buchhaltung legte den größten Wert darauf, den Bewerber zu binden, doch schienen sich zu Beginn unüberwindliche Schwierigkeiten aus den finanziellen Forderungen des jungen Mannes zu ergeben, die erheblich über dem Gehaltsniveau lagen, das in der Buchhaltungsabteilung für Arbeitskräfte vergleichbaren Alters und vergleichbarer Erfahrung gezahlt wurde. Die Personalabteilung war daher zunächst auch keineswegs willens, auf die Forderungen des Bewerbers einzugehen. Auf Drängen des Abteilungsleiters, dem viel an der Einstellung lag, handelte die Personalabteilung schließlich einen finanziellen Kompromiss mit dem jungen Mann aus, der noch akzeptabel erschien, aber doch zu einem ungewöhnlich hohen Gehalt des Bewerbers, verglichen mit seinen künftigen Kollegen, führte. Sowohl der Abteilungsleiter als auch die Fachleute der Personalabteilung baten den neu Eingestellten aus diesem Grunde, doch auf keinen Fall etwas über sein Gehalt verlauten zu lassen. Einige Zeit später – der neue Mitarbeiter hatte sich in der Zwischenzeit gut in die Abteilung eingelebt – bemerkte der Abteilungsleiter bei einigen seiner Mitarbeiter ungewöhnliche Missgestimmtheit und Arbeitsunlust, die er sich zunächst nicht erklären konnte. Ein langes Gespräch mit einem der missgestimmten Mitarbeiter, der ihm wegen seiner Offenheit bekannt war, gab schließlich einen gewichtigen Anhaltspunkt: Der Befragte sagte, er und auch andere hätten von einem Kollegen erfahren, der mit einer der Angestellten aus der Lohnabteilung befreundet sei, was „der Neue" verdiene. In der Gruppe empfinde man es als entschiedene Ungerechtigkeit, dass man bewährte und betriebstreue Kräfte endlos auf kleine Gehaltserhöhungen warten lasse, während man einem neuen Mitarbeiter gleich das „in den Rachen schmeiße", was andere sich in langen Jahren mühsam erkämpfen müssten. Der Vorgesetzte gab zurück, dass man auf solche Gerüchte, die auf derartig verschlungenen Wegen gelaufen seien, nichts geben sollte. Falls die ganze Angelegenheit überhaupt einen wahren Kern habe, dann den, dass ein recht hohes Anfangsgehalt gefordert worden sei. Das tatsächlich gezahlte Gehalt liege ganz im Rahmen des Durchschnitts. Der Vorgesetzte bat daraufhin noch, dass der Mitarbeiter dies auch den anderen sagen solle. Dieser ließ sich aber so rasch nicht „abspeisen", sondern bat den Vorgesetzten, ihm doch konkret mitzuteilen, was der Neue denn jetzt wirklich verdiene. Der Vorgesetzte lehnte das mit der Bemerkung ab, dass er schließlich auch nicht über sein – des Fragenden – Gehalt mit Dritten spreche. Der Mitarbeiter sagte darauf nichts mehr, dennoch blieb beim Vorgesetzten das ungute Gefühl, dass sich durch dieses Gespräch die Lage eher verschlechtern als verbessern werde.

Arbeitsfragen:

1. Wie beurteilen Sie die in diesem Fall gewählte Gehaltspolitik?
2. Wie beurteilen Sie die Gesprächsführung des Vorgesetzten?
3. Was sollte bei der jetzt gegebenen Sachlage unternommen werden?

Eine denkbare Lösung dieses Falles finden Sie auf S. 285.

Fall II: Mehr Geld und wenig Freude

In einem größeren Unternehmen gehörte es zu einem der „ungeschriebenen Gesetze", dass die Personalabteilung das Gehalt keines Mitarbeiters – von Angehörigen des Top-Managements abgesehen – um mehr als 500 Euro auf einmal anhob. Dieses Prinzip fand auch in solchen Fällen Anwendung, in denen Angehörige des Betriebes durch Aufstieg eine höhere hierarchische Ebene erreichten. Im Unternehmen hatte es sich nun aus unterschiedlichen Gründen ergeben, dass seit längerer Zeit alle Hauptabteilungsleiter nicht – über internen Aufstieg – dem eigenen Mitarbeiterstab entstammten, sondern aus anderen Organisationen kamen. Um sie zu gewinnen, war die Personalabteilung gezwungen gewesen, ein höheres Anfangsgehalt zu zahlen, als es bislang innerhalb der Ebene der Hauptabteilungsleiter üblich gewesen war. Denkbare Spannungen, die dadurch in den Kreis der Hauptabteilungsleiter hätten getragen werden können, wurden auf die Weise aufgefangen, dass man das Gehalt der bisherigen Hauptabteilungsleiter bei den nachfolgenden jährlichen Gehaltsüberprüfungen anhob. Als wieder die Stelle eines Hauptabteilungsleiters zu besetzen war, verzichtete man darauf, Angebote von „außen" einzuholen, weil einer der eigenen Abteilungsleiter, der als tüchtig galt und den die Personalbeurteilungsunterlagen als förderungswürdig auswiesen, für die Position geeignet schien. Sein bisheriger Vorgesetzter bat ihn daher zu einem Gespräch und knüpfte bei dieser Gelegenheit an die Unterhaltung an, die er anlässlich der letzten Personalbeurteilung mit ihm geführt hatte und die sehr positiv verlaufen war. Er erinnerte daran, dass er damals seine menschlichen Qualitäten beim Umgang mit seinen Mitarbeitern und seine fachlichen Leistungen besonders hervorgehoben und ihm deshalb zugesagt hatte, sich für ihn einzusetzen. Er sei heute in der glücklichen Lage, ihm zu melden, dass der Erfolg nun eingetreten sei und dass sein künftiger Vorgesetzter – ein Bereichsleiter – ihn morgen zu sprechen wünsche. Der Abteilungsleiter bedankte sich, war sichtlich erfreut und verabschiedete sich mit dem Hinweis, dass ja jetzt wohl ein Grund für eine Feier im Kollegenkreis gegeben sei.

Am nächsten Tag traf er zum vereinbarten Termin mit dem Bereichsleiter zusammen, der ihm zunächst zu seiner Beförderung gratulierte, die Hoffnung auf gute Zusammenarbeit aussprach und sich anschließend mit ihm über sein künftiges Aufgabengebiet unterhielt. Im Anschluss an das Gespräch sagte der Bereichsleiter: „Übrigens – ich vergaß das ganz zu sagen – die Stellung ist natürlich auch mit einer finanziellen Verbesserung verbunden: Sie erhalten ab sofort monatlich 500 Euro mehr." Der Beförderte wirkte einen Augenblick betroffen. Dann erwiderte er ruhig: „Da bin ich eigentlich enttäuscht – wenn ich richtig informiert bin, liege ich auch dann noch immer um etwa 750 Euro unter meinen künftigen Kollegen."

Der Bereichsleiter hielt dem entgegen, dass er hier nicht über fremde Gehälter sprechen wolle, dass er zwar nicht bestreite, dass die anderen Hauptabteilungsleiter mehr verdienten, wenn auch eine Differenz von 750 Euro wohl etwas hoch gegriffen sei. Als künftiger Hauptabteilungsleiter müsse er aber Verständnis dafür haben, dass eine Gehaltssteigerung von mehr als 500 Euro zu diesem Zeitpunkt mit Rücksicht auf die gesamte Personalsituation nicht zu vertreten sei und zu große Unruhe in den Betrieb tragen würde. Er solle sich doch freuen; 500 Euro seien doch schließlich auch nicht zu verachten.

Arbeitsfragen:

1. Wie beurteilen Sie die Gehaltspolitik des Unternehmens und die Argumentation des Bereichsleiters?

2. Wie schätzen Sie die künftige Leistung und die künftige Zufriedenheit des neu ernannten Hauptabteilungsleiters ein?
3. Würden Sie dem Unternehmen raten, seine bisherige Gehaltspolitik fortzusetzen oder eine Veränderung – falls ja: welche? – vorschlagen?

Eine denkbare Lösung dieses Falles finden Sie auf S. 287.

4. Unter welchen Umständen dient der Führungsstil der Leistung und der Zufriedenheit?

Jeder Vorgesetzte weiß, dass er durch sein Verhalten die Leistung und die Zufriedenheit der Mitarbeiter beeinflussen kann (v. ROSENSTIEL, REGNET und DOMSCH, 2009). Dass dies so ist, wurde auch wissenschaftlich nachgewiesen (BLUM & NAYLOR, 1968; NEUBERGER, 2006).

Beispiel:
*In sechs Arbeitsgruppen, von denen drei durch besondere Zufriedenheit, drei durch besondere Unzufriedenheit gekennzeichnet waren, die aber alle gleiche Aufgaben zu bewältigen hatten, tauschte man die Vorgesetzten der zufriedenen Gruppen mit denen der unzufriedenen aus. Als man nach vier Monaten wiederum nach der Zufriedenheit fragte, waren die zuvor zufriedenen Gruppen unzufrieden, die zuvor unzufriedenen Gruppen zufrieden geworden, während in solchen Gruppen, denen man ihren Vorgesetzten ließ, die Zufriedenheitslage sich nicht gewandelt hatte (*JACKSON*, 1953).*

Man darf aus dem Gesagten nun nicht folgern, dass es einen idealen Führungsstil, der unter allen Umständen der Leistung und der Zufriedenheit dient, gibt (SCHEIN, 1965). Der Führungsstil hängt in seiner Wirkung entscheidend von der Größe und Struktur der Gruppe, von der Eigenart der Geführten und der Art der Aufgabe ab (FIEDLER & MAI-DALTON, 1995).

Will man das Führungsverhalten in seiner Wirkung analysieren, so sind vor allem zwei Fragen wichtig:

– Wie verhält sich der Vorgesetzte seinen Mitarbeitern gegenüber?
– Wie ist die Verteilung von Macht und Einfluss innerhalb der Gruppe geregelt?

Geht es um die erste Frage, so sind vor allem zwei Arten des Führungsverhaltens, die sich keineswegs gegenseitig ausschließen, zu unterscheiden:

a) eine mehr oder weniger stark ausgeprägte aufgaben- oder zielorientierte Handlungsweise des Vorgesetzten („initiating structure“);
b) eine mehr oder weniger stark ausgeprägte mitarbeiterorientierte Handlungsweise des Vorgesetzten („consideration“).

Diese beiden Handlungstendenzen können in beliebigen Mischverhältnissen vorkommen (HALPIN & WINER, 1957; GEBERT & V. ROSENSTIEL, 2002).

Beispiel:
In einer großen Organisation befragte man Mitarbeiter nach ihren Vorgesetzten. Dabei wurden für eine Gruppe der Vorgesetzten Fragen bejaht, die mit der Aufgabenorientiertheit zusammenhängen (z. B. „Er hat immer die Aufgabe vor Augen.“ „Er denkt stets daran, wie er die Leistung noch steigern kann.“) Für die andere Gruppe der Vorgesetzten wurden Fragen bejaht, die mit der Mitarbeiterorientierung zusammenhängen (z. B. „Er denkt an das Wohl seiner Mitarbeiter.“ „Er setzt sich für seine Mitarbeiter ein.“) Interessant ist, dass die beiden Gruppen von Verhaltensweisen einander nicht ausschließen. Für manche Vorgesetzte wurden beide Arten von Aussagen bejaht, für andere überhaupt keine.

Man könnte das Ergebnis graphisch verdeutlichen, wie Abbildung 29 zeigt (BLAKE & MOUTON, 1968).

Weitere Untersuchungen zeigten, dass im Regelfall die Zufriedenheit der Mitarbeiter von der Mitarbeiterorientierung der Vorgesetzten abhing, während ihre Leistung sowohl mit der Mitarbeiter-

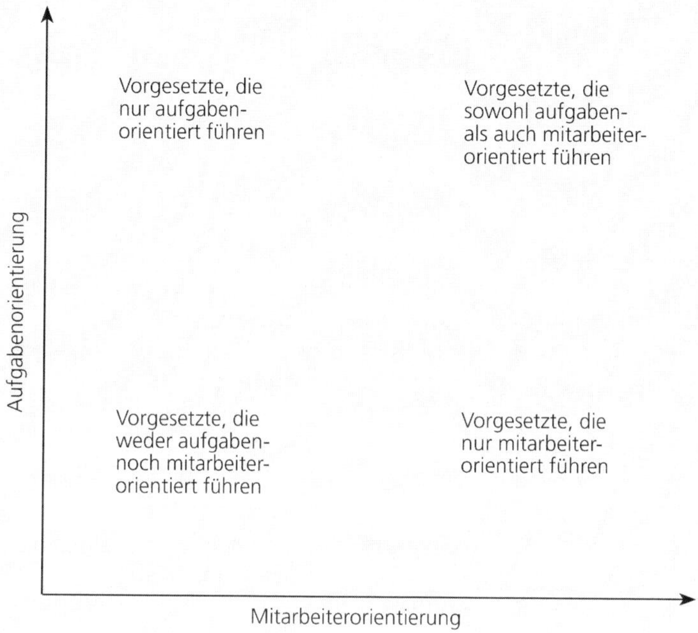

Abb. 29: *Aufgaben- und Mitarbeiterorientierung bei Vorgesetzten*

als auch, und zwar noch deutlicher, mit der Aufgabenorientierung der Vorgesetzten positiv korrelierte (TANNENBAUM, 1969; NEUBERGER, 1976; 2006). Es gibt natürlich Ausnahmen. So fand man etwa bei Truppeneinheiten der amerikanischen Armee, dass hier die Zufriedenheit der Mitarbeiter besonders mit der Aufgabenorientierung der Vorgesetzten zusammenhing (HALPIN & WINER, 1957). Ein besonderes Problem ergibt sich daraus, dass höhere Vorgesetzte die Tüchtigkeit unterstellter Vorgesetzter ausschließlich nach dem Grade ihrer Aufgabenorientierung bewerteten, so dass viele Vorgesetzte sich dem anpassen dürften und schließlich auf eine einmal innegehabte mitarbeiterorientierte Haltung verzichten. Das Problem verschärft sich noch dadurch, dass gut beurteilte Vorgesetzte mit ihren Vorschlägen bei der höheren Führungsebene mehr Erfolg haben, ihre Mitarbeiter davon profitieren und zufriedener sind, während weniger gut beurteilte Vorgesetzte für ihre Mitarbeiter weniger durchsetzen. Sind diese weniger gut beurteilten Vorgesetzten nun – wie es recht häufig vorkommt – vorwiegend mitarbeiterorientiert, so entsteht der paradoxe Fall, dass gerade ihre Mitarbeiter enttäuscht und unzufrieden sind (PELZ, 1952), häufig fehlen oder kündigen, so dass der höhere Vorgesetzte in seinem ursprünglichen Fehlurteil über den Führungsstil des mittleren Vorgesetzten nachträglich bestätigt wird. Trotz der hier angedeuteten Gefahr dürfte ein Vorgesetzter im Regelfall der Leistung der Gruppe und der Zufriedenheit der Mitarbeiter am besten dienen, wenn er mitarbeiterorientiert führt, d. h. auch die Sorgen seiner Mitarbeiter kennt, sich innerhalb der Organisation für sie einsetzt, ohne bei diesem Führungsverhalten die Aufgabe aus dem Auge zu verlieren.

Fragt man danach, wie die hier geforderte Verbindung von Mitarbeiter- und Aufgabenorientierung erreicht werden kann, so muss zum einen gewährleistet sein, dass der Vorgesetzte nicht zum Beichtvater oder gar Therapeuten seiner Mitarbeiter wird, er aber dennoch auf die Bedürfnisse seiner Mitarbeiter eingeht und sie im Rahmen des in der Arbeitssituation Möglichen berücksichtigt. Das lässt sich durchaus damit verbinden, dass er die Leistungserstellung gut organisiert und die Mitarbeiter, ohne Druck oder Zwang auszuüben, zu hoher Leistung anregt, ihre Arbeitsfreude steigert und sie – wenn es machbar erscheint – für die Aufgabe begeistert. Weiterhin wäre es ratsam, dass er einen Teil seiner Macht und seines Einflusses an die Mitarbeiter abgibt (JAGO, 1995), womit wir beim zweiten hier angesprochenen Problemkreis sind.

Bestimmt ein Vorgesetzter allein, was seine Mitarbeiter zu tun haben, so fühlen sich die Mitarbeiter fremdbestimmt. Sie identifizieren sich nicht mit der Aufgabe, arbeiten extrinsisch motiviert, resignieren bei Schwierigkeiten (TANNENBAUM, 1969) und sagen sich: „Ich habe es ja gleich gedacht; warum gibt uns der Chef einen so unsinnigen Auftrag?!“

Überträgt der Vorgesetzte dagegen dem Mitarbeiter im jeweils angemessenen Maße

- innerhalb des Aufgabenbereichs
- die zur Erledigung erforderlichen Rechte
- mit der damit verbundenen Verantwortung,

d. h. delegiert er klar umschriebene Aufgaben an die Mitarbeiter, oder stimmt er sich in gemeinsamen Gesprächen mit den Mitarbeitern über Wege oder gar Ziele der Aufgabenbewältigung ab, so wird der Mitarbeiter sich stärker mit der Aufgabe identifizieren. Er wird sie als die seine erleben, intrinsisch motiviert arbeiten, sich bei Widerstand stärker einsetzen, da er in den eigenen Augen nicht versagen und sein Selbstgefühl nicht kränken möchte, denn er hat ja selbst über die Aufgabe entschieden.

Beispiel:
Jugendliche arbeiteten einmal unter demokratischer, einmal unter autoritärer Führung. In der demokratischen Führung wurde der Vorgesetzte zwar nicht gewählt, jedoch einigten sich Vorgesetzter und Mitarbeiter über die Aufgabe. Unter autoritärer Führung bestimmte der Vorgesetzte allein, was in welcher Weise zu geschehen habe. Er kontrollierte die Durchführung der Anweisungen scharf.

Es zeigte sich, dass die Leistung unter demokratischer Führung recht gut war, weitgehend unverändert blieb, wenn der Vorgesetzte den Raum verließ, und dass außerdem die Zufriedenheit der Jugendlichen hoch lag.

*Bei der autoritären Führung war die Leistung zunächst sehr hoch, sank aber stark ab, sobald der Vorgesetzte den Raum verließ. Die Zufriedenheit war gering, Aggressivität in der Gruppe hoch (*LEWIN, LIPPITT & WHITE, *1939).*

Delegation von Aufgaben oder Mitbestimmungsmöglichkeit – Partizipation – der Gruppe erscheinen empfehlenswert, weil dadurch die Zufriedenheit der Mitarbeiter steigt und langfristig gesehen auch die Leistung besser sein dürfte, weil die Mitarbeiter nicht das Gefühl haben, arbeiten zu müssen, sondern arbeiten zu wollen (MORSE & REIMER, 1956).

Gelegentlich wird man allerdings – kurzfristig – auf derartige Partizipation verzichten müssen und zwar

- wenn die Gruppe sehr groß (GEBERT, 1995) ist; hier empfiehlt sich dann auf die Dauer eine Aufteilung in Untergruppen,
- wenn die Aufgaben rein routinemäßig sind (VROOM, 1960) und keinerlei Entscheidungsspielraum lassen; hier empfiehlt sich auf die Dauer eine Aufwertung und Ausweitung der Aufgaben (ULICH, 2005),
- wenn plötzlich Zeitdruckaufgaben entstehen; hier empfiehlt sich auf die Dauer eine bessere, weiterschauende Planung,
- wenn die Mitarbeiter verantwortungsscheu sind, keinerlei Interesse an der Arbeit haben, nur an das Geld denken, von Jugend an nur an Gehorchen gewohnt sind; hier empfiehlt sich eine langsame Erziehung der Mitarbeiter zur Übernahme von Verantwortung und zur Selbstständigkeit (FRICKE & FRICKE, 1980).

Wenn auch ratsam ist, Mitarbeitern soviel Entscheidungsspielraum und Verantwortung einzuräumen, wie es innerhalb der Aufgabe notwendig ist, so muss dieser Entscheidungsspielraum doch echt sein. Vorgetäuschter Entscheidungsspielraum ist ethisch verwerflich, wird zur Manipulation (V. ROSENSTIEL & NEUMANN, 2002), die, wenn sie durchschaut wird, wie ein Bumerang zurückschlägt.

Beispiel:
*Ein Vorgesetzter legt einen Arbeitsplan vor, in den er bewusst einen offensichtlichen Planungsfehler „eingebaut" hat (*LÜCKERT, 1966*). Die Gruppe soll darüber diskutieren. Der Vorgesetzte hofft, dass die Mitarbeiter stolz und zufrieden sein werden, wenn sie den Fehler entdecken. Sie bemerken jedoch den Zweck und sind verstimmt. Der Vorgesetzte hat jede Glaubwürdigkeit verloren.*

Sucht man die hier angesprochenen Formen des Führungsverhaltens – Aufgabenorientierung, Mitarbeiterorientierung und Mitwirkungsmöglichkeit bei Entscheidungen (FITTKAU-GARTHE & FITTKAU, 1971) –, die jeweils weitgehend unabhängig voneinander sind und im konkreten Fall in beinahe jeder Kombination auftreten können, anschaulich darzustellen, so ergibt sich ein dreidimensionales Bild, wie Abbildung 30 zeigt. Die wesentlichsten Wirkungen der drei Führungsdimensionen sind mit aufgeführt (V. ROSENSTIEL, 2006).

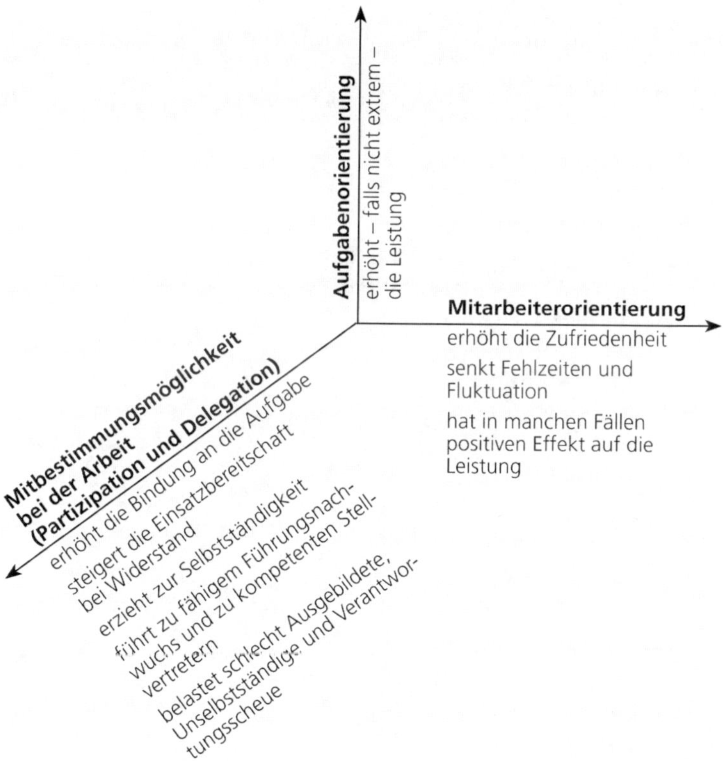

Abb. 30: Dimensionen des Führungsverhaltens und deren Wirkungen bei den Geführten

Macht man sich differenziertere Gedanken über die Wirkung bestimmten Führungsverhaltens, so sollte man relativieren. Zwar stimmt es, dass in der Regel die Mitarbeiterorientierung des Vorgesetzten der Zufriedenheit der Geführten entgegen kommt, dass die Aufgabenorientierung des Chefs die Leistung der Mitarbeiter fördert, doch gilt dies eben nicht in jeder Situation in einer gleichen Weise. Diesen Gedanken versuchen die so genannten Situationstheorien der Führung (NEUBERGER, 2006) gerecht zu werden, deren Grundgedanke Abbildung 31 zeigt.

Abb. 31: Was bedingt den Führungserfolg?

Man erkennt, dass sich das Führungsverhalten in Abhängigkeit von der Persönlichkeit des Führenden entwickelt und dass dieses Führungsverhalten – vermittelt über das davon beeinflusste Verhalten des Geführten – als Ursache des Führungserfolgs bezeichnet werden kann. Beeinflusst werden diese Kausalketten jeweils durch die Situation. Der Begriff der Situation ist dabei weit zu verstehen. Er umfasst die Kultur, das Rechtssystem etc., das den Betrieb umgibt, es schließt dessen Größe und Struktur ein, aber auch die dort geltenden Machtverhältnisse, die Besonderheiten der jeweiligen Arbeitsgruppe sowie die Eigenart und die Qualifikation der dort tätigen Mitarbeiter und die Strukturen der zu erledigenden Aufgaben (GEBERT & v. ROSENSTIEL, 2002).

So betrachtet ist das Führungsverhalten zum einen durch die Persönlichkeitsmerkmale des Vorgesetzten, zum anderen durch die Bedingungen der Situation bestimmt.

Beispiel:
Ein Vorgesetzter, der durch ganz bestimmte Eigenheiten gekennzeichnet ist, wird zwar als Leiter eines Projekts mit hochinteressierten und gut qualifizierten Projektmitarbeitern alle wesentlichen Entscheidungen im Team besprechen, dann aber als Werksleiter in einem größeren Zweigwerk mit angelernten und an den Aufgaben wenig interessierten Mitarbeitern weitgehend autoritär agieren und gleichermaßen die Ziele und die Wege der Tätigkeit vorschreiben.

Aber auch die Beziehung des Führungsverhaltens zum Geführtenverhalten wird durch die Situation in einem starken Maße beeinflusst.

Beispiel:
Haben gewerbliche Mitarbeiter in einem skandinavischen Land Mühe, einen schweren Motorblock auf eine Transportkarre zu heben, weil der schlicht zu schwer ist, so gewinnt der Führende an Akzeptanz, wenn er kräftig anpackt und hilft. Zeigt er das gleiche helfende Verhalten in einem kollektivistischen ostasiatischen Land mit großer „Machtdistanz", so besteht die Gefahr, dass er an Ansehen einbüßt und „sein Gesicht" verliert.

Ein anderes Beispiel:
Ein europäischer Vorgesetzter hat am Vorbild des eigenen Chefs und durch eine Vielfalt von Schulungen die Kompetenz erworben,

Aufgaben an seine Mitarbeiter zu delegieren und dabei auf die Kontrolle der Wege zum Ziel zu verzichten; er beschränkt sich auf die Ergebniskontrolle. Diese Art zu führen, ist ihm zur selbstverständlichen Gewohnheit geworden.

*Er wird von seinem Unternehmen in ein zentral-afrikanisches Land versetzt und will die dort für das Unternehmen gewonnenen und in kurzer Zeit angelernten Mitarbeiter in der gleichen Weise führen. Er scheitert. Sein in Europa erfolgreiches Führungsverhalten wird dort zu einer Quelle des Misserfolgs (*GEBERT*, 1992).*

Aber auch ein gleiches Verhalten der Geführten kann in der einen Situation Erfolg, in der anderen Misserfolg nach sich ziehen.

Beispiel:
Die Mitarbeiter einer kleinen Projektgruppe diskutieren engagiert und in konstruktiver Weise konfliktbereit über den Lösungsweg. Die Lösung gewinnt dadurch an Qualität und findet – sie ist ja „das Kind" der Gruppe – sofort Akzeptanz. Die Mitarbeiter einer größeren Gruppe zeigen das gleiche Verhalten. Es kommt angesichts der vielen Vorschläge und Stimmen zum heftigen Durcheinander und frustrierenden Chaos. Ein Lösungsweg, der von allen akzeptiert wird, wird nicht gefunden. Schließlich ruft man resigniert den Vorgesetzten und bittet ihn klar zu sagen, „wo es lang geht".

Das soeben vorgestellte Modell lässt differenzierter über Führung nachdenken. Es stellt an jeden, der sich mit Führungssituationen auseinandersetzt, um sie zu verbessern, die Frage:

- Auf welche Weise kann ich die geeigneten Führungskräfte auswählen? Welche Merkmale sollten sie angesichts der Anforderungen haben? Mit welchen Verfahren kann ich diese Merkmale erkennen?
- Welches Führungsverhalten ist angesichts der gegebenen Umstände das Erfolg versprechende? Mit welchen Methoden lässt es sich am besten trainieren?

- Welche Mitarbeiter passen am besten zum Stil des Vorgesetzten und zur konkreten Situation? Wie lassen sich Kommunikation und Kooperation zwischen dem Führenden und den Geführten verbessern?
- Wie kann hier der Führungserfolg definiert werden? An welchen Indikatoren lässt sich vernünftig entscheiden, ob der Vorgesetzte erfolgreich führt oder nicht?
- Wie sollte die Gesamtsituation gestaltet werden, damit sich Führung erfolgreich vollzieht?

Also: Vorgesetzte anforderungsgerecht auswählen, Führungsverhalten adäquat trainieren, Kommunikation und Klima zwischen den Führenden und den Geführten optimieren, Führungserfolg klar definieren und Führungssituationen angemessen gestalten!

Fall III: Folgen der Krankheit eines Vorgesetzten

Ein älterer Abteilungsleiter innerhalb des Bereichs Buchhaltung und Kostenrechnung eines großen kaufmännischen Unternehmens galt als ungewöhnlich gewissenhaft, sachkundig und gerecht im Umgang mit seinen Mitarbeitern. Innerhalb der höheren Führungsebene war er als einer der tüchtigsten Abteilungsleiter bekannt. Er wurde nicht nur wegen seiner Fachkenntnisse, die er sich im Laufe seiner langjährigen Betriebszugehörigkeit erworben hatte, sondern auch wegen seiner Sachlichkeit und seines niemals aufbrausenden Wesens besonders geschätzt.

Ihm waren acht Mitarbeiter unterstellt, die alle über eine abgeschlossene kaufmännische Lehre verfügten. Drei dieser Mitarbeiter galten als der „alte Stamm“; sie waren seit über zehn Jahren in der Abteilung tätig. Der Abteilungsleiter hatte ihnen gegenüber dennoch ein rein sachliches Verhältnis bewahrt und während der Freizeit keinen Kontakt zu ihnen. Er räumte ihnen den fünf anderen Mitarbeitern gegenüber, die sehr viel kürzer in der Abteilung tätig waren, auch keine Sonderstellung bei der Arbeit ein. In der

Gruppe dieser fünf übrigen herrschte eine recht hohe Fluktuation; es war bisher nicht gelungen, einen von ihnen länger als vier Jahre an die Abteilung zu binden, obwohl keine schwerwiegenden Spannungen in der Abteilung herrschten und auch die drei langjährigen Mitarbeiter sich keineswegs abkapselten oder sich gegen die neu Hinzukommenden und im Alter meist jüngeren Kollegen stellten.

Das häufige Abwandern der neuen Mitarbeiter wurde besonders in der Personalabteilung bedauert, da sorgfältig ausgewählte und initiativ erscheinende junge Fachleute dem Unternehmen damit verloren gingen. Man sah darin allerdings eine unvermeidliche Folge der gespannten Arbeitsmarktlage, die gerade aktive junge Leute dazu bringe, im Wechsel des Arbeitsplatzes ihre Chance zu suchen.

Die Anweisungen, die der Abteilungsleiter seinen Mitarbeitern gab, waren korrekt und präzis; er kontrollierte ihre Ausführung in kurzen Zeitabständen und wies seine Mitarbeiter stets sofort darauf hin, wenn er Abweichungen in der Ausführung der Aufgaben von seinen Vorstellungen bemerkte. Er blieb jedoch bei diesen Gesprächen stets ruhig und sachlich, bevorzugte niemanden und trug auch keinem seiner Mitarbeiter einen Fehler, den er begangen hatte, nach.

Wenn außertarifliche Gehaltserhöhungen vorgesehen waren, begründete der Abteilungsleiter seine Vorschläge jeweils ausführlich, wobei er sichtlich bemüht war, die Leistung der jeweils von ihm für die Erhöhung vorgeschlagenen Mitarbeiter gerecht zu würdigen. Kam es zu den vorgeschlagenen Gehaltserhöhungen, so verband er dies mit einem Gespräch, in dem er die bisherigen Leistungen der Befragten würdigte und die Hoffnung aussprach, dass sie sich nach der erfolgten Erhöhung weiter steigern würden.

Die von der Abteilung insgesamt gezeigten Leistungen waren durchschnittlich; sie wurden routinemäßig erbracht. Neuerungen im Arbeitsablauf, Verbesserungsvorschläge und Umstrukturierungen der Aufgabengestaltung konnten in anderen Abteilungen häufiger beobachtet werden.

Eines Tages erkrankte der Abteilungsleiter ernstlich und blieb mehrere Wochen dem Arbeitsplatz fern; – ein für die Mitarbeiter ungewohntes Ereignis, da sie Abwesenheit des Vorgesetzten außerhalb des Urlaubs kaum je beobachtet hatten und ihr Vorgesetzter – selbst bei recht schweren Erkältungen – stets zur Arbeit gekommen war. Da innerhalb der Abteilung ein Stellvertreter nicht benannt war, führte der nächsthöhere Vorgesetzte die Abteilung während der Abwesenheit des Abteilungsleiters, was er allerdings, da er selbst stark überlastet war, nur von „langer Hand" tun konnte.

Die Arbeit und das Betriebsklima in der Abteilung entwickelten sich daraufhin zwiespältig. Es kam häufig zu Störungen bei der Arbeit, die jedoch durch eine Reihe von Veränderungen im Arbeitsablauf, von den Mitarbeitern vorgeschlagen und vom höheren Vorgesetzten akzeptiert, ausgeglichen wurden. Die Leistung der Abteilung sank daher im Durchschnitt nicht.

Die fünf jungen Mitarbeiter fanden sich in dieser Zeit zu einer engeren Bindung zusammen; sie diskutierten häufig über die eingeführten Veränderungen. Zwischen ihnen und den drei älteren Mitarbeitern kam es wegen dieser Veränderungen nicht selten zu Meinungsverschiedenheiten, die zu Spannungen führten, wie sie zuvor in der Abteilung nicht beobachtet worden waren.

Arbeitsfragen:

1. Wie beurteilen Sie den Führungsstil des Abteilungsleiters?
2. Nach welchen Gesichtspunkten urteilte er wohl, wenn er sich bemühte, sich ein zutreffendes Bild von der Leistungsfähigkeit seiner Mitarbeiter zu machen?
3. Wie schätzen Sie die Arbeitsmotivation der drei Mitarbeiter ein, die seit zehn Jahren in der Abteilung tätig sind?
4. Wie ist die Veränderung in der Abteilung nach der Erkrankung des Abteilungsleiters zu erklären?
5. Welche Konsequenzen sollten sich daraus ergeben?

Eine denkbare Lösung dieses Falles finden Sie auf S. 287.

Fall IV: Ein großer Sprung nach oben

Herr Wolf-Peter Schmitz, 34 Jahre alt, hatte an einer Technischen Hochschule Maschinenbau studiert, war anschließend in einem größeren Produktionsunternehmen in der Arbeitsvorbereitung tätig gewesen und hatte sodann eine erste Führungsposition als Produktionsleiter in einem Zweigwerk des Unternehmens übernommen. Dort wurden Teilaggregate gefertigt, die dann in einem anderen Werk in relativ komplexe Maschinen integriert wurden.

Aufgrund seiner Kenntnisse, die er im Studium erworben hatte, und seiner mehrjährigen Tätigkeit in der Arbeitsvorbereitung war Herr Schmitz mit jedem Schritt des Produktionsprozesses bestens vertraut. Auch die Funktionen der herzustellenden Aggregate enthielten für ihn keine Geheimnisse. Mit den ihm unterstellten Meistern und Gruppenleitern unterhielt er sich gern und fand leicht Kontakt zu ihnen. Diese wiederum schätzten seine lockere und zugleich sachliche Art und fanden es angenehm, dass er auf soziale Distanz kaum achtete, den „Akademiker nicht heraushängen ließ“, sondern gemeinsam mit ihnen in die Kantine ging und beim Essen anstehende Probleme besprach

Bei aller Lockerheit des Kontaktes standen jedoch die Sachziele klar im Vordergrund. Die zu erledigenden Aufgaben wurden bis ins Detail strukturiert, Zeitpläne differenziert erarbeitet, die Arbeitsverteilung gerecht vorgenommen. Dabei konnte keiner Herrn Schmitz fachlich etwas vormachen. Wurde etwa mit dem Hinweis auf die Schwierigkeit der zu erledigenden Aufgaben um Aufschub gebeten, so konnte er sicher und gut unterscheiden, ob es sich hier um ein schlüssiges Argument oder um eine Ausrede handelte.

Seine fachliche Kompetenz und sein manuelles Geschick befähigten ihn auch, bei Störungen im Produktionsablauf selbst Hand anzulegen oder Reparaturen an elektronisch gesteuerten Aggregaten vorzunehmen, ohne auf die Hilfe der Meister oder der zentralen Werkstatt angewiesen zu sein. Er war darauf auch stolz und glaubte auf diese Weise, sicherlich nicht ohne Grund, sich die Anerkennung und Akzeptanz der Facharbeiter zu erwerben. Auch die Meister sprachen gelegentlich anerkennend verwundert darüber, dass ein so junger Mann mit relativ kurzer beruflicher Erfahrung so detailliert über die Produktionsabläufe und die Produktionstechnik informiert war und zudem die Fähigkeit und Bereitschaft besaß, konkret einzugreifen und zu helfen, wann immer dies erforderlich schien.

Die Erfolge von Herrn Schmitz als Produktionsleiter des Zweigwerks sprachen sich auch in der Unternehmensspitze rasch herum. Dort beeindruckten insbesondere seine fachliche Kompetenz und seine Fähigkeit, auch mit Personen „klarzukommen" und sich mit ihnen zu verständigen, obwohl sie eine ganz andere und sehr viel weniger qualifizierte Ausbildung erhalten hatten. „Der hält seinen Laden in Ordnung und kommt mit allen Personen zurecht", lautete zusammenfassend die lobende Beurteilung.

Daher dachte man auch bald an ihn, als der Leiter für eine neu zu gründende Planungs- und Projektgruppe im Werk gesucht wurde, die eine höchst anspruchsvolle Aufgabe bewältigen sollte. Es ging um die Auslagerung eines Produktionsbereiches ins Ausland, weil dort die Personalkosten geringer und die Umweltauflagen leichter realisierbar schienen. Die Vielfältigkeit der Aspekte, die bedacht werden mussten, führte allerdings dazu, dass Spezialisten aus ganz unterschiedlichen Kompetenzbereichen koordiniert werden mussten. Hier waren nicht nur Produktionstechniker gefragt, sondern z. B. auch Juristen, die sich mit den spezifischen Bedingungen im Ausland auskannten, Betriebswirte, die die anstehende Kostensituation realistisch in den Griff zu bekommen hatten, Informatiker, Anwälte, die den Kontakt zu den Behörden im Ausland aufzunehmen hatten, Architekten, um die erforderlichen Bauvorhaben zu konzipieren, etc.

Herrn Schmitz reizte die Aufgabe, und er war auch überzeugt, seinen Horizont dadurch erheblich erweitern zu können, dass er mit Fachleuten aus so unterschiedlichen Bereichen eng kooperieren sollte.

Mit Feuereifer machte er sich an die neue Aufgabe. Die Fragen der Produktionstechnik machten ihm relativ geringe Sorgen. Unruhig wurde er allerdings, als ihm deutlich wurde, dass seine Erfahrungen auf dem Felde der Informatik nicht sehr weit reichten, dass er auf dem Gebiet des Juristischen fast gänzlich unbeschlagen war, so dass es ihn schließlich davor graute, mitverantwortlich dafür zu sein, Kontakte zu ausländischen Behörden aufzubauen.

Nun – und damit tröstete er sich – alle Details brauchte er nicht zu wissen. Er musste aber doch die grundsätzliche Vorgehensweise abschätzen können und vor allem, um zeitlich adäquat zu planen, beurteilen können, wie lange die Bearbeitung einer spezifischen Aufgabe dauern würde. So begann er dann rasch, für die Projekte seiner neuen Mitarbeiter relativ präzise Pläne der Ablauforganisation mit exakten Zeitmargen zu erarbeiten, wobei er sich der Netzplantechnik bediente. Seine Spezialisten meuterten bereits gelegentlich, weil sie meinten, dass er den Aufwand für eine Teilaufgabe deutlich unterschätzte. Herr Schmitz bat dann um Argumente. Wenn sie ihn überzeugten, berücksichtigte er diese. Wenn dies nicht der Fall war, sagte er gelegentlich: „Das nehme ich Ihnen nicht ab! Ich bin überzeugt, dass das in kürzerer Zeit zu schaffen ist.“ Dabei bemühte er sich – auch ins Detail gehend –, Vorschläge für raschere Wege zum Ziel zu entwickeln. Er bemerkte dann allerdings gelegentlich, dass diejenigen, denen er mit seinem Rat hatte helfen wollen, etwas murrten. Dies ärgerte ihn. Da er allerdings nicht auf offenen Widerspruch stieß, ging er darauf nicht weiter ein. Er notierte jedoch in seinem Kalender die Zeitziele genau, um zu überprüfen, ob diese auch erreicht wurden, oder ob man sie in einer Art hinhaltendem Widerstand verschleppt habe.

Zu einem ersten offenen Konflikt kam es dann mit einem der Informatiker. Dieser hatte gemeinsam mit einem Betriebswirt und einem Programmierer ein relativ komplexes Programm entwickeln sollen, mit dessen Hilfe verschiedene Handlungsalternativen unter dem Kostenaspekt vergleichbar gemacht werden sollten. Die

Entscheidungszeitpunkte rückten näher; Eile war geboten. Herr Schmitz hatte entsprechend einen sehr knappen Termin vorgegeben, war allerdings damals bereits bei dem Informatiker auf Zweifel gestoßen, ob das Ganze so rasch zu realisieren sei.

Nun war der Zeitpunkt für die Fertigstellung des Programms herangerückt. Herr Schmitz war in das Büro seines Informatikers gekommen, mit der durchaus freundlich gemeinten Frage: „Nun, zeigen Sie mal her, läuft das Ding?" Worauf dieser etwas ärgerlich zurückgab: „Natürlich nicht, das hatte ich Ihnen ja gleich gesagt!" Herr Schmitz hatte, nun auch etwas gereizt, darauf verwiesen, dass es sich hier um eine dringende und wichtige Angelegenheit handle und man sich entsprechend hätte sputen müssen. Ihm war entgegengehalten worden, dass man dies sehr wohl getan habe, dass er aber als Maschinenbauer keine adäquate Vorstellung von dem Problem der Programmentwicklung für einen solchen Auftrag habe. Schmitz ärgerte sich darüber, dass ihm mangelnde Kompetenz vorgeworfen wurde, und gab nun etwas lautstärker zurück: „Keine Ausflüchte bitte! Halten wir fest: Das war ein wichtiges Ziel, und Sie haben es nicht erreicht!"

„Dann sagen Sie mir, wie ich es hätte erreichen sollen?"
„Mit Fachkompetenz und vollem Einsatz", lautete die Antwort.

„Ich möchte wissen, mit welchem Recht Sie mir mangelnde Fachkompetenz und mangelnde Einsatzfreude vorwerfen", gab der Informatiker jetzt sichtlich gekränkt zurück. „Wir haben bis tief in die Nacht hinein gearbeitet, und ich habe mir schon die Vorwürfe meiner Frau anhören müssen, dass ich für die Familie überhaupt keine Zeit mehr habe."

Aufgabenstellung:

Bilden Sie mehrere kleine Arbeitsgruppen.

1. Versuchen Sie sich ein Bild vom Führungsverhalten des Herrn Schmitz zu machen.
2. Was sollte Herr Schmitz in der jetzt gegebenen Situation tun?

Variante 1:
Präsentieren Sie Ihre Arbeitsergebnisse im Plenum.

Variante 2:
Ein Mitglied der ersten Gruppe wird durch die anderen Gruppenmitglieder auf ein Gespräch vorbereitet, das er/sie in der Rolle des Vorgesetzten von Herrn Schmitz mit diesem führen soll.
Eine zweite Teilgruppe bereitet ein Mitglied in der Rolle des Herrn Schmitz auf ein Gespräch mit seinem Vorgesetzten vor.
Eine dritte Teilgruppe überlegt sich in der Rolle einer Jury, was im optimalen Fall der Vorgesetzte von Herrn Schmitz in welcher Weise sagen und wie Herr Schmitz mit diesen Argumenten umgehen sollte. Die Jury beobachtet – orientiert an dem ausgearbeiteten Kriterienkatalog – das Gespräch und gibt sodann den beiden Rollenspielern Feedback.

Rollenanweisung für den Vorgesetzten

Sie sind der Vorgesetzte des Projektleiters Wolf-Peter Schmitz. Herr Schmitz hat Sie bislang mit seinen Leistungen, insbesondere als Produktionsleiter eines Zweigwerkes, sehr überzeugt. Da er klar denkt, zielorientiert arbeitet und mit Menschen sehr gut „klarkommt", halten Sie ihn für anspruchsvolle Führungsaufgaben für geeignet. Sie haben ihn daher zum Leiter eines sehr schwierigen interdisziplinären Projektes ernannt. Nun haben Sie erfahren müssen, dass es dort erhebliche Schwierigkeiten gibt. Der Konflikt mit einem Informatiker ist in Ihren Augen dabei nur die „Spitze des Eisbergs".

Sie habe ein schlechtes Gewissen. Nachträglich fällt Ihnen ein, dass Sie Herrn Schmitz in keiner Weise auf die neuartige Aufgabe vorbereitet haben. Sie beschließen mit Herrn Schmitz ein Gespräch zu führen – nicht um ihn zu kritisieren, sondern um ihm zu helfen.

Aufgabe:

1. Wählen Sie ein Mitglied Ihrer Gruppe für die Rolle des Vorgesetzten von Herrn Schmitz aus.
2. Entwickeln Sie gemeinsam ein geeignetes Führungskonzept für die interdisziplinäre Projektarbeit.
3. Erarbeiten Sie auf dieser Grundlinie die Argumentation für das Gespräch. Denken Sie dabei nicht nur an das Was, sondern auch an das Wie!

Sie haben für die Gruppenarbeit 30 Minuten Zeit.

Rollenanweisung für den Projektleiter Wolf-Peter Schmitz

Sie waren bislang als Produktionsleiter eines Zweigwerkes ausgesprochen erfolgreich. Sie haben die Anerkennung des Managements und der Mitarbeiter gefunden. Es hat Sie stolz und selbstsicher gemacht, dass Sie sowohl fachlich als auch menschlich „von Ihren Leuten" geschätzt werden.

Nun hat man Ihnen die Leitung eines für das Unternehmen sehr wichtigen interdisziplinären Projektes übertragen. Sie wollen auch hier unbedingt Erfolg haben und daher alles „im Griff" behalten. Da aber ergeben sich nun Schwierigkeiten. Sie verstehen ja schließlich nur wenig von internationalem Recht, Informatik oder Kostenrechnung! Aber das können Sie doch nicht ohne Weiteres zeigen! Natürlich hören Sie sich die Argumente der Fachleute an. Die Ziele, insbesondere die Terminziele, legen aber Sie fest, um die Meilensteine des Projekts unter Kontrolle zu halten.

Jetzt hat sich daraus ein massiver Konflikt mit einem Informatiker ergeben, der behauptet, dass Sie die Zeiten viel zu eng kalkuliert haben. Was sollen Sie tun? Sie können doch nicht einfach nachgeben, sonst würden Ihnen ja die Fachleute auf der „Nase rumtanzen“. Sie fürchten Autorität und Kontrolle zu verlieren.

Jetzt hat Ihr Chef Sie zu einem Gespräch gebeten.

Aufgabe:

1. Wählen Sie bitte ein Gruppenmitglied für die Rolle des Wolf-Peter Schmitz aus. Gehen Sie dabei davon aus, dass Herr Schmitz einerseits selbstsicher, andererseits lernfähig ist.
2. Erarbeiten Sie Argumente, die Herr Schmitz im Gespräch verwenden kann. Wie könnte er etwaiger Kritik begegnen? Welche Fragen sollte er seinem Chef stellen?

Sie haben für die Gruppenarbeit 30 Minuten Zeit.

Rollenanweisung für die Jury

Bitte nehmen Sie die Fallschilderung sowie die Rollenanweisungen für den Vorgesetzten und den Projektleiter zum Ausgangspunkt Ihrer Überlegungen.

1. Entwickeln Sie ein „Soll-Modell“, d. h. erarbeiten Sie die Folge der Argumente, die der Vorgesetzte im Gespräch bringen sollte und überlegen Sie, wie der Projektleiter darauf reagieren sollte.
2. Beobachten Sie arbeitsteilig im Plenum vor dem Hintergrund Ihres Soll-Modells das Gespräch im Plenum. Bitte achten Sie dabei nicht nur auf die Sach-, sondern auch auf die Beziehungsebene.
3. Da keine Zeit für eine Beratung der Jury bleibt, sollten Sie spontan Ihre Wertung – am besten wiederum arbeitsteilig – im Plenum zur Diskussion stellen.

Eine denkbare Lösung dieses Falles finden Sie auf S. 290.

5. Unter welchen Umständen dienen Ziele der Leistung und der Zufriedenheit?

David McClelland, der wohl bedeutendste Motivationspsychologe des 20. Jahrhunderts, hat auf dem Felde der Motivation die Wissenschaft und die Praxis nachhaltig beeinflusst. Er hat – über die körpernahen Bedürfnisse hinaus – drei große Gruppen von Motiven, die er evolutionstheoretisch begründete, voneinander unterschieden: die Bedürfnisse nach

- Anschluss (also nach menschlichem Kontakt)
- Macht (also Kontrolle über relevante Situationen) und
- Leistung (also dem Erreichen relevant erscheinender Ziele).

Beachtenswert ist dabei, dass er hinsichtlich dieser Motive zwischen impliziten und kaum bewussten und expliziten bewussten unterscheidet. Die impliziten Motive werden meist mit kaum durchschaubaren projektiven Verfahren gemessen. So wird der Untersuchungspartner z. B. vor die Aufgabe gestellt, zu einem verschwommenen Bild, in dem undeutlich soziale Situationen dargestellt werden, eine möglichst spannende Geschichte zu erzählen. Dies geschieht etwa mit Hilfe des Thematischen Apperzeptionstests (TAT), der ursprünglich auf Henry A. Murray (1938) zurück geht und den es in einer Vielzahl modernerer Variationen und Überarbeitungen gibt. Die von den befragten Personen gelieferten Erzählungen werden sodann einer Inhaltsanalyse unterzogen, um auf diese Weise ihre dominanten, nicht bewussten Motive zu erkennen. Die bewussten Motive werden demgegenüber meist mit Hilfe spezifisch konzipierter Fragebogen erhoben. Interessant erscheint es, dass bewusste und nicht bewusste Motive keineswegs immer Hand in Hand gehen, sondern dazwischen erhebliche Diskrepanzen bestehen können. Stimmen dagegen die bewussten und unbewussten Motive überein, so ist meist eine hohe Zufriedenheit der betroffenen Personen beim Handeln und eine ausgeprägte intrinsische Motivation festzustellen.

Bei den drei soeben genannten Motiven, also jenen nach Kontakt, Macht und Leistung, ist weiterhin danach zu unterscheiden, ob sie stärker durch Hoffnung oder durch Furcht geprägt sind. In diesem Sinne lässt sich zum Ersten zwischen Hoffnung auf Kontakt und Furcht vor Zurückweisung, zum Zweiten zwischen Hoffnung auf Einfluss und Furcht vor Kontrollverlust und drittens zwischen Hoffnung auf Erfolg und Furcht vor Misserfolg unterscheiden, woraus sich sowohl in beruflichen als auch in privaten Situationen ganz unterschiedliche Handlungstendenzen ergeben, auf die hier nicht eingegangen werden soll. Wir werden uns auf das Leistungsmotiv beschränken, für das ein Ziel ein besonders wichtiger Anreiz ist. Allerdings ist dabei sehr genau zu beachten, ob die Person stärker durch Hoffnung auf Erfolg oder durch Furcht vor Misserfolg gekennzeichnet ist. Personen mit einer ausgeprägten Hoffnungsmotivierung neigen dazu, sich anspruchsvolle, aber realistische Ziele oder Schwierigkeitsniveaus von Aufgaben auszusuchen, so dass das Erreichen des Ziels als Erfolg erlebt werden kann. Personen mit einer deutlichen Furcht vor Misserfolg suchen das Misserfolgserlebnis dadurch zu vermeiden, dass sie besonders schwierige Aufgaben wählen, so dass das Scheitern nahezu als erwartet und nicht als Misserfolg interpretiert werden kann, oder sie präferieren besonders anspruchslose Ziele und leichte Aufgaben, so dass die Handlung kaum misslingen kann (Atkinson, 1958, Heckhausen, 1963).

Wahlen zwischen leichten, realistisch schwierigen oder nahezu unerreichbar schweren Zielen sind also stark von der Motivausprägung der einzelnen Person bestimmt. Im Unternehmen dagegen werden verbindliche Ziele meist aus der mittelfristigen Planung im Rahmen des Strategieprozesses abgeleitet oder geben in Wechselwirkung der Planung die Richtung oder können diese korrigieren. So betrachtet sind Ziele Soll-Werte, die es zu erreichen gilt, die dann häufig, z. B. im Rahmen eines Management by Objectives (MBO)-Prozesses, von der Unternehmensspitze auf die Bereiche, Abteilungen, Arbeitsgruppen bis hin zu den einzelnen Mitarbeiterinnen und Mitarbeitern heruntergebrochen werden können. Dabei empfiehlt es sich dort, wo ausgesprochene Teamarbeit verrichtet werden soll und Einzelleistungen kaum aus diesem Zusammenhang herausgelöst werden können, mit Gruppenzielen zu arbeiten (WEGGE, 2007), während es sonst empfehlenswert ist, individuelle Ziele zu setzen oder zu vereinbaren.

Warum aber wirken derartige Ziele, was sind die Bedingungen dafür, dass es zur erhofften Wirkung kommt? Hier gibt es eine breite Forschung, die z. T. mit Laborexperimenten, z. T. in realen Arbeitsprozessen angesiedelt war (LOCKE & LATHAM, 1984, 1990, 2002). Danach kann an der Wirkung von Zielen auf Leistungsergebnisse nicht gezweifelt werden. Bei den Wirkungsprozessen sollte man allerdings differenzieren. Ziele haben erstens Informationscharakter, sie sagen den Mitgliedern einer Gruppe bzw. jedem Einzelnen, was erwartet wird, woran man sich orientieren sollte, was Priorität hat und was nachgeordnet ist. Zweitens geht von den Zielen als Anreiz für die Leistungsmotivation eine stark aktivierende Wirkung aus und schließlich begründen Ziele – soweit sie erreicht werden – Leistungserlebnisse, die stolz und zufrieden machen.

Wann aber haben Ziele diese Wirkung? Hier weiß man aus einer Vielzahl von Untersuchungen, dass für Ziele bestimmte Kriterien gelten, die im Führungsprozess beachtet werden sollten. Immer wieder belegt wurde Folgendes:

- Schwierige, herausfordernde Ziele führen zu besseren Leistungen als leicht zu erreichende Ziele.
- Sind diese Ziele außerdem präzise formuliert und spezifisch ausgerichtet, so führen sie zu höheren Leistungen als allgemeine vage Ziele.
- Mittel- und langfristig sind höhere Leistungen zu erwarten, wenn der Handelnde rasch Feedback darüber erhält, ob und in wie weit er seine Ziele erreicht. Dabei ist die implizite Wertung, die im Feedback liegt, zu beachten. Spezifisch ein positives Feedback (BANDURA, 1969) im Sinne der Anerkennung und Bestätigung hat längerfristig die besseren Effekte.

Ergänzende Studien und praxisbezogene Überlegungen lassen allerdings weitere Kriterien, die für wirksame Ziele gelten, beachtenswert erscheinen. Daher sei zusammenhängend eine Kriterienliste vorgestellt und begründet:

- Ziele sollten – wie bereits betont – *präzise und spezifisch* sein, d. h. soweit wie möglich quantitativ und eindeutig gefasst. Der Handelnde sollte wissen, welche Menge nach welchen Qualitätsindikatoren bis wann von ihm erwartet wird. Negativ formuliert heißt dies, dass die bloße Forderung: „Tu Dein Bestes", diesem Kriterium nicht entspricht.
- Ziele sollten in einer transparenten und fair erscheinenden Weise *messbar* sein. So erscheint es z. B. sinnlos, bei bestimmten Umweltstandards äußerst präzise Ziele vorzugeben, obwohl eine Technologie zu exakten Messung des Erfolgs noch gar nicht entwickelt ist oder doch zumindest normaler Weise einem Unternehmen nicht zur Verfügung steht. Es ist kaum hilfreich und motivierend, den Messwert durch Gewichtungsfaktoren, Verhältniszahlen und andere mathematischen Operationen so zu komplizieren, dass für den Handelnden nicht sofort transparent wird, ob er das Ziel erreicht hat oder nicht. Schließlich sollte im Führungsprozess darauf geachtet werden, dass die Messung sich in einer akzeptablen Weise durchführen lässt. In diesem Sinne ist es zwar ein durchaus präzise bestimmtes Personalentwicklungsziel, wenn im Jahresgespräch der Führende von seinem Mitarbeiter fordert, dass dieser für seinen künftigen beruflichen Einsatz in Südamerika täglich eine Stunde Spanisch lernt. Messbar ist das praktisch nicht. Es wäre besser, wenn der Führende sagt: „Ich erwarte von Ihnen, dass Sie nach einem Jahr mit einem spanisch sprechenden Kunden eine Vertragsverhandlung führen können, ohne dabei auf die Hilfe eines Dolmetschers zurückzugreifen."
- Ziele sollten *anspruchsvoll* sein. Das bedeutet, dass es schwierig, aber bei Anstrengung doch realistisch erscheint, sie zu erreichen, so dass sich mit dieser Leistung dann für den Handelnden ein wirkliches Erfolgserlebnis verbindet.

- Bei einer Mehrzahl von Zielen sollten diese einander *nicht widersprechen*. Konkret bedeutet dies, dass ja häufig mehrere Ziele zugleich berücksichtigt werden müssen, die sich je nach Situation wechselseitig stützen, sich neutral zueinander verhalten oder im Widerspruch zueinander stehen könnten, wie das manchmal der Fall ist, wenn gleichermaßen hohe Quantität und gute Qualität, kurzfristige Verkaufssteigerung und langfristige Kundenbindung etc. gefordert werden. Hier gilt es jeweils zu analysieren, wie sich die unterschiedlichen geforderten Ziele zueinander verhalten um im Falle von Widersprüchen oder wechselseitiger Ausschließung klare Prioritäten zu vereinbaren.
- Ziele sollten *repräsentativ* für das Aufgabengebiet sein. Dies ist häufig nicht der Fall, da auf einem umfangreichen Arbeitsfeld Ziele nur für die Teilausschnitte der Aufgabe vereinbart werden, die leicht zu überblicken sind und wo es leicht erscheint, präzise und spezifische Ziele zu formulieren. Man denke an eine Verkäuferin in einem Warenhaus, zu deren Aufgaben es ja nicht allein gehört die Ware zu verkaufen. Sie soll ebenfalls Informationsfragen von Kunden beantworten, gezeigte Ware nach einem bestimmten Ordnungsschema so an ihren Platz zurück legen, dass sie von Kolleginnen und Kollegen leicht aufgefunden wird, Sauberkeit an ihrem Arbeitsplatz sicherstellen etc. Werden Ziele ausschließlich für die Anzahl der verkauften Stücke oder operationalisiert durch die Umsatzhöhe festgelegt, so besteht die Gefahr, dass andere, ebenfalls wichtige Aufgabenfelder vernachlässig werden oder aber unerwünschte Nebenwirkungen auftreten, wie z. B. Konflikte mit Kolleginnen und Kollegen.
- Ziele sollten *glaubhaft* sein, d. h. es sollte das erreicht werden, was auch verbal vereinbart wurde. Dies ist gelegentlich nicht der Fall, weil z. B. der Vorgesetzte taktisch ein anspruchsvolleres Ziel forderte, um auf diese Weise zu erreichen, dass der Mitarbeiter wenigstens 90 Prozent der Aufgabe erfüllt oder – umgekehrt – „sicherheitshalber" ein weniger anspruchsvolles Ziel besprochen wurde, um Enttäuschung zu vermeiden und die Vereinbarung dann zur scheinbaren Freude und Überraschung aller Beteiligten doch zu übertreffen.

- Ziele sollten *akzeptiert* sein, das bedeutet, dass im Falle von Zielvorgaben der Vorgesetzte den Mitarbeiter wirklich von diesem Ziel so überzeugen muss, so dass er es schließlich als ein eigenes, selbst gestecktes Ziel akzeptiert; ein besonders erfolgreicher Weg zur Akzeptanz besteht darin, dass die Ziele nicht vorgegeben, sondern vereinbart werden.
- Ziele sollten *nicht zu detailliert* sein; daraus kann sich leicht ein Widerspruch zu der Forderung nach Präzision und Spezifität ableiten; dennoch sollte darauf geachtet werden, dass nicht durch ein zu sehr ins Kleine gehende Herunterbrechen des Ziels in Zwischenziele letztlich jeder Schritt vorgegeben wird, womit gegen das Prinzip der Delegation verstoßen würde, das ja fordert, dass zwar Ziele feststehen, der Weg zum Ziel aber für den Ausführenden der Handlung frei bleibt.
- Ziele sollten mit *Feedback* über den Grad der Zielerreichung verbunden sein. Häufig liegt dieses Feedback in der Aufgabe selbst; der Kfz-Mechaniker erlebt unmittelbar, dass das Auto nach der Reparatur wieder klaglos anspringt; der Schreiner sieht, dass der Schrank nicht wackelt und die Türen sauber schließen. Bei komplexen Aufgaben aber zeigt sich der Erfolg oder Misserfolg oft sehr viel später und wird für den, der etwa in einer Behörde oder in einem Ministerium eine Vorlage verfasst hat, gar nicht mehr unmittelbar erlebbar. In derartigen Fällen ist eine möglichst rasche und eindeutige Rückmeldung des Vorgesetzten über den Grad der Zielerreichung dringend zu empfehlen, wobei diese in einem wertenden Sinne mit Anerkennung oder mit Kritik verbunden sein kann.

Ähnliche Empfehlungen werden häufig mit Hilfe der „Eselsbrücke“ SMART symbolisiert. Dabei bedeuten

S = spezifisch
M = messbar
A = anspruchsvoll, aber auch akzeptiert
R = realistisch
T = terminiert

Die Ziele, die sich auf Ergebnisse beziehen, beinhalten z. B. wie viel Stück in welcher Zeit in welcher Qualität produziert werden sollen, wie viele Nicht-Kunden vom Bankangestellten pro Woche mit attraktiven Angeboten kontaktiert werden sollen oder wie viele Fahrzeuge der Automobilverkäufer pro Woche zu verkaufen hat. Ziele für Führungskräfte können sich aber auch auf ganz bestimmte Verhaltensweisen beziehen, die z. B. in den Führungsgrundsätzen des Unternehmens festgeschrieben sind. Auch für geführte Mitarbeiter kann es Verhaltensziele geben, die etwa darin bestehen können, dass diese „freundlich" zum Kunden sein sollten. Diese Formulierung freilich wäre ein wenig präzises und spezifisches Verhaltensziel, so dass es gilt, in einem gemeinsamen Gespräch zwischen dem Vorgesetzten und dem Mitarbeiter genau festzulegen, was in dem speziellen Fall unter Freundlichkeit zu verstehen ist, z. B. Begrüßung des Kunden mit Namen, Anbieten eines Glases Wasser oder einer Tasse Kaffee, bei längeren Gesprächen das freundliche Bitten in einen Gesprächsraum, wo man ungestört von Fremden Probleme besprechen kann, etc.

Angesichts der vielen Untersuchungen, die es zur Wirkung von Zielen als Instrumenten der Führung gibt (LOCKE & LATHAM, 2002) kann es kaum überraschen, dass es inzwischen auch mehrere zusammenfassende Metaanalysen zum Stande der Forschung gibt (HOLLING & LIEPMAN, 2007). Auf eine dieser inzwischen klassischen Metaanalysen, die von GUZZO, JETTE & KATZELL (1985) stammt, sei beispielhaft hingewiesen. Die Autoren integrierten in dieser Studie knapp 100 Untersuchungen die innerhalb eines Jahrzehnts im Rahmen von Feldstudien in den USA durchgeführt wurden. Dabei gelang es ihnen, die Wirkung verschiedener Maßnahmen auf die Leistung zu vergleichen, wie Abbildung 32 zeigt.

Man erkennt, dass die Arbeit mit Zielen („goal setting") fast ebenso stark wirkt wie Maßnahmen des Trainings und der Anleitung insgesamt und dass es stärkere Effekte bedingt als finanzielle Anreize allein oder gar Beurteilung und Feedback.

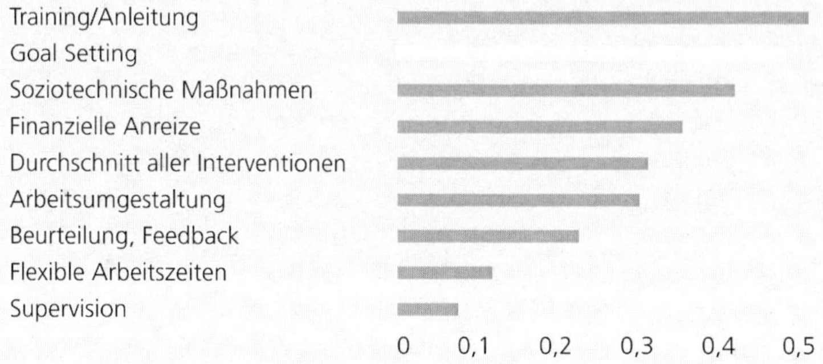

Abb. 32: Die Wirkungen von Zielen (nach GUZZO, JETTE *und* KATZELL*)*

Angemessene Ziele mit dem Mitarbeiter zu vereinbaren oder sich selbst herausfordernde Ziele zu setzen, kann also sehr wohl zu höherer Leistung motivieren. Das durch Feedback herbeigeführte Erfolgserlebnis, diese anspruchsvollen Ziele auch erreicht zu haben, kann Quelle von Stolz und Zufriedenheit sein.

Fall V: Das Zeitziel

In einem Unternehmen der Hightech-Branche kam es zu folgendem Problem: Das Unternehmen fertigte hoch komplexe Steuerungsgeräte, die je nach Wunsch der verschiedenen Firmenkunden weitgehend individualisiert waren. Obwohl die Basisstruktur der Geräte gleich war, führten die verschiedenen Komponenten und Auslegungen dazu, dass kein Gerät im Detail dem anderen glich. Entsprechend wurde die Endproduktion erst dann aufgenommen, wenn der Vertrag mit dem Kunden in allen Details durchgesprochen und von diesem auch unterzeichnet war. Die Endmontage der Geräte, die von hoch qualifizierten Technikern, z. T. sogar Ingenieuren, vorgenommen wurde, dauerte jeweils ca. drei Wochen. Als qualitatives Ziel konnte man die Ausstattungskomponenten der Geräte interpretieren, ein präzises quantitatives Ziel war jeweils der exakt definierte Liefertermin. Konnte er, aus welchen Gründen auch immer, nicht eingehalten werden, so war meist von Seiten des

Unternehmens eine Konventionalstrafe fällig. Gelegentlich allerdings war dieser Passus so formuliert, dass der Kunde das Recht hatte, vom Vertrag zurückzutreten, wenn nicht rechtzeitig geliefert werden konnte.

Dieser Passus wurde im hier geschilderten Fall zum kritischen Punkt. Der Kunde hatte sich im Falle von Lieferverzögerung das Recht des Rücktritts vorbehalten. Er hatte bereits zuvor nachgefragt, ob er den Vertrag nicht stornieren könne. Das Unternehmen hatte dies abgelehnt, jedoch zugesagt, dass man ggf. bei der Suche nach einem Zweitkunden behilflich sein werde. Kurz, es war offensichtlich, dass der Kunde geradezu auf die Zeitverzögerung hoffte, um aus dem Vertrag aussteigen zu können.

Liefertermin war ein Montag. Der zuständige Abteilungsleiter befand sich seit 14 Tagen in den USA, mit seiner Rückkehr war erst am kommenden Wochenende zu rechnen. Am Mittwoch davor setzte sich der Gruppenleiter mit den Mitgliedern der Projektgruppe zusammen, um den Fortschritt der Arbeiten zu beraten. Es war unübersehbar, dass das Gerät bis zum Wochenende nicht fertig sein würde. Die Gruppe machte sich intensiv Gedanken darüber, wie sie den damit verbundenen Schaden vom Unternehmen abwenden könne. Am Donnerstag kamen alle Mitglieder der Projektgruppe mit „Fresskörben“ und Schlafsäcken ins Unternehmen und arbeiteten praktisch die ganze Nacht bis zum Freitag durch, wobei schichtweise jeweils einige der Gruppe sich für wenige Stunden zum Schlafen legten. Dennoch war das Gerät am Freitagabend nicht fertig. Die Projektgruppenmitglieder riefen zu Hause bei ihren Frauen an, die sie wiederum mit Nahrung und Getränk versorgten und arbeiteten die Nacht zum Samstag und nahezu den gesamten Samstag durch. Dann endlich war das Gerät fertig und stand zur Abholung bereit.

Am Montagmorgen war der Abteilungsleiter von seiner Auslandsreise zurückgekehrt und hatte inzwischen von dem ungewöhnlichen Einsatz der Projektgruppe erfahren. Er kam zu deren Arbeitsplatz, begrüßte das Team, dankte allen in bewegten Worten für ihren vorbildlichen Einsatz, betonte, dass er dies auch dem Vorstand berichten werde und sagte zu, dass man das Ganze auch gehörig feiern wolle. Voll Stolz und Freude hörten dies seine Teammitglieder. Dann aber sagte abschließend der Abteilungsleiter: „Eines, meine Herrn, muss ich Ihnen allerdings doch noch sagen: Sie wissen, unser Unternehmen ist ja vorsichtig. Nicht dieser Montag, erst der Montag in einer Woche ist das eigentliche Zeitziel!"

Der Rest war zunächst Schweigen, dann drehten sich die Mitglieder der Projektgruppe abrupt ab und stampften wütend grummelnd aus dem Raum. Dem Abteilungsleiter wurde schlagartig klar, dass ihm ein massiver Führungsfehler unterlaufen war.

Arbeitsfragen.

1. Wie ist das ungewöhnliche Engagement der Mitglieder der Arbeitsgruppe in den letzten drei Tagen der Projektarbeit zu erklären?
2. Was sind wohl die Gründe der Wut der Mitarbeiter, als sie erfuhren, dass der eigentliche Termin erst in einer Woche liegt?
3. Wie sollte man mit „Puffern" umgehen, wenn sie wegen der Flexibilität und aus Sicherheitserwägungen im Unternehmen für notwendig gehalten werden?
4. Was ist zu erwarten, wenn die Projektgruppe künftig wieder mit einem Zeitziel konfrontiert wird?
5. Was sollte man dem Abteilungsleiter in der gegenwärtigen, offensichtlich reichlich verfahrenen Situation raten?

Eine denkbare Lösung dieses Falles finden Sie auf S. 293.

Fall VI: Nur ein Missverständnis?

In einem Arbeitsgespräch, das der Meister regelmäßig mit seinen Mitarbeitern führte, um sie in ihrer Arbeit zu unterstützen und je nach Verlauf und Ergebnis Anerkennung und Kritik auszusprechen, diskutierte er auch mit einem erst seit kurzem im Unternehmen tätigen Facharbeiter. Dessen Aufgabe bestand darin, komplexe Werkstücke, deren Fertigung kaum Toleranz erlaubte, für die spätere Montage an comupergesteuerten Maschinen herzustellen. Die „Lernkurve“ des neuen Mitarbeiters hatte sich positiv entwickelt. Der Meister hatte dies auch anerkennend zum Ausdruck gebracht. Nun stand wiederum ein Feedback-Gespräch an.

„Ich bin“ sagte der Meister „im Großen und Ganzen damit zufrieden, wie sich Ihre Leistung entwickelt hat und damit, wo Sie jetzt stehen. Das kann aber noch nicht der endgültige Standard sein. Ich erwarte von Ihnen, dass Sie Ihre Leistung weiterhin verbessern, was Ihnen auch sicher gelingen wird, wenn Sie noch mehr Erfahrung erworben haben. Also, strengen Sie sich besonders an, ich will ein noch besseres Ergebnis als heute sehen, wenn wir uns nach einem Monat wieder zusammensetzen!“

Der Mitarbeiter, der sich ein wenig enttäuscht fühlte, dass ihn für seine bisherigen Fortschritte nicht mehr Anerkennung vom Meister gezollt worden war, nahm dennoch dessen Worte widerspruchsfrei hin und sagte, er werde sich – wie auch schon bereits in den letzten Wochen – besonders bemühen. Tatsächlich lag er hinsichtlich der Leistungsquantität nahezu beim Mittelwert dessen, was seine Kollegen leisteten, und er hatte auch mit einer Nacharbeits- bzw. Ausschussquote von knapp 4 Prozent einen akzeptablen Qualitätswert. Da ihm allerdings aus früheren Gesprächen mit dem Meister klar geworden war, wie störend im Arbeitsprozess Nacharbeiten waren und welche Kosten Ausschuss dem Unternehmen verursachte, bemühte er sich in der Folgezeit im besonderen Maße um große Sorgfalt, Genauigkeit und fehlerfreies Arbeiten. Tatsächlich erreichte er es, im Laufe des kommenden Monats die Fehlerquote auf einen Wert von unter 2 Prozent zu drücken. Seine Leistungsmenge war konstant geblieben.

Beim nachfolgenden Gespräch empfing ihn der Meister nach einer äußerst knappen und unwirschen Begrüßung mit den Worten. „Ich bin enttäuscht von Ihnen, Sie haben sich ja überhaupt nicht verbessert!“ „Das stimmt doch gar nicht, gab der Kritisierte zurück, ich habe doch die Fehlerquote halbiert, das hat viel Mühe und Konzentration erfordert!“

„Wer spricht hier von der Fehlerquote!" gab der Meister verärgert zurück, „fehlerfreies Arbeiten setze ich einfach voraus. Ich hatte eine bessere Leistung von Ihnen erwartet und das bedeutet natürlich eine höhere Stückzahl. Hier hätten Sie durchaus zumindest 5 Prozent zulegen können!" „Davon hatten Sie aber im letzten Gespräch nichts gesagt, sondern immer wieder die Qualität und die Fehlerquote betont!"

„Die ist auch wichtig" gab der Meister zurück, „aber noch einmal, das setze ich voraus. Ich hatte eine höhere Mengenleistung von Ihnen gefordert und bin auch sicher, dass Sie das verstanden haben. Sie haben das Ziel also nicht erreicht!" „Nein," erwiderte nun auch verärgert und etwas beleidigt der Mitarbeiter. „Das haben Sie nicht gesagt und ich habe mich auf eine besonders hohe Qualität konzentriert!" „Reden Sie doch nicht so herum," erwiderte der Meister, „Sie haben mich sehr wohl verstanden und suchen jetzt nach irgend welchen windigen Ausreden!" Darauf erhob sich der Mitarbeiter schweigend und verließ grußlos den Raum.

Aufgabenstellung

1. Wie beurteilen Sie die Zielformulierung, die der Meister im ersten hier geschilderten Gespräch wählte?
2. Wie beurteilen Sie die Argumentation des Mitarbeiters, nach dem ihm der Meister seine Unzufriedenheit mitgeteilt hatte?
3. Wie beurteilen Sie den Gesprächsstil und die Antworten des Vorgesetzten auf die Argumente seines Mitarbeiters?
4. Was sollte der Meister angesichts der offensichtlichen Verstimmung seines Mitarbeiters nun tun?
5. Was ist dem Meister anzuraten, damit es nicht künftig wieder zu ähnlichen Situationen kommt?

Eine denkbare Lösung dieses Falles finden Sie auf S. 295.

6. Unter welchen Umständen dienen persönliche Vornahmen der Leistung und der Zufriedenheit?

Unternehmen leiten aus ihren strategischen und operativen Planungen Ziele ab, die sie im Falle einer Führung durch Ziele (vgl. Kap. 3.5) bis auf einzelne Teams oder gar jeden einzelnen Arbeitnehmer herunterbrechen. Der Führende versucht dann durch entsprechende Argumentationsweisen die Mitarbeiter für diese Ziele zu gewinnen (COMELLI & V. ROSENSTIEL, 2009) oder aber durch angemessene Formen der Zielvereinbarung zu erreichen, dass die Mitarbeiter die Unternehmensziele letztlich nahezu als ihre eigenen ansehen. Dennoch – all diese Ziele werden primär im Unternehmensinteresse verfolgt. Die Mitarbeiter – wie Menschen generell – lassen sich als handelnde Wesen interpretieren, die ebenfalls ganz spezifische, persönliche Ziele verfolgen, den Weg zu diesen Zielen planen und so ihrem Handeln eine schlüssige Thematik geben. Selbstverständlich ist nicht alles, was Menschen tun, in diesem Sinne geplant; vielfach wird impulsiv etwas gekauft, wider alle Vernunft und von starken Emotionen begleitet eine Beziehung eingegangen oder schlicht gewohnheitsmäßig irgend etwas getan, weil man dies immer so gemacht hat (KATONA, 1960). Daneben aber gibt es das reflektierte und geplante Handeln, das zu echten Entscheidungen führt und bei dem man sich etwas vornimmt, was man wirklich und mit Nachdruck erreichen möchte. Derartige persönliche Vornahmen beschäftigen die Wissenschaft seit einigen Jahren intensiv (MAIER, 1996; BRUNSTEIN & MAIER, 1996). Das reicht bis hin zu dem Versuch, Menschen durch das, was sie sich persönlich vornehmen, kategorisieren und verstehen zu wollen. Tatsächlich ist es auch für die Charakterisierung eines Menschen von erheblicher Bedeutung, wenn man erfährt, dass er nachdrücklich daran arbeitet, sein Studium mit 25 Jahren mit einem Prädikatsexamen zu beenden, dass er unbedingt in der Forschung und Entwicklung eines führenden Automobilunternehmens arbeiten möchte, dass er noch vor Erreichen seins 35. Lebensjahres in einem eigenen Haus leben möchte und dabei sein Leben so zu gestalten beabsichtigt, dass er in einer partnerschaftlichen Weise mit einer berufstätigen Frau den Alltag meistern und zwei Kinder großziehen will. Derartige Vornahmen und Absichten gibt es im privaten, aber auch – und hier wohl besonders häufig – im beruflichen Leben. Entsprechend hat sich gerade die Arbeits- und Organisationspsychologie besonders intensiv derartigen persönlichen beruflichen Zielen zugewandt (KIRSCH, 1995; MAIER, 1996; KASCHUBE, 1997; V. ROSENSTIEL, NERDINGER & SPIESS, 1998).

Hat man Perioden des revolutionären Aufbruchs, wie etwa die Zeit nach 1968 in Westeuropa oder in Kalifornien, vor Augen, so wird man mit derartigen persönlichen Vornahmen Sätze wie „Macht kaputt, was Euch kaputt macht!" verbinden. Dies aber – falls es solche Vornahmen je mit einer gewissen Allgemeingültigkeit gab – ist längst Vergangenheit. Die Ziele, die z. B. junge Akademiker im Unternehmen anstreben, entsprechen weitgehend dem, was sich auch die Unternehmen von diesen wünschen (KIRSCH, 1995; KASCHUBE, 1997; V. ROSENSTIEL, 2003). Dies sei an einem Beispiel verdeutlicht.

Beispiel:
In qualitativen Voruntersuchungen (V. ROSENSTIEL, NERDINGER & SPIESS, 1998) wurde erkundet, was junge Hochschulabsolventen nach ihrem Eintritt in ein Unternehmen gerne erreichen würden. Dabei wurden 29 Vorstellungen immer wieder genannt. Diese wurden dann in späteren Untersuchungen (KASCHUBE, 1997) im Rahmen einer umfangreichen Längsschnittstudie jungen Akademikern, die in Unternehmen tätig waren, mehrfach – nach jeweils ca. 18 Monaten – mit der Bitte vorgelegt, sie nach ihrer Bedeutung für das eigene Handeln in eine Rangreihe zu bringen. Gewissermaßen spiegelbildlich wurden auch Vertreter des Personalbereichs der Unternehmen nach Vorlage der gleichen Zielliste mit der Bitte konfrontiert anzugeben, welche persönlichen Ziele sie sich bei „Wunschbewerbern" erhoffen und was diese möglichst nicht anstreben sollten. Auch hier kam es entsprechend zu einer Rangreihe. Mit Blick auf die am häufigsten und die am seltensten angestrebten Ziele bzw. die von den Unternehmen besonders intensiv und besonders wenig gewünschten fanden sich durchaus vergleichbare, hoch korrelierende Ergebnisse, wie Abbildung 33 zeigt.

Rang	Was streben die Bewerber an? Was nicht?	Was sollte der ideale Bewerber anstreben? Was nicht?
1	„...die Verantwortung für ein Projekt übernehmen."	„...die Verantwortung für ein Projekt übernehmen."
2	„...meinen Verantwortungsbereich erweitern."	„meine Teamfähigkeit steigern."
3	„...auf ein angenehmes Arbeitsklima in meiner Gruppe hinarbeiten."	„... neue Projekte vorschlagen."
4	„...Seminar besuchen, die meine Führungsqualität fördern."	„... meine Vorgesetzten von neuen Ideen überzeugen."
5	„... einen ersten Aufstiegsschritt vollziehen."	„... die Struktur des Gesamtunternehmens kennen lernen."
6	„...durch den Beruf eine gewisse Unabhängigkeit erreichen."	„...zusagen, falls mir ein Projekt angeboten wird."
7	„...meine Vorgesetzten von neuen Ideen überzeugen."	„...meinen Verantwortungsbereich erweitern."
. . .		
23	„...herausfinden, wo die für mich wichtigen Entscheidungen fallen."	„...herausfinden, wo die für mich wichtigen Entscheidungen fallen."
24	„...nicht mehr als 40 Stunden in der Woche arbeiten."	„...versuchen, dass sich meine Firma verstärkt im Umweltschutz engagiert."
25	„...die Organisation wechseln, um aufzusteigen."	„...die Organisation wechseln, wenn sich mir keine Perspektiven bieten."
27	„... versuchen, dass sich meine Firma verstärkt im Umweltschutz engagiert."	„... mir einen festen Arbeitsplatz sichern, mit dem ich gut zurecht komme."
28	„...konkrete Energiesparmaßnahmen in meinem Arbeitsbereich vorschlagen."	„...mich in der Arbeitnehmervertretung engagieren."
29	„...mich in der Arbeitnehmervertretung engagieren."	„nicht mehr als 40 Stunden in der Woche arbeiten."

Abb. 33: Welche persönlichen Ziele streben Mitarbeiter an, welche nicht? Wie sieht das der Arbeitgeber?

Man erkennt z. B., dass die hochqualifizierten Berufseinsteiger danach streben, möglichst bald ein Projekt zu leiten, ihre Führungsqualität zu verbessern oder ihren Vorgesetzten von neuen Ideen zu überzeugen, was auch die Unternehmensvertreter durchaus für erwünscht halten. Dagegen liegt besonderes Engagement für umweltbezogene Vorstellungen oder für die Mitarbeit im Personal- bzw. Betriebsrat den jungen Akademikern sehr viel ferner und wird von den Unternehmen auch nicht gewünscht.

Wovon hängt es nun ab, und was bewirkt es, wenn qualifizierte junge Mitarbeiter im Unternehmen das erreichen, was sie sich persönlich vorgenommen haben?

Kommen wir zunächst zu den Bedingungen. Diese sind zum Einen in der Person zu suchen. Der Einzelne muss ernsthaft entschlossen sein, das, was er sich vorgenommen hat, auch zu realisieren; er muss bereit sein, sich dafür einzusetzen, ja sogar Opfer zu bringen. Es muss ihm wichtig sein. Diese Entschlossenheit allein aber reicht nicht aus. Auch die Rahmenbedingungen dafür sollten bereit stehen, damit die Vornahmen sich verwirklichen lassen. Dazu gehört zunächst einmal ein entsprechender Handlungsspielraum, eine Freiheit in Grenzen, das im Unternehmen tun zu können, was einem wichtig ist. Weiterhin ist soziale Unterstützung, Hilfe durch andere, in starkem Maße förderlich, z. B. durch den Vorgesetzten selbst, durch Mentoren oder Paten oder aber durch ein dichtes und unterstützendes Netzwerk von Personen, die in einer ähnlichen Situation im Unternehmen stehen, wie z. B. die ehemaligen Trainees. Schließlich ist auch das von besonderer Bedeutung, was man eine „realistische Tätigkeitsvorausschau" nennt, kurz, dem Einzelnen sollte beim Einstieg ins Unternehmen „klarer Wein" eingeschenkt werden; er sollte wissen, was in diesem Unternehmen möglich ist und was nicht. Gerade dies ist in einer Zeit des demographischen Wandels, in der Jahr für Jahr die Zahl qualifizierter Nachwuchskräfte zurückgeht, besonders zu betonen. Angesichts dieser Entwicklung entbrennt zunehmend ein „Krieg um die Talente" zwischen den Unternehmen. Man sucht die Besten zu gewinnen und zu binden (v. ROSENSTIEL, 2003), was in der Bewerbungssituation dazu führt, dass man gerade den besonders Exzellenten weitaus mehr verspricht, als man schließlich halten kann und wohl auch halten will. Bei den Betroffenen hat das zunächst natürlich Freude und besonderes Engagement zur Folge, um dann – wenn die begrenzten Möglichkeiten der Realität erkannt werden – massiver Enttäuschung zu weichen, die ggf. Kündigungsabsichten und schließlich die Kündigung nach sich ziehen kann.

Das Realisieren der Vornahmen hängt also – fassen wir es noch einmal zusammen – von der persönlichen Entschlossenheit, vom Handlungsspielraum, von der sozialen Unterstützung und von der realistischen Tätigkeitsvorschau ab.

Was bewirkt es nun für den Einzelnen, wenn er seine persönlichen beruflichen Ziele erreicht und was sind dann die Konsequenzen für das Unternehmen?

Auch hier liegen klare Untersuchungsergebnisse vor. Wer das im Unternehmen erreicht, was er sich vorgenommen hat, dieser Zielvorstellung zumindest nahe kommt, der ist deutlich zufriedener, identifiziert sich im stärkerem Maße mit dem Unternehmen und bindet sich an dieses, denkt entsprechend kaum an Kündigung und kündigt auch tatsächlich sehr viel seltener. Er wird also zu einen zufriedenen, loyalen und engagierten Mitarbeiter, und dies ist selbstverständlich ein entscheidender Vorteil für das Unternehmen, insbesondere angesichts des angesprochenen „Krieges um die Talente". Hat man vor Augen, welche Kosten mit der Kündigung eines entsprechend qualifizierten Mitarbeiters und dem Gewinnen und der Entwicklung eines qualifizierten Nachfolgers verbunden sind, wird man rasch sehen, dass die Berücksichtigung der persönlichen Vornahmen eines jeden Einzelnen im Unternehmen nicht nur unter humanen Gesichtspunkten wünschenswert, sondern auch unter ökonomischem Aspekt empfehlenswert ist.

Es ergibt sich aus den Forschungsbefunden relativ schlüssig, wie Unternehmen in ihrer Personal-, insbesondere aber innerhalb der Nachwuchspolitik handeln sollten, wenn sie qualifizierte Mitarbeiter und Mitarbeiterinnen gewinnen und halten wollen und diese als engagierte und loyale Kräfte in ihre Teams einzubinden gedenken. Da geht es zunächst um die Einzelnen selber. Sie sollten durch gezielte Personalentwicklungsmaßnahmen auf dem Gebiet des Motivations- und Volitionstrainings (KEHR, 2002, 2004) lernen, sich intensiv an von ihnen selbst als wichtig erkannte Ziele zu binden, die dabei auftretenden vielfach unvermeidlichen Zielkonflikte erkennen und angemessen reagieren. Sie sollten in diesem Zusammenhang lernen souverän mit dem eigenen Willen umgehen, ohne sich dabei selbst zu „vergewaltigen" und in einer restriktiven und frustrierenden Weise selbst zu kontrollieren. Bei der Umsetzung ihrer Pläne ins Handeln sollten sie darauf achten, dass sie Freude dabei erleben, intrinsisch motiviert sind und ihre Bedürfnisse nicht nur durch die Zielerreichung, sondern auch bereits auf dem Wege dorthin befriedigen und dabei die notwendige Kompetenz entwickeln, Widerstände und Barrieren des Handelns zu erkennen, zu umgehen oder zu bewältigen (vgl. Kap. 1.6). Zentral ist also hierbei Hilfe zur Selbsthilfe; die Betroffenen sollten lernen, sich selbst souverän zu führen und zu managen (KEHR, 2002).

Aber auch bei den Rahmenbedingungen – und dort vielleicht noch intensiver – sollte die unternehmerische Personalarbeit ansetzen, wobei die jeweiligen Führungskräfte eine besondere Verantwortung tragen. Das gilt zunächst für die ersten Kontakte mit den Bewerbern, für ihre Information über das, was sie im Unternehmen erwartet. Hier gilt es klar, offen und wahrheitsgetreu aufzuzeigen, was im Unternehmen möglich ist und was nicht, was man erreichen kann und wo es Abstriche zu machen gilt. Die realistische Tätigkeitsvorschau ist, selbst wenn dadurch der eine oder andere Qualifizierte sich anderen Orts auf dem Personalmarkt umschaut, der sicherste Weg, um Enttäuschung, Unzufriedenheit, negative Beeinflussung von Kollegen und schließlich die Kündigung zu vermeiden. Innerhalb dieser ersten Kontakte und dann kontinuierlich in regelmäßigen Gesprächen der Führenden mit ihren Mitarbeitern – von alltäglichen kurzen Unterhaltungen bis hin zu den Jahresgesprächen – sollte erkundet werden, was den Mitarbeitern wichtig ist, wie sie sich selbst ihre Entwicklung vorstellen, welche Vornahmen sie umsetzen möchten und wie viel sie bereit sind dafür zu investieren. Dabei sollte sie der Vorgesetzte unterstützen; Unterstützung könnte aber auch, spontan entwickelt oder vom Unternehmen bereitgestellt, durch Mentoren und Paten oder durch ein Netzwerk von Gleichaltrigen erfolgen. Dabei könnte das Unternehmen derartigen Netzen notwendige Hilfen geben, kleinere Ressourcen dafür bereitstellen, damit die Nachwuchskräfte interessante Referenten einladen, Exkursionen machen oder sich schlicht in geeigneten Räumen regelmäßig zum Erfahrungsaustausch und zur vertieften Teambildung treffen können.

Raum bereitzustellen – das gilt nicht nur im wörtlichen, sondern auch im übertragenen Sinne. Wer eigene Wege gehen möchte, wer Ideen hat und Initiativen entwickelt, der darf nicht an ausgefahrene Gleise gebunden werden, sondern sollte Ermunterung darin erfahren, dies zu wagen. Dabei kann es natürlich Misserfolge geben; Fehler können unterlaufen. Hier ist es wichtig, eine Fehlerkultur zu schaffen und sichtbar zu verdeutlichen, dass reflektierte Fehler eine Chance zum Lernen und zur Innovation sind.

Beispiel:
In einem süddeutschen Automobilunternehmen war es über eine längere Zeit in einer größeren Abteilung üblich, dass kreative Fehler öffentlich prämiert werden. Im Zuge der Vorbereitung der Preisverleihung wurde erkundet, was der betroffene Mitarbeiter eigentlich vorgehabt hatte, wie er sein Handeln geplant und schließlich umgesetzt hat. Wenn man erkannte, dass er nicht unüberlegt und leichtsinnig, sondern reflektiert, verantwortungsvoll und in bester Absicht seine Ziele verfolgte, aber dennoch scheiterte, so wurde er öffentlich gelobt, um ihm selbst und anderen zu verdeutlichen, dass dem Unternehmen jener lieber ist, der kalkulierte Risiken eingeht und damit die Innovationschance erhöht, auch wenn sie mit der Gefahr des Fehlers verbunden ist. Es versteht sich dabei natürlich von selbst, dass der gleiche Fehler nicht zwei Mal gemacht werden sollte (Bihl, 1995).

Insgesamt bedeutet all dies, dass den Einzelnen ihrer wachsenden Qualifikation entsprechend in einer dynamischen Weise Handlungsspielraum als Leistungs- und Lernfeld übertragen werden sollte. Ein solcher Handlungsspielraum ist dann die geeignete Grundlage dafür, eigene berufliche Vornahmen zu realisieren und durch die entsprechenden Erfolgserlebnisse eine progressive Zufriedenheit zu gewinnen, sich zu engagieren und loyal an seine Aufgaben und das Unternehmen zu binden.

Fall VII: Der Traum von Brasilien

Ein junger Ingenieur, der mit hervorragenden Ergebnissen seinen Fachhochschulabschluss erworben hatte, war in seiner frühen Jugend zwei Jahre lang in Brasilien gewesen, weil sein Vater dort berufstätig war. Bei dieser Gelegenheit hatte er auch Grundkenntnisse der portugiesischen Sprache erworben. Brasilien war für ihn zum Traumland geworden. Drei Mal war er seither im Urlaub dort gewesen, zwei Mal mit einer Gruppe von Freunden, das letzte Mal mit seiner Freundin, die ebenfalls begeistert von der schönen Küste, dem Reiz der Landschaft, der Freundlichkeit und dem Temperament seiner Bewohner war. Entsprechend war es für den jungen Ingenieur eine leitende Zielvorstellung, sich beruflich den Weg nach Brasilien offen zu halten und dort – zumindest zeitweise – tätig zu sein.

Als Ingenieur mit einem weit überdurchschnittlichen Abschlusszeugnis und beachtlicher sozialer Kompetenz erhielt er auf seine Bewerbungen mehrere attraktive Angebote. Eines reizte ihn besonders. Es war das Angebot eines größeren mittelständischen Unternehmens des Maschinenbaus, das sowohl hinsichtlich seiner Personalarbeit als auch mit Blick auf seine Produkte ein sehr gutes Image hatte. Hier kam für den jungen Mann hinzu, dass das Unternehmen dabei war einen größeren Produktionsstandort in Brasilien aufzubauen, um von dort her den süd- und nordamerikanischen Markt zu beliefern. Im Zuge seiner Bewerbungsgespräche erkundigte sich der junge Mann, ob die Perspektive gegeben sei, dass er dort einmal arbeiten könne, was freudig bejaht wurde. Daraufhin unterschrieb er den Vertrag, begann sich engagiert in seine neuen Aufgaben zu stürzen, bemühte sich nach dem Studium rasch die Praxis vertieft kennen zu lernen und nahm am Abend Portugiesisch-Kurse, um seine Sprachkenntnisse zu vertiefen, insbesondere aber auch um die spezielle portugiesische Fachsprache auf den Feldern der Technik und der Wirtschaft bald souverän zu beherrschen. In den Jahresgesprächen nach Abschluss des ersten und des zweiten Jahres wurde ihm viel Anerkennung für sein Engagement, seine Teamfähigkeit und seine guten Leistungen in den für ihn ja noch neuen Aufgabenfeldern ausgesprochen. Zugleich erhielt er den Zugang zu fachlichen Schulungen, zu den Techniken der Projektarbeit sowie Kommunikations- und Führungstrainings. Jedes Mal fragte er dabei nach, wie es denn um seine Chancen stände, bald nach Brasilien zu kommen. Man erwiderte, dass der Aufbau der dortigen Niederlassung zügig voran gehe, dass die Produktion bereits aufgenommen sei und auch der Markterfolg sich zunehmend einstelle. Man brauche dort kompetente, für andere Kulturen offene junge Ingenieure. Man würde ihn auf dem Laufenden halten. Im dritten Jahr seiner Tätigkeit erfuhr er dann, dass zwei seiner gleichaltrigen Kollegen, von denen einer in seinen Augen weniger qualifiziert als er war und nicht Portugiesisch sprechen konnte, nach Brasilien versetzt worden seien. Er war bitter enttäuscht, ging zu seinem Vorgesetzten und fragte mit bebender Stimme, wieso man ihn trotz aller vorherigen Zusagen, übergangen habe.

„Sehen Sie das als Kompliment“ erwiderte der Vorgesetzte, „Sie sind uns einfach zu wichtig, als dass wir Sie für einen derartigen Auslandsjob abgeben könnten. Wir benötigen Sie dringend in der Zentrale. Und damit Sie sichtbar erkennen, wie hoch unsere Wertschätzung für Sie und Ihre Arbeit ist, darf ich Ihnen bei dieser Gelegenheit ab sofort eine 20-prozentige Gehaltsaufbesserung zusagen.“ Der junge Mann wurde bleich. drehte sich schweigend um und verließ den Raum. Am nächsten Tag lag sein Kündigungsschreiben in der Personalabteilung.

Aufgabenstellung:
Die spontane Kündigung des jungen, hoch engagierten und lernbereiten Ingenieurs ist für das Unternehmen ein Warnschuss. Bitte überlegen Sie sich in Teilgruppen, wie die Personalentwicklung und die mittelfristige Karriereplanung im Unternehmen künftig gestaltet werden sollte. Präsentieren Sie Ihre Vorschläge dann im Plenum und stellen Sie sich der Diskussion!

Eine denkbare Lösung dieses Falles finden Sie auf S. 296.

Fall VIII: Die Professionalisierung der Personalarbeit

In einem mittelständischen Familienunternehmen, das sich in der vierten Generation befand und jeweils vom „Patriarchen“ geführt wurde, gab es bislang keine Personalabteilung. In der Betriebsbuchhaltung wurde die Personalverwaltung mit erledigt. Personelle Entscheidungen traf der Chef selbst und zwar durchgängig – von den ihm direkt zugeordneten Führungskräften bis hin zu den Mitarbeitern in der Produktion, im Verkauf, in der Verwaltung. Eine Personalentwicklung im eigentlichen Sinne gab es nicht. Wenn Vorgesetzte oder die Mitarbeiter selbst den Eindruck hatten, dass Sie einer Schulung oder eines Trainings bedurften, sprachen Sie mit dem Chef, der dann je nach dem, wie er die Sache einschätzte, den Antrag bewilligte oder ablehnte. Obwohl das Unternehmen nach wie vor recht erfolgreich war, verlor es trotz seines Rufes als solider, verlässlicher und menschlich fairer Arbeitgeber an Attraktivität auf dem Personalmarkt. Hoch qualifizierte Kandidatinnen oder Kandidaten, die der Chef gerne in seinem Hause gesehen hätte, gingen lieber zu dynamischeren mittelständischen Mitbewerbern oder zu großen Unternehmen. Als der Chef darüber nachdachte, wurde ihm auch klar, dass er schon bei der Einstellung die geforderte Qualifikation und die Eignung der Bewerber in vielen Bereichen nicht mehr adäquat abschätzen konnte. Ihm war zwar bewusst, dass er in seinem Unternehmen zunehmend auch EDV-Spezialisten brauchte, dass Verkauf nicht mehr ausreichte, sondern auch Marketing erforderlich ist, dass in der Produktion mit CAM- und CMC-gesteuerten Maschinen gearbeitet werden muss und dass auch für die Finanzierung größerer Projekte komplexe Überlegungen angestellt werden sollten, die über seine bisherigen Erfahrungen weit hinaus gehen. Er benötigte also Spezialisten, z. T. mit Fachhochschul- oder Hochschulabschluss, die über ein Fach- oder Methodenwissen verfügen, dass er nicht beurteilen konnte. Er wurde verunsichert und sah ein, dass er die Personalarbeit in kompetentere Hände legen sollte. Ihm fiel das schwer; sah er doch darin ein Stück Machtverlust, insbesondere, als es ihm eine zentrale unternehmerische Aufgabe zu sein schien, die Personen auszuwählen, durch die und mit denen sein Unternehmen erfolgreich war. Außerdem vermittelte die veränderte Situation ihm das Gefühl, dass die Zeit über ihn hinweg gehe. Er gab sich einen Ruck und ließ sich mit Hilfe eines „Headhunters" verschiedene Kandidaten vorstellen, die für die Personalarbeit geeignet erschienen. Seine Wahl fiel schließlich auf einen Betriebswirt, der als Schwerpunktfächer Operations-Research und Personalwirtschaft gewählt hatte, der sich im Vorstellungsgespräch höflich und zurückhaltend darstellte – keineswegs machtbezogen oder besserwisserisch, was den Unternehmer sehr gestört hätte – und der ihn auf Grund seiner weit überdurchschnittlichen Abschlussnoten überzeugte. Zu guten Konditionen stellte er ihn als „Personalleiter" ein, obwohl er zunächst ein Einzelkämpfer sein würde, dem zeitweise die mit der Personalverwaltung beauftragten Personen der Buchhaltung zuarbeiten sollten.

Den jungen Mann reizte die Chance, quasi von Null beginnend die Personalarbeit in einem Unternehmen ohne Rücksicht auf Traditionen und eingespielte Routine aufbauen zu können und machte sich engagiert an seine neue Aufgabe. Da er seit seiner Studienzeit mit einem Assistenten aus dem Bereich Arbeits- und Organisationspsychologie befreundet war, zog er ihn als Berater heran, um geeignete Verfahren der Personalauswahl einsetzen, bzw. von diesem Spezialisten durchführen zu lassen. So zogen Arbeitsproben, strukturierte Interviews, Tests und Gruppenübungen in das Unternehmen ein, in dem es so etwas bisher nicht gegeben hatte. Von allen Mitarbeitern – vom Facharbeiter bis zu den Führungskräften – wurden Stärken-Schwächen-Profile erarbeitet, ihr Potenzial eingeschätzt und so detailliert mittelfristig ihre Berufs- und Karrierewege geplant. Diese Konzepte wurden jeweils mit den Betroffenen im Detail besprochen und erläutert. In neu eingeführten Jahresgesprächen, die der Personalleiter – gemeinsam mit den zuständigen Führungskräften – mit den einzelnen Mitarbeitern führte, wurde diesen eröffnet, inwieweit sie sich im Sinne der Erwartungen entwickelt hätten, wo Nacharbeit erforderlich schien und wo man sich offensichtlich getäuscht habe, einen anderen Entwicklungspfad wählen oder sich sogar von dem Mitarbeiter trennen müsse. Auf der Basis dieser Gespräche wurden dann Entwicklungsplanungen erarbeitet. Diese waren die Grundlage dafür, dass es im Unternehmen in begrenztem Umfang eine gezielte „job rotation“ gab, durch die ein Lernen im Prozess der Arbeit ermöglicht wurde. Außerdem wurden die höher Qualifizierten zu externen Fach-, Verhaltens- und Persönlichkeitsschulungen geschickt. In den einzelnen Arbeitsgruppen im Unternehmen wurden Teamentwicklungsmaßnahmen in Angriff genommen und Gruppenübungen durchgeführt. Der Unternehmer stöhnte über die damit verbundenen Kosten, die das bisher im Unternehmen Übliche um ein Mehrfaches überstiegen. Etwas skeptisch lauschte er den Argumenten seines Personalleiters, der ihm versicherte, dass dadurch das Unternehmen auf dem Personalmarkt sehr viel attraktiver werden würde und dass die Mitarbeiter auf Grund der so gewonnenen höheren Qualifikation auch in ihrer Leistungsbereitschaft und Leistungsfähigkeit deutlich gewinnen würden.

Tatsächlich besserte sich auch manches. Man konnte gut qualifizierte Fachhochschulabsolventen sowie berufserfahrene Techniker und Verkäufer gewinnen, die früher um das Unternehmen einen großen Bogen gemacht hatten. Dennoch gab es auch Enttäuschungen. Einige dieser mit Mühe gewonnenen Mitarbeiterinnen und Mitarbeiter, in deren Entwicklung man einiges investiert hatte, verließen das Unternehmen nach relativ kurzer Zeit wieder. Außerdem zeigte eine in Auftrag gegebene Mitarbeiterbefragung, dass die Mitarbeiter für die verschiedenen Schulungen und Entwicklungsmaßnahmen keineswegs dankbar waren, sondern dass – wie es einer als Antwort auf eine offene Frage formulierte – man sich wie eine Marionette gesteuert fühle und keine Chance habe das zu lernen, was man selber gerne lernen würde.

Die Ergebnisse dieser Befragung sensibilisierten den Personalleiter und auch die Führungskräfte, die mit ihm gemeinsam regelmäßig die Jahresgespräche durchführen. Mehrfach, wenn der sorgfältig erarbeitete Entwicklungs- und Karriereplan mit den qualifizierten Mitarbeiterinnen und Mitarbeitern besprochen worden war, hatten diese nicht freudig, sondern eher skeptisch reagiert und eingewandt, dass ihre Interessen und Wünsche eigentlich auf anderen

Gebieten lägen. „Ich glaube", sagte darauf hin der Personalleiter, „wir kennen Sie auf Grund unserer fundierten wissenschaftlichen Methoden besser als Sie sich selbst. Wir wissen, wo Ihre Stärken und Schwächen liegen. Letztlich werden Sie das am liebsten tun, was Sie auch am besten können. Orientieren Sie sich an unserem Konzept! Das schützt Sie davor, dass Sie sich selbst ins Unglück stürzen oder vielleicht unzufrieden, frustriert und wenig erfolgreich werden!" Beobachtete man die Mimik der so Angesprochenen, so konnte man kaum den Eindruck gewinnen, dass sie dadurch überzeugt worden waren.

Aufgabenstellung:

1. Bewerten Sie das Konzept und die Arbeit des neu eingestellten Personalleiters! Worin liegen die Stärken, worin die Schwächen?
2. Stellen Sie sich vor, mit dem Personalleiter solle ein Coaching-Gespräch geführt werden. Welchen Rat sollte der Coach ihm auf welche Weise geben?
3. Bilden Sie drei Gruppen:
   Gruppe 1 bereitet ein Mitglied auf das Rollengespräch mit dem Coach vor!
   Gruppe 2 bereitet den Coach auf das Rollengespräch mit dem Personalleiter vor.
   Gruppe 3 übernimmt die Rolle der Jury, die ein Soll-Modell eines guten Coaching-Gesprächs entwickelt, sodann das beobachtete Gespräche auf der Sach- und der Beziehungsebene an diesem Maßstab bewertet, diese Wertung im Plenum präsentiert und zur Diskussion stellt.

Eine denkbare Lösung dieses Falles finden Sie auf S. 298.

7. Unter welchen Umständen dient die innerbetriebliche Kommunikation der Leistung und der Zufriedenheit?

Kommunikation (BASS, 1965; FRANKE, 1998) ist der wechselseitige Informationsaustausch innerhalb der Organisation – meist in Form gesprochener oder geschriebener Sprache.

Die Kommunikation dient vielen Bedürfnissen der Mitarbeiter; denn der Mitarbeiter ist auch im Betrieb ganz Mensch, mit allen entsprechenden Bedürfnissen; er gibt nicht seine für das Leistungsziel irrelevanten Motive beim Pförtner ab.

Die Kommunikation dient zum einen dem Bedürfnis nach Kontakt; man spricht mit dem anderen. Sie dient auch der Neugier; man erfährt im Gespräch (NEUBERGER, 1995; 2001; NERDINGER, 1995) vielerlei, ganz gleich, ob es nun mit dem Betrieb zusammenhängt oder nicht. Sie dient weiterhin dem Sicherheitsstreben; wer Wesentliches erfährt, kann sich darauf einstellen und somit absichern.

Beispiel:
In einem naturwissenschaftlichen Film, in dem menschliches und tierisches Verhalten gegenübergestellt wurden, zeigte man zunächst Schimpansen, die ohne Rückendeckung Bananen verzehrten. Die Tiere schauten sich nach jedem Biss beim Kauen nach allen Seiten um; sie informierten sich, sicherten sich ab. Verständlich – wer selber isst, kann dabei leicht gegessen werden. Danach wurden Menschen vor einer Würstchenbude beim Essen einer Bockwurst gezeigt. Auch sie blickten sich nach jedem Biss – ganz wie in Gedanken – um, informierten sich, sicherten sich ab.

Kommunikation dient aber auch dem Bedürfnis nach Selbstverwirklichung und Sinngebung. Aufgaben sind heute häufig so sehr spezialisiert, dass man ihren Sinn kaum noch erkennt. Erst wenn man über das Ganze informiert wird und aus Gesprächen Einblick in den Stellenwert der eigenen Tätigkeit innerhalb des großen Zusammenhangs gewinnt, lässt sich der Sinn eigener Tätigkeit erleben.

Wie stark die Kommunikation mit menschlichen Bedürfnissen zusammenhängt, zeigt sich darin, dass bei fehlender Befriedigung die Information geradezu phantasiert wird, ähnlich wie der Hungernde sich eine schmackhafte Mahlzeit vorstellt oder auch darüber spricht. Erwachsen Informationen aus der Phantasie – häufig durch kleine Ereignisse angeregt – so entstehen nicht selten Gerüchte. Gerüchtebildung ist somit meist ein Symptom für ein schlecht funktionierendes innerbetriebliches Kommunikationssystem.

Dass die Kommunikation der Leistung dient, versteht sich von selbst und hängt zunächst nicht mit der Motivation zusammen. Nur wenn man Information erhält, etwas über die Aufgabe erfährt, gemeinsam Probleme bespricht, kann überhaupt etwas geleistet werden. Innerbetriebliche Kommunikation erhöht aber auch das Sinnerlebnis bei der Arbeit, bindet den Einzelnen stärker an seine Aufgabe und steigert so über die Motivation die Leistung.

Angemessene Kommunikation vertieft aber auch – da sie Bedürfnisse befriedigt – die Zufriedenheit. Es fragt sich nur, was als angemessene Kommunikation erscheint. Sie ist, was die Form betrifft – psychologisch gesehen – das Gespräch, durch schriftliche Informationen unterstützt. Informiert der Vorgesetzte nur schriftlich, so haben die Mitarbeiter keine Möglichkeit, ihre Meinung zu äußern, Einfluss zu nehmen. Die Kommunikation ist einseitig; die Mitarbeiter sind enttäuscht. Das gilt besonders bei ausschließlich schriftlicher Kommunikation, ohne ein Angebot Rückfragen zu stellen.

Die Form der Kommunikation gewinnt angesichts der zunehmenden „Telearbeit" (Büssing & Aumann, 1999) und der damit verbundenen „Führung auf Distanz" (v. Rosenstiel, 2004) erheblich an Bedeutung. Falls bei einer derartigen Form der Kooperation und Teamarbeit die Kommunikation nahezu ausschließlich schriftlich, in elektronischer Form, erfolgt, werden sich kaum „Teamgeist" und ein verbindendes „Wir-Gefühl" entwickeln. Dazu sind unmittelbarer Kontakt, die Beobachtung der Körpersprache und der Stimmlage, der para- und nonverbalen Kommunikation erforderlich. Selbst wenn die übermittelten Informationen eindeutig und unmissverständlich sind, fehlt etwas. Kommunikation besteht nicht nur auf der Sachebene. Der bedeutende Sprachwissenschaftler und Psychologe KARL BÜHLER (1965) hat dies überzeugend nachgewiesen. Seine Arbeit führten in der und für die Praxis zu einer Vielzahl anschaulicher Vereinfachungen (COHN, 1976; SCHULTZ VON THUN, 1990) oder das Gedächtnis entlastender „Eselsbrücken", für die das „TALK-Modell" (NEUBERGER, 1996) als Beispiel dienen soll. Abbildung 34 visualisiert es.

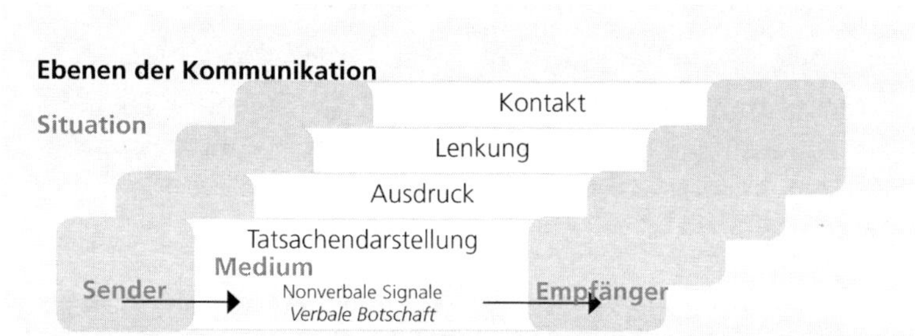

Abb. 34: Das TALK-Modell der Kommunikation

Das TALK-Modell kann aus der Perspektive des Senders und des Empfängers angewandt werden. Ob wir es wollen oder nicht – wir senden bzw. empfangen im Gespräch nicht nur die sachliche Information, die Tatsachen (T), sondern auch Botschaften, die sich auf die Befindlichkeit (A), die Aufforderung, den Appell (L) und die Beziehung, das zwischenmenschliche Klima (K) beziehen. Und all dies kann auch ohne Worte – paraverbal und nonverbal – erfolgen.

Da nun alltagssprachlich immer wieder betont wird, dass derjenige, der führt, das „Ansehen" habe, sollte man diese Formulierung wörtlich nehmen. Ansehen kommt von „ansehen". Überall dort, wo es sich um hierarchisch organisiertes soziales Leben handelt, lässt sich, sei es in einer Paviankolonie, in der Familie, in einer Projektgruppe oder in der Abteilung eines Großunternehmens, zeigen, dass derjenige, der „oben" ist, häufiger und länger angesehen wird.

Noch ein Beispiel:
Ein für den Einkauf zuständiger Gruppenleiter erwartet den Besuch des Vertreters eines Partnerunternehmens. Der aber kommt nicht allein. Es kommt eine vier Personen umfassende Kommission. Der Gruppenleiter fragt sich, wer denn „das Sagen" hat. Dann achtet er auf Folgendes: Wer von den Vieren wird nach einem jeweiligen Redebeitrag von den drei andren am häufigsten angesehen. Der ist es, an den muss sich der Gruppenleiter halten. Die jeweiligen Sprecher des Lieferunternehmens sehen nämlich, wenn sie etwas gesagt haben, ihren „Alpha" an, um sich rasch zu informieren, ob dieser mit ihrem Diskussionsbeitrag einverstanden ist oder nicht. Das Ansehen macht es. Darum kann auch ein Führender nicht „nicht führen". Die Mitarbeiter beobachten seine Mimik und Gestik, achten darauf, wie er in welcher Situation handelt.

Manch ein Vorgesetzter wäre geradezu erschreckt, wenn ihm klar wäre, was seine Mitarbeiter alles über ihn wissen, und er wäre noch erschreckter, wenn ihm bewusst würde, dass er damit für seine Mitarbeiter zum Modell, zum Vorbild wird.

Beispiel:
Ein Vater schaut aus dem Fenster seines Wohnzimmers auf den Kinderspielplatz der Siedlung. Da sieht es mit wachsender Empörung, dass sein 7-jähriger Sohn den 4-jährigen Nachbarsbuben heftig prügelt. Der Vater reißt das Fenster auf: „Komm sofort her, Söhnchen!" Der Gerufene nähert sich mit ängstlichem Schritt. Der von Zorn bebende Vater empfängt ihn an der aufgerissenen Haustür, legt ihn übers Knie und schlägt ihn heftig und schreit dazu: „Wie oft muss ich Dir noch sagen, das ein Größerer keinen Kleineren haut!"

Bei der durch die Globalisierung und Bildung von virtuellen Arbeitsbeziehungen vermehrte Verlagerung der Kommunikation auf elektronische Medien, durch die zunehmende Telearbeit und „Führung auf Distanz“, verlieren die über die Darstellungsfunktion hinausgehenden Funktionen der Kommunikation an Bedeutung. Daran ändern bisher auch Bildtelefone und Videokonferenzen wenig. Entsprechend ist es bei Telearbeit und der damit verbundenen Führung auf Distanz dringend, sich zumindest einmal, besser zwei Mal in der Woche mit allen Teammitgliedern räumlich zu treffen, damit unmittelbare Kommunikation die Beziehung stärkt und ein Wir-Gefühl entstehen kann (v. ROSENSTIEL, 2004),

Es ist ein häufig zu beobachtendes Problem, dass Vorgesetzte behaupten, jederzeit für ein Mitarbeitergespräch offen zu sein, während die Mitarbeiter das entschieden bezweifeln (LIKERT, 1961). Vorgesetzte sollten also nicht nur zum Gespräch bereit sein, sondern das auch zeigen oder gar die Initiative ergreifen.

Beispiel:
Ein Vorgesetzter sagt auf Befragen, dass er jederzeit für ein Mitarbeitergespräch zur Verfügung stehe, es käme nur fast nie ein Mitarbeiter. Die Mitarbeiter dagegen sagen, der Vorgesetzte sei nicht zum Gespräch bereit; er sei stets so beschäftigt, habe immer anderes zu tun, dass man mit einem Anpfiff oder mürrischem Ausweichen rechnen müsse, wenn man ihn ansprechen würde.

Kommt es zum Gespräch über Sachprobleme, etwa über eine bevorstehende Aufgabe, so ist vorherige schriftliche Information erforderlich. Erfolgt sie nicht, so hat nur der Vorgesetzte genug Wissen, die Mitarbeiter aber haben nicht genug Informationen, um das Problem zu besprechen; es wird also kein Gespräch zustande kommen. Die Mitarbeiter werden sich überfahren fühlen. Rechtzeitige Ausgabe der Information, zusammen mit der Bekanntgabe des Besprechungstermins, kann eine gemeinsame Diskussionsgrundlage schaffen. Wichtig ist, dass der Informationsaustausch zwischen Vorgesetzten und Mitarbeitern direkt abläuft (ANASTASI, 1964).

Bei der Zwischenschaltung von „Schleusen“ – Direktionsassistenten, Vorzimmerdamen – kann es bewusst oder unbewusst zur Informationsselektion, wenn nicht gar Informationsverfälschungen kommen, die Missverständnisse und Gerüchte mit den damit verbundenen individuellen und betrieblichen Spannungen nach sich ziehen.

Das Gefühl, mit dem Vorgesetzten über alle Probleme sprechen zu können, ist wichtig für das Gefühl der Zufriedenheit bei den Mitarbeitern und indirekt von Einfluss auf ihre Leistung. Untersuchungen konnten zeigen, dass die Fehlzeiten der Mitarbeiter umso geringer sind, je stärker dieses Gefühl ausgeprägt ist (LIKERT, 1961). Abbildung 35 verdeutlicht das in vereinfachter Form.

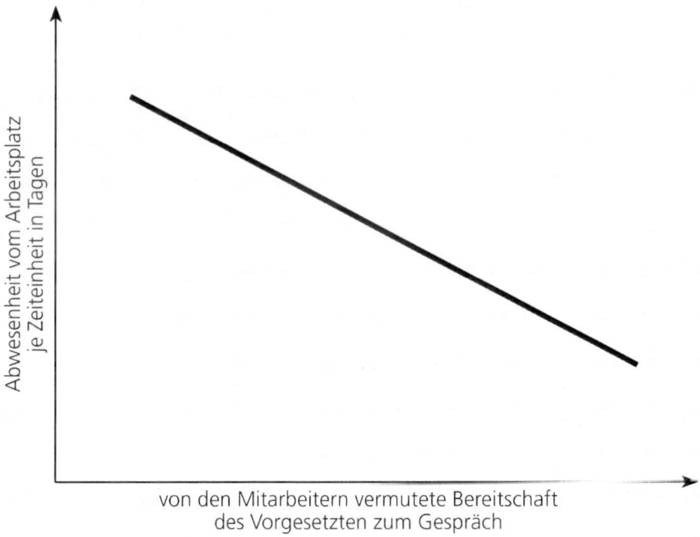

Abb. 35: Die Beziehung zwischen Fehlzeiten der Mitarbeiter und der subjektiv von ihnen angenommenen Möglichkeit, mit dem Vorgesetzten über wichtige Probleme sprechen zu können

Kommunikation birgt aber auch Gefahren. Sie kann zu psychologisch unerwünschten Folgen führen. Es sollte daher vermieden werden,

- dass der Vorgesetzte zum unbezahlten Psychotherapeuten der Mitarbeiter wird,
- dass Mitarbeiterbesprechungen durch zu nahe beieinander liegende routinemäßige Sitzungen zu leerem Gerede und zum Zeitverlust werden,
- dass durch ungleichmäßig verteilte Einzelgespräche Neid und Eifersucht zwischen den Mitarbeitern entstehen,
- dass sich bei einzelnen Mitarbeitern durch Gespräche mit dem Vorgesetzten ungerechtfertigte Hoffnungen – etwa auf Gehaltserhöhung oder Aufstieg – bilden, die dann nicht erfüllt werden und zu Enttäuschungen führen,
- dass die Kommunikation indirekt wird, d. h., dass etwa durch einen Direktionsassistenten oder eine Vorzimmerdame die Information mit oder ohne böse Absicht gefiltert wird, woraus Missverständnisse, Gerüchte und entsprechende Verstimmungen erwachsen können.

Kommunikation im Betrieb ist allerdings mehr als „Smalltalk“. Sie enthält vielfach wichtige und relevante Informationen für den Einzelnen. Diese Information beschränkt sich allerdings in vielen Fällen auf das, was den unmittelbaren Arbeitsplatz betrifft. Angesichts einer steigenden Qualifikation der Mitarbeiter und angesichts ihres gewachsenen Wunsches, umfassend informiert zu sein (Klages, 1984), reicht dies nicht aus. Wer in einem Unternehmen arbeitet, möchte wissen, was dort geschieht.

Beispiel:
Ein Seminar für Führungskräfte der mittleren Ebene einer Bank fand in einem Landgasthaus nahe der Großstadt in den Bergen statt und dauerte mehrere Tage. Zum Frühstück fanden die Seminarteilnehmer eine jeweils aktuelle Tageszeitung im Frühstücksraum vor. Dort lasen sie am Morgen des zweiten Seminartages, dass die Fusionsverhandlungen ihres Unternehmens

mit einem Mitbewerber gescheitert seien. Sie waren nicht einmal darüber informiert worden, dass ihr Unternehmen in derartige Verhandlungen involviert war. Nun mussten sie wie gänzlich Fremde und Außenstehende aus der Tageszeitung erfahren, dass es entsprechende ernsthafte Gespräche gegeben habe und dass diese gescheitert seien.

Die Seminarteilnehmer – immerhin Führungskräfte mit Personalverantwortung – fühlten sich in ihrer Ehre gekränkt, vom Unternehmen in ihrer Stellung nicht ernst genommen und waren so frustriert, dass sie sich auf das Lehrangebot des folgenden Seminartags kaum konzentrieren konnten.

Wer in einem Unternehmen arbeitet, sich vielleicht sogar mit diesem identifiziert, möchte umfassend und rechtzeitig über das informiert werden, was sich abspielt und was in absehbarer Zukunft geschehen wird. Dies gilt auch dann, wenn die neue Information für den eigenen Arbeitsplatz unmittelbar ohne Belang ist. Werden derartige Informationen zurückgehalten, so entstehen zum einen Gerüchte, die vielfach tendenziell verfälscht sind und zudem kann es ein Erleben der Frustration bei den Mitarbeitern auslösen, die es als Ausdruck einer geringen Wertschätzung interpretieren, wenn man sie nicht in den Informationsfluss einbezieht (BIHL, 1995).

Beispiel:
Zu den bestgehüteten Geheimnissen in der Automobilindustrie zählt jeweils das Design eines neuen Modells. Die Mitarbeiter bekommen es selbst dann nicht zu Gesicht, wenn einschlägige Fachzeitschriften bereits etwas verschwommene Fotos von „Erlkönigen", den im Straßengebrauch erprobten Prototypen, zeigen.

Ein bekanntes Automobilwerk wollte dies ändern. Exakt ein Jahr vor der Präsentation des neuen Modells wurden alle Mitarbeiter – vom Werksleiter bis zum Azubi – mit der Bitte, keinen Fotoapparat mitzubringen, in eine große Halle gebeten. Dort gab es Bier, Saft, Wasser und Brezeln für ein kleines Fest. Dieses Fest galt den neuen Modellen, die im Zentrum des Saales standen. Auch die

Entwicklungsingenieure und Designer waren zugegen und standen für ein Gespräch mit den Werksangehörigen zur Verfügung. Die Eingeladenen waren stolz darauf die Ersten zu sein, denen man jene Produkte zeigt, die sie bald herstellen würden. Sie sahen darin einen Ausdruck hoher Wertschätzung, waren hoch motiviert und sehr zufrieden.

Fall IX: Zusammenarbeit zwischen zwei Abteilungen

Innerhalb des technischen Bereichs eines großen Unternehmens kam während der in regelmäßigen Abständen stattfindenden Besprechungen eines Hauptabteilungsleiters (V 1) mit seinen fünf Abteilungsleitern (V 2 a-e) die Rede auf ein schwieriges technisches Problem, das innerhalb der Hauptabteilung eigentlich schon längst hätte gelöst werden sollen, für das sich aber – da es sich um eine typische Sonderaufgabe handelte – keiner der fünf Abteilungsleiter unmittelbar zuständig fühlte. Dies erklärte sich zum Teil auch daraus, dass das Problem sich inhaltlich nicht direkt mit jenen Aufgabengebieten deckte, die an die fünf Abteilungsleiter delegiert worden waren.

In der Besprechung – in der deutlich wurde, dass die Lösung des Problems jetzt wirklich dringend sei – wurde zunächst von V 1 und V 2 a-e versucht, die unterschiedlichen Aspekte des Problems genauer einzukreisen und zu bestimmen. Nachdem hierüber im Kreis der sechs Gesprächspartner weitgehend Einigkeit erzielt worden war, wurde deutlich, dass zur Lösung des Problems Spezialisten aus den Abteilungen des V 2 a und des V 2 d erforderlich seien. V 2 a hatte acht, V 2 d zehn Mitarbeiter unter sich.

In einer unmittelbar an die offizielle Besprechung anschließende Unterredung zwischen V 1, V 2 a und V 2 d kam man darin überein, dass fünf Spezialisten das Problem in ca. drei Wochen lösen müssten und dass V 2 a zwei und V 2 d drei Mitarbeiter mit Beginn der kommenden Woche für das Projekt abstellen sollten.

Noch am gleichen Tage – einem Donnerstag – rief V 2 a zwei seiner Mitarbeiter, die er für geeignet hielt, zu sich, erläuterte ihnen das Problem, informierte sie darüber, dass sie mit drei Mitarbeitern des V 2 d, die ihnen ja alle zumindest oberflächlich bekannt seien, zusammenarbeiten würden und äußerte die Hoffnung, dass dieses Projekt in drei Wochen abgeschlossen sein werde. Er wies darauf hin, dass die Arbeit am kommenden Montag aufgenommen werden solle. Anschließend fragte er, ob im Zusammenhang mit dem Problem noch Fragen zu diskutieren seien, was seine beiden Mitarbeiter verneinten. V 2 a hatte dennoch den Eindruck, dass beide sein Zimmer etwas missmutig verließen.

V 2 d informierte seine für die Aufgabe vorgesehenen Mitarbeiter in grundsätzlich ähnlicher Weise.

Nachdem die Projektgruppe der fünf Spezialisten etwa eineinhalb Wochen gemeinsam tätig gewesen war, ohne dass in dieser Zeit Kontakt zu ihren Vorgesetzten gegeben war, kam unverhofft V 1, der Hauptabteilungsleiter, zu ihnen, um sich nach dem Stand des Projekts zu erkundigen. Er musste dabei feststellen, dass die Arbeit nicht recht vorangekommen war. Die fünf Projektmitglieder klagten, dass keine Klarheit darüber herrsche, was eigentlich genau zu tun sei, zumindest seien die Kollegen von der anderen Abteilung – so sagten jeweils die einen von den anderen – offensichtlich falsch oder unzureichend informiert worden. Als der Hauptabteilungsleiter fragte, warum sie nicht bei ihren Abteilungsleitern rückgefragt hätten, äußerten die beiden Teilgruppen jeweils, sie hätten ja zuvor das Problem besprochen, die Schwierigkeiten lägen offensichtlich bei den anderen. Außerdem sei ja die Arbeit auch sinnvoll aufgenommen worden, man werde sich schon noch zusammenraufen. Die Aufgabe sei aber doch schwieriger, als man „oben" angenommen habe. Von einer Lösung innerhalb von drei Wochen könne keine Rede sein. In diesem Punkt waren sich alle einig.

Der Hauptabteilungsleiter verließ den Arbeitsraum mit dem Eindruck, dass lediglich Grundsatzfragen diskutiert worden seien, die Detailprobleme unkoordiniert in Angriff genommen worden waren und erhebliche Spannungen in der Gruppe herrschten. Er verabschiedete sich von der Projektgruppe mit dem Hinweis, die Problemlage umgehend mit V 2 a und V 2 d – den beiden Abteilungsleitern – zu besprechen.

Arbeitsfragen:

1. Worin liegen Ihres Erachtens die wesentlichsten Ursachen für das ungünstige Arbeitsergebnis und -klima in der Projektgruppe?
2. Wie beurteilen Sie das Verhalten von V 1?
3. Wie beurteilen Sie das Verhalten von V 2 a und V 2 d?
4. Wie hätte man vorgehen sollen, um zu besseren Ergebnissen zu kommen?
5. Was soll man jetzt – bei gegebener Schwierigkeit – tun?

Eine denkbare Lösung dieses Falles finden Sie auf S. 299.

Fall X: Ein Gespräch, das verstimmt

Ein großer Handelskonzern verfügte über eine Kette von Kaufhäusern, die räumlich weit gestreut in verschiedenen Großstädten lagen. Sie alle unterstanden einer zentralen Verkaufsleitung, die jedoch im Sinne der Delegation von Verantwortung entscheidende Rechte an die Geschäftsführer der einzelnen Häuser abgegeben hatte, darunter auch im Rahmen bestimmter Richtlinien die Personalkompetenz. Entsprechend war der Geschäftsführer auch Disziplinarvorgesetzter seiner Abteilungsleiter.

Die zentrale Verkaufsleitung war bemüht, den Geschäftsführern Information über die Arbeit ihrer Abteilungsleiter zukommen zu lassen, um ihnen so gezielte Maßnahmen innerhalb des eigenen Hauses zu erleichtern. Aus diesem Grunde kamen in bestimmten Intervallen – gelegentlich unangemeldet, meist nach kurzfristiger Anmeldung – Spezialisten der Verkaufsleitung in die einzelnen Kaufhäuser, um den Ist-Zustand, z. B. die Personalsituation, die Lagerhaltung, die Warenpräsentation an den Verkaufsständen an bestimmten Richtlinien zu überprüfen und die dabei gewonnene Information dem jeweils betroffenen Abteilungsleiter, dem Geschäftsführer und der zentralen Verkaufsleitung zur Verfügung zu stellen. Die Aufgabe der Vertreter der Verkaufsleitung war es nun allerdings nicht, den Abteilungsleitern gegenüber Anerkennung oder Kritik zu üben, da diese Aufgabe dem Disziplinarvorgesetzten, in diesem Fall also dem Geschäftsführer, vorbehalten war.

Bei einem Besuch fiel einem Vertreter der Verkaufsleitung in der Elektroabteilung eines Kaufhauses auf, dass die Personalsituation und der Personaleinsatz keinerlei Anlass zur Kritik boten, dass auch die Lagerhaltung recht befriedigend war, jedoch übersehen worden war, dass der Bestand eines viel gefragten und in der Werbung stark herausgestellten Artikels sich dem Ende zugeneigt hatte, so dass jetzt die rege Kundennachfrage nicht befriedigt werden konnte. Auch der Zustand an den Verkaufsständen bot kaum Anlass zur Beanstandung. Von einigen Kleinigkeiten abgesehen war hier lediglich zu vermerken, dass ein Artikel, dessen Absatz innerhalb der Kaufhauskette stark gefördert werden sollte, nicht gezeigt wurde, sondern auf entsprechenden Kundenwunsch jeweils aus dem Lager geholt werden musste.

Der Vertreter der Verkaufsleitung ließ den Abteilungsleiter wissen, dass die Lage bei ihm durchaus normgerecht sei und dass er lediglich die zwei genannten Punkte in seinem Bericht an die Verkaufsleitung und den Geschäftsführer erwähnen werde. Der Abteilungsleiter hatte dagegen nichts einzuwenden und war froh, dass seine Abteilung einen so relativ günstigen Gesamteindruck hinterlassen hatte.

Umso überraschter war er, als er am darauf folgenden Tag zum Geschäftsführer gerufen wurde, der ihn unfreundlich empfing. Im Beisein des Vertreters der Verkaufsleitung äußerte er harte Kritik an der Lagerhaltung und der Gestaltung der Verkaufsstände, warf ihm vor, entscheidende Dinge verschlampt zu haben und die Anweisungen der Geschäftsführung nicht zu beachten. Als der Abteilungsleiter zurückgab, dass diese Kritik doch weder seiner gesamten Lagerhaltung noch allgemein seiner Gestaltung der Verkaufsstände vorgeworfen werden könne, fuhr der Geschäftsführer ihn an, er solle sich gefälligst erst äußern, wenn er gefragt werde.

Der Vertreter der Verkaufsleitung, der nicht zu Unrecht vermutete, dass der Geschäftsführer persönliche Antipathie dem Abteilungsleiter gegenüber hegte, griff nun ein und verwies darauf, dass die Fehler, die er in seinem Bericht vermerkt habe, doch vor dem Hintergrund einer insgesamt guten Leistung gesehen werden müssten. Der Geschäftsführer hielt ihm entgegen, dass er hier nicht zu werten habe. Er als Geschäftsführer wisse genau, wie schwer die festgestellten Fehler gerade bei den hier gegebenen örtlichen Verhältnissen zu bewerten seien. Daraufhin fragte er den Abteilungsleiter, was er nun zu den festgestellten Fehlern zu sagen habe. Dieser betonte, dass dies doch wohl bei sonst ordnungsgemäßen Zuständen Bagatellen seien. Der Geschäftsführer gab scharf zurück, dass er schon ihm das Urteil überlassen müsse, was Bagatellen seien und dass er nicht nach den sonstigen Zuständen, sondern nach den genannten Fehlern gefragt worden sei. Der Abteilungsleiter antwortete daraufhin nicht. Er erhob sich, verließ grußlos den Raum und schlug die Tür kräftig hinter sich zu.

Arbeitsfragen:

1. Wie beurteilen Sie den formalen Ablauf der Kommunikation über die Leistungen des Abteilungsleiters?
2. Welche speziellen Fehler hat der Geschäftsführer während des Gesprächs gemacht?
3. Wie hätte der Vertreter der Verkaufsleitung während des Gesprächs reagieren sollen?
4. Wie beurteilen Sie das Verhalten des Abteilungsleiters?
5. Was sollte jetzt geschehen, nachdem der Abteilungsleiter offensichtlich erzürnt den Raum verlassen hat?

Eine denkbare Lösung dieses Falles finden Sie auf S. 301.

8. Unter welchen Umständen beeinflusst die Arbeitsgruppe Leistung und Zufriedenheit?

Durch die stärker und stärker werdende Spezialisierung der Aufgaben in unserer Gesellschaft wird in wachsendem Maße die Zusammenarbeit der Spezialisten zur Notwendigkeit. Es entstehen Teams und Arbeitsgruppen (STIRN, 1970; V. ROSENSTIEL, 2007).

Da das Wissen auf einer Vielzahl von Feldern mit wachsender Beschleunigung zunimmt, immer mehr Arbeitsgebiete wissenschaftlich optimiert werden und somit Spezialistentum erfordern, hat die Teamarbeit deutlich zugenommen. Immer mehr Mitarbeiter eines Betriebes arbeiten beständig oder zeitweise in Gruppen. Einige Formen haben besondere Beachtung gefunden. Sie seien knapp beschrieben:

Teilautonome Arbeitsgruppen wurden in den späten sechziger und frühen siebziger Jahren zunächst in Norwegen erprobt und sodann in vielen Unternehmen verschiedener Länder gebildet (ULICH, 2005). Der Grundgedanke dieser Gruppen besteht darin, dass jede Funktion, die zuvor ein Vorgesetzter wahrgenommen hat, nun alle Gruppenmitglieder selbst übernehmen. Sie planen und kontrollieren ihre Aufgaben, regeln die interne Aufgabenverteilung, sorgen sogar in manchen Fällen für die Rekrutierung neuer Teammitglieder. Das Arbeiten innerhalb derartiger Gruppen steigert die Zufriedenheit, die Qualifikation und auch die Leistung der Gruppenmitglieder; es zeigt sich jedoch auch, dass bei einer unzureichenden Vorbereitung das Konzept scheitert: Wenn unklar ist, welche technischen und organisatorischen Bedingungen für die Gruppenarbeit gegeben sind, wenn die Zustimmung des Betriebsrates für diese Arbeitsform fehlt, wenn die Mitglieder nicht die nötige Qualifikation auf fachlichem und zwischenmenschlichem Gebiet haben, führt die Arbeit in teilautonomen Gruppen zum Misserfolg und belastet die Mitglieder (V. ROSENSTIEL, 2007).

Projektgruppen (FRIEDEL-HOWE, 1994) findet man gehäuft dort, wo die Bewältigung eines bestimmten Problems die Zusammenarbeit einiger sorgfältig ausgesuchter Experten auf Zeit notwendig macht. Wird beispielsweise EDV in eine Fachabteilung implementiert, so müssen EDV-Experten mit Mitgliedern der Fachabteilung und Organisationsfachleuten nach einem strengen Zeitplan zusammenarbeiten, bis die Aufgabe bewältigt ist. Da häufig diese Personen zugleich ihre üblichen Aufgaben in ihren Abteilungen weiter bearbeiten müssen, ist ein hoher Koordinationsaufwand erforderlich, um Projektgruppen zum Erfolg zu führen (FRIEDEL-HOWE, 1994).

Qualitätszirkel wurden auf Anregung amerikanischer Sozialwissenschaftler zunächst in Japan eingeführt. Ihr Ziel bestand darin, durch Aktivierung der Mitarbeiter selbst die damals schlechte Qualität japanischer Produkte zu verbessern. In einem Qualitätszirkel arbeiten die Mitglieder nicht ständig, sondern hier treffen sich meist sechs bis zwölf Personen einmal in der Woche oder alle zwei Wochen, um gemeinsam bestimmte Probleme, die man ihnen genannt hat oder auf die sie selber gestoßen sind, zu beraten, sodann Verbesserungsvorschläge zu entwickeln und möglichst selbst umzusetzen (BUNGARD & WIENDIECK, 1986). Damit die Arbeit in den Qualitätszirkeln erfolgreich ist, gilt es, die Mitglieder auch im Umgang miteinander und in Benutzung geeigneter Moderationsmethoden und Techniken der Fehleranalyse etc. zu qualifizieren.

Lernstattgruppen (DUNKEL, 1983) wurden in einigen deutschen Unternehmen konzipiert, um ausländische Arbeitnehmer zu integrieren und auf diese Weise die Zusammenarbeit zwischen diesen und ihren deutschen Kollegen zu verbessern (DUNKEL, 1983). Ursprünglich sah das Konzept so aus, dass unter der Leitung eines Moderators, eines Gesprächsleiters also, die Deutschen mit ihren ausländischen Kollegen und Kolleginnen zusammen saßen und über das sprachen, was sie interessierte, wodurch zugleich für die Ausländer ein sehr praktischer Sprachunterricht garantiert war. Bald zeigte es sich allerdings, dass man auch in solchen Gruppen über betriebliche Probleme sprach und – obwohl das von außen nicht gefordert war – zu Verbesserungsvorschlägen gelangte, so dass im Endeffekt sich die Lernstattgruppe kaum vom Qualitätszirkel unterscheidet.

Man sieht, der Begriff der Gruppe innerhalb des Betriebes ist weit (V. ROSENSTIEL, 2007). Meist werden auch formelle und informelle Gruppen unterschieden. Formelle Gruppen sind jene, die in der Organisation geplant sind, informelle Gruppen sind spontane, ungeplante Zusammenschlüsse und Freundschaftsgruppen. Im Betrieb lassen sich bei praktisch jeder Gruppe formelle Einflüsse, d. h. Einflüsse des Planes, und informelle Einflüsse, etwa persönliche Sympathie, nachweisen, nur ist der jeweilige Anteil unterschiedlich. Man könnte das so verdeutlichen, wie es Abbildung 36 zeigt.

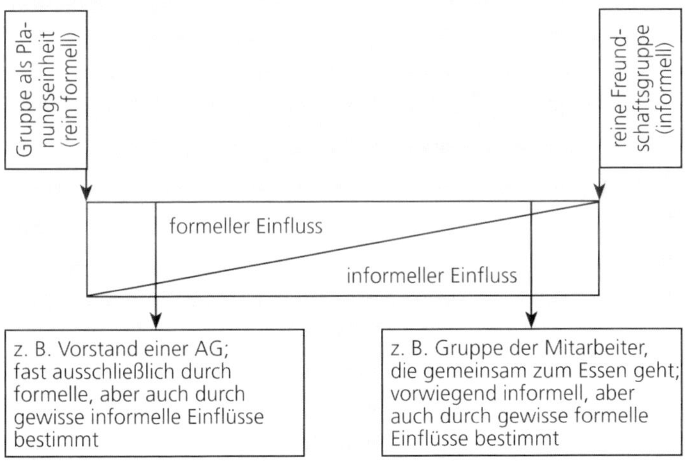

***Abb. 36:** Formelle und informelle Einflüsse auf die Bildung betrieblicher Gruppen*

Gruppen unterscheiden sich nach dem Grad ihres inneren Zusammenhalts, dem Grad ihrer Kohäsion. Meist ist die Kohäsion um so größer, je kleiner die Gruppe ist und je größer die Kontaktmöglichkeiten der einzelnen Gruppenmitglieder sind. Je größer der Zusammenhalt einer Gruppe ist, desto stärker halten sich die Mitglieder an die in der Gruppe bestehenden Spielregeln, die so genannten Normen (WORTHY, 1950; COMELLI & v. ROSENSTIEL, 2009).

Welchen Einfluss hat nun die Gruppenkohäsion auf die Zufriedenheit und die Leistung?

Für die Zufriedenheit ist diese Frage leicht zu beantworten. Je größer die Kohäsion ist, desto größer ist auch die Zufriedenheit. Isolierte Personen sind meist unzufrieden, da sie in ihren Kontakt- und Anerkennungsmotiven frustriert werden (WALKER & GUEST, 1952). Die isolierten Mitglieder einer Gruppe werden besonders unzufrieden sein, wenn zwischen den anderen ein besonders hoher Zusammenhalt besteht. Finden sich mehrere Isolierte zusammen, so kann es zu rivalisierenden Gruppen und zur Cliquenbildung kommen, was negativ auf die Leistung wirkt. Ist ein Einzelner – bei sonst hoher Gruppenkohäsion – isoliert, weil er vielleicht der einzige „Auswärtige“ oder Anhänger des „falschen“ Fußballvereins ist, so sollte der Vorgesetzte ihn einer anderen Gruppe zuteilen, in der er größere Anschlusschancen hat, um etwaiger extrem hoher Unzufriedenheit vorzubeugen.

Die Frage, ob hohe Gruppenkohäsion die Leistung steigert, ist in dieser Form nicht beantwortbar (IRLE, 1975). Hohe Gruppenkohäsion führt zu festeren Gruppennormen (HOFSTÄTTER, 1957), die sich auch auf die Leistung beziehen; es gibt also in Gruppen mit hoher Kohäsion selten Personen, die in der Leistung stark nachhängen, aber auch selten „Streber“ oder „Ausreißer“, während in Gruppen mit geringer Kohäsion die Leistung stärker streut (SEASHORE, 1954). Ob die Gruppen mit hoher Kohäsion sich nun auf eine hohe oder geringe Leistungsnorm einpendeln, hängt von der Einstellung der Gruppenmitglieder zum Unternehmen selbst, zur Unternehmensspitze und zum Vorgesetzten ab. Ist diese Einstellung gut, so wird die Leistungsnorm hoch sein, ist sie schlecht – besteht etwa Misstrauen – so wird die Leistungsnorm gering sein. Die Gruppe geht geschlossen in Opposition und ist „gemeinsam stark“. Graphisch verdeutlicht das die Abbildung 37.

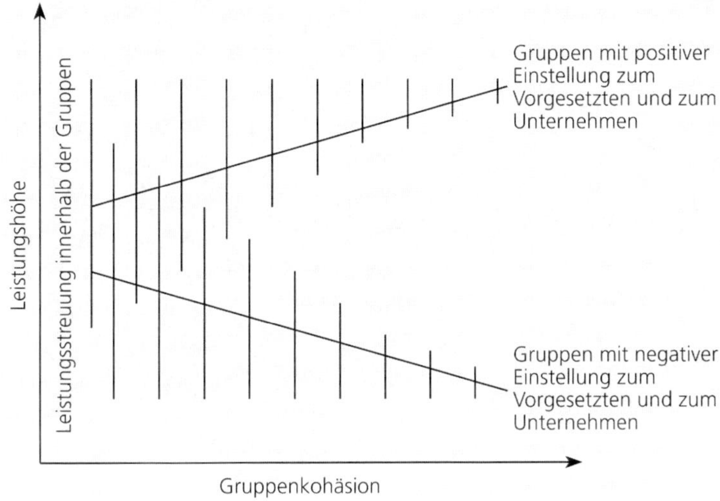

Abb. 37: Durchschnittliche Leistungshöhe und Leistungsstreuung in Arbeitsgruppen in Abhängigkeit von der Gruppenkohäsion und der Einstellung zum Unternehmen und dem Vorgesetzten

Beispiel:
In einem großen Unternehmen untersuchte man die Leistung einer Vielzahl von Gruppen. Dabei waren die Leistungen jener Gruppen, deren Kohäsion hoch war und deren Einstellung zu den Führungskräften positiv waren, ausgesprochen gut, während sie bei Gruppen mit hoher Kohäsion und ungünstiger Einstellung zu den Führungskräften und dem Unternehmen schlecht waren.

*Die Leistungen jener Gruppenmitglieder, die Gruppen mit geringer Kohäsion angehörten, streuten stark und waren im Durchschnitt mittelgut, ohne Rücksicht darauf, ob die Einstellung der Gruppenmitglieder zu den Führungskräften und dem Unternehmen gut oder schlecht war (*SEASHORE*, 1954).*

Der für die Zufriedenheit und die Leistung beste Fall ist also der, dass die Gruppenkohäsion hoch ist und die Leistungsnormen aufgrund einer günstigen Einstellung zum Unternehmen und zur Führungsspitze ebenfalls positiv sind.

Hohe Gruppenkohäsion erreicht der Vorgesetzte am ehesten, wenn er bei der Zusammensetzung der Gruppen nicht nur auf sachliche Qualifikation achtet, sondern auch darauf, dass die Mitarbeiter menschlich zueinander passen (TRIST & BAMFORTH, 1951). Dies wird gelegentlich erforderlich machen, dass er die Mitglieder der Abteilung selbst mitsprechen oder gar mitbestimmen lässt, wer einer speziellen Arbeitsgruppe angehören soll.

		Zusammenhalt der Gruppe	
		hoch	**niedrig**
Einstellung der Gruppenmitglieder zum Vorgesetzten und zur Unternehmensführung	**gut**	durchschnittliche Leistung: **gut**	durchschnittliche Leistung: **gut – mittel**
	schlecht	durchschnittliche Leistung: **schlecht**	durchschnittliche Leistung: **knapp – mittel**

***Abb. 38:** Zu erwartende Leistungen bei Arbeitsgruppen mit unterschiedlichem Zusammenhalt und unterschiedlichen Einstellungen*

Hohe Leistungsnormen sind vor allem zu erreichen, wenn der Vorgesetzte selbst weitgehend in die Gruppe integriert ist, als Teil der Gruppe anerkannt wird, so Vertrauen zur Führung gewährleistet und seine Vorstellungen von der Leistungsnorm im Sinne eines aufgabenorientierten Führungsstils mit einbringen kann. Der Vorgesetzte wird mit größter Wahrscheinlichkeit von der Gruppe anerkannt werden, wenn er die Mitglieder in wichtigen Fragen – wie etwa der Bildung von speziellen Teams – mit beraten oder gar mitentscheiden lässt, wenn er mitarbeiterorientiert führt und Möglichkeiten der Delegation und Partizipation nutzt. Auch hier empfiehlt sich also für den Vorgesetzten wiederum ein Verhalten, das in den drei besprochenen Führungsdimensionen hoch ist.

Die Frage nach dem Grad der Gruppenkohäsion stellt sich insbesondere angesichts einer in jüngerer Zeit besonders intensiv diskutierten Problematik der Homogenität bzw. Heterogenität der Gruppenzusammensetzung (Brodbeck 1999) Man spricht auch vom Grad der Diversität (Podsiadlowski, 2002, Adler, 2000, Wegge, 2004, 2007). Dieses Problem wurde angesichts ethnisch-kultureller, religiöser oder nach Geschlechtszugehörigkeit oder sexueller Orientierung heterogenen Gruppen in den USA schon seit langem diskutiert und untersucht (Adler, 2000). Es gewinnt angesichts der Globalisierung und des demographischen Wandels auch bei uns zunehmend an Bedeutung. Konkret: Gehäuft wirken in Arbeitsgruppen, Joint ventures, Projekten oder Handlungsbeziehungen Deutsche mit Angehörigen aus anderen Kulturen und Sprachräumen zusammen. Der demographische Wandel, spezifisch der Mangel an jungen qualifizierten Nachwuchskräften, führt dazu, dass die Betriebe ältere Arbeitnehmer, insbesondere Fach- und Führungskräfte, soweit diese gesund, flexibel und erfahren sind, länger – gelegentlich bis zum 70sten Lebensjahr – in ihrer Arbeitsgruppe zu halten suchen. Dies führt zu einer großen Altersstreuung. Gelegentlich wird vermutet, dass eine hohe Diversität Ideen, Erfahrungen, Fähigkeiten der Gruppe bereichert und entsprechend deren Innovationskraft erhöht und die Leistung steigert (Adler, 2000). Andere halten dagegen, das diese Heterogenität der Gruppenzusammensetzung lediglich Missverständnisse, Cliquenbildung und Konflikte, also sinkende Kohäsion und nachlassende Leistung zur Folge habe. Die Forschung bestätigt keine der beiden Auffassungen im Sinne einer generellen Regel. Es gilt zu differenzieren. Zum einen ist hier mit dem Maximum nicht das Optimum gleichzusetzen. Es gilt also jeweils zu prüfen, wie viel Heterogenität in welchen Merkmalsdimensionen eine Gruppe verträgt. Zum anderen sollte man eine heterogen zusammengesetzte Gruppe nicht unvorbereitet dieser Situation überlassen, sonst sind tatsächlich geringe Kohäsion und häufige Konflikte zu erwarten. Trainiert man diese Gruppe dagegen angemessen, so besteht eine gute Chance, dass die in der Diversität liegende Kreativität gehoben wird und hoher Zusammenhalt, verbunden mit Arbeitsfreude, sich einstellt. Hier gilt also, wie BRODBECK (1999) es auf Grund einschlägiger Untersuchungen formuliert: „Synergy is not for free!"

Fall XI: Spannungen in der Werbeabteilung

Die Abteilung 4 des Bereichs Verkaufsförderung eines großen Versandhauses war mit der Aufgabe betraut, Anzeigen vor dem Erscheinen des Katalogs vorzubereiten und Vorschläge für die Gestaltung der Schaufenster in den Verkaufsstellen zu erarbeiten, die mit den sonstigen Werbemaßnahmen des Unternehmens korrespondieren sollten. Die Abteilung bestand über längere Zeit – vom Abteilungsleiter abgesehen – ausschließlich aus Frauen. Der Abteilungsleiter, ein älterer Grafiker, der seine Abteilung mit Geschick und Feingefühl zu führen wusste, hatte die nicht ganz leichte Aufgabe, die Arbeit der sieben Mitarbeiterinnen im Alter zwischen Anfang 20 und Ende 40 zu koordinieren, die sich in ihrem Selbstverständnis als kreativ Tätige nur ungern einem Plan unterordneten und zu Individualismus neigten. Die Arbeit selbst wurde von allen gemeinsam in einem großen Atelierraum ausgeführt.

Da der Aufgabenbereich der Abteilung mehr und mehr fotografische Arbeiten forderte, wurde eine neue Position für einen Fotografen geschaffen. Der Abteilungsleiter neigte dazu, diese Position mit einer weiblichen Kraft zu besetzen; da er jedoch keine geeignete Bewerberin fand, fiel seine Wahl schließlich auf einen jungen Mann, an dessen fachlichen Qualitäten aufgrund der von ihm vorgelegten Arbeiten kein Zweifel bestand und der sich auch aufgrund seiner lässigen und entspannten Art menschlich gut in die Abteilung einzufügen versprach.

Tatsächlich vertrug sich der neu Eingestellte mit seinen Kolleginnen vorzüglich. Er war – wie der Vorgesetzte zu seiner Erleichterung feststellte – verlobt und dachte gar nicht daran, zu einer der Kolleginnen engere Beziehungen zu entwickeln, fand aber für alle freundliche und charmante Worte, die – selbst wenn sie auf einen leichten Flirt hinzudeuten schienen – stets in eher witziger Weise gemeint waren und die Form humorvoller Komplimente fanden. Es war daher auch nicht überraschend, dass der junge Mann in der Abteilung bald „Hahn im Korb“ wurde. Eines Tages stand die Arbeit – stärker noch als sonst – unter erheblichem Zeitdruck. Am Arbeitstisch des jungen Mannes, der Fotografien beschnitt, kombinierte und auf andere Formate brachte, bildeten sich ganze Berge von Abfällen, die zum Teil auf dem Arbeitstisch, zum Teil auch um diesen herum lagen.

Der Vorgesetzte, der mit dem Fotografen an dessen Arbeitsplatz einen Entwurf diskutierte, sagte, als er sich zum Weitergehen anschickte, mit einem Blick auf die Abfallberge: „Sie sollten das jetzt doch einmal wegräumen, man kommt ja hier gar nicht mehr durch“, worauf der junge Mann – etwas gereizt – zurückgab: „Das könnte jetzt doch wirklich eine der Damen tun.“ Einige der Kolleginnen hörten das, und eine rief mit erhobener Stimme: „Was bildet der sich eigentlich ein!“, worauf zustimmende Bemerkungen der anderen folgten.

Von diesem Tag an war die Stimmung in der Abteilung wie ausgewechselt. Die Frauen verhielten sich dem Kollegen gegenüber offen feindselig, sprachen nur noch das sachlich Notwendigste mit ihm und schnitten ihn, wo sie nur konnten. Der Vorgesetzte riet dem jungen Mann, sich doch mit irgendeiner netten Geste zu entschuldigen, was dieser aber mit der Bemerkung ablehnte, dass er dazu nun wirklich keine Lust mehr verspüre, da die Kolleginnen aus einer Bagatelle eine solche „Staatsaktion“ gemacht hätten.

Arbeitsfragen:

1. Wie erklären Sie sich, dass, durch einen so kleinen Anlass ausgelöst, die Einstellung der Kolleginnen dem jungen Mann gegenüber so plötzlich umschlug?
2. Was sollte der Vorgesetzte unternehmen, um in dieser Situation das bisher gute Betriebsklima wieder herzustellen?

Eine denkbare Lösung dieses Falles finden Sie auf S. 302.

Fall XII: Warum sinkt die Leistung ab?

Eine Gruppe von Arbeiterinnen in einem großen Unternehmen, die im Akkord Waren vor der Auslieferung verpackten, lag im Durchschnitt der Leistungen deutlich unter jenen Werten, die in vergleichbaren Gruppen gefunden werden konnten. Die Arbeit selbst war so organisiert, dass alle in der Gruppe – es waren sechs Frauen – das gleiche Produkt verpackten, aber unabhängig voneinander ihre Aufgaben verrichteten. Es brauchte also keine auf das Arbeitstempo der anderen Rücksicht zu nehmen; jede konnte ihren Fähigkeiten entsprechend ihre Leistung selbst bestimmen und wurde dafür leistungsbezogen entlohnt.

Die Gruppe hatte keinen eigene Vorgesetzte. Die Vorgesetzte war für fünf Gruppen zuständig, die alle ähnliche Arbeiten verrichteten. Während jedoch die vier übrigen Gruppen erwartungsgemäße Leistungen erbrachten, fielen die der fünften Gruppe dem Durchschnitt gegenüber ab. Die Vorgesetzte, die sich niemals sonderlich wohl fühlte, wenn sie mit den Frauen dieser Gruppe zusammen war, hatte einmal ihren eigenen Vorgesetzten zur Unterstützung herbeigerufen und mit ihm gemeinsam versucht, das Thema der unbefriedigenden Leistungen in der Gruppe zu diskutieren. Die Frauen waren nur unwillig auf dieses Gespräch eingegangen, hatten erklärt, sie könnten eben nicht mehr leisten und es sei ja schließlich ihr Problem, was finanziell für sie „herausspringe".

Die Vorgesetzten gewannen schließlich die Auffassung, dass es sich um eine Gruppe handele, die eben zufällig aus leistungsschwächeren Mitgliedern als die anderen bestand.

Als eines Tages eine der Frauen kündigte und eine neue Mitarbeiterin eingestellt wurde, erwartete die Vorgesetzte von ihr deutlich bessere Leistungen, da sie einen sehr tüchtigen Eindruck machte und zudem angab, dass ihr Mann und sie dringend Geld benötigten, da sie durch die Anschaffung eines Eigenheimes in erhebliche finanzielle Belastungen geraten seien.

Tatsächlich stiegen die Leistungen der neuen Mitarbeiterin in den ersten 14 Tagen der Einarbeitung auch so rasch, dass sie nach dieser Zeit bereits die durchschnittlichen Arbeitsergebnisse der übrigen Gruppenmitglieder erreicht hatte und weitere 14 Tage später deutlich über diesen lag. Dann allerdings trat ein überraschender Wandel ein. Innerhalb weniger Tage sanken die Leistungen der neuen Mitarbeiterin rapide bis zu einem Tiefstand ab, der noch unter den – ohnehin geringen – Leistungen der übrigen Gruppenmitglieder lag.

Arbeitsfragen:

1. Wie ist es wohl zu erklären, dass eine Arbeitsgruppe so viel schlechter als die anderen arbeitet, obwohl sie alle die gleiche Vorgesetzte haben?
2. Welche Gründe könnten dafür bestehen, dass die Leistungen der neu eingestellten Mitarbeiterin noch schlechter als die der übrigen Gruppenmitglieder wurden?
3. Was sollte jetzt – nach dem überraschenden Absinken der zunächst guten Leistungen der neu Eingestellten – unternommen werden?

Eine denkbare Lösung dieses Falles finden Sie auf S. 303.

9. In welcher Form beeinflusst der Arbeitsinhalt Leistung und Zufriedenheit?

Der Arbeitsinhalt umfasst die konkreten Tätigkeiten, die der einzelne Mitarbeiter auszuführen hat. Nun hat sich seit der Industrialisierung der Arbeitsinhalt der Menschen in den westlichen Kulturen stark gewandelt (MAYER, 1970). Durch die Rationalisierung wurden die Arbeiten immer spezialisierter, dadurch standardisierter und monotoner. Rein technisch verspricht die Spezialisierung höhere Leistung, was durch die wirtschaftliche Entwicklung der Industrienationen auch bestätigt wurde. Das lässt sich so veranschaulichen, wie es Abbildung 39 zeigt.

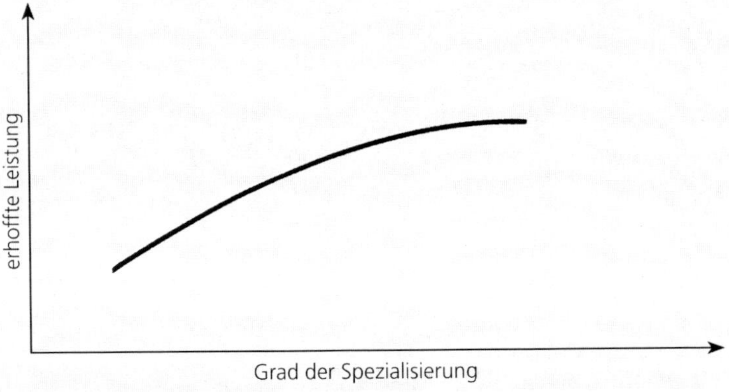

Abb. 39: Die erhoffte Leistung in Abhängigkeit vom Grad der Spezialisierung

Auf der anderen Seite sinkt bei steigender Spezialisierung in der Regel die Arbeitsfreude, da die Arbeit als monoton erlebt wird und das Erlebnis sinnhaften Arbeitens verloren geht. Freilich gibt es auch einige – durch spezifische Eigenschaften bestimmte – Menschen, die monotone Arbeiten schätzen, da sie innerlich „abschalten", automatisiert arbeiten und an anderes denken können (BARTENWERFER, 1970), etwa an private Lebensbereiche. Arbeitsfreude und Bindung an die Arbeit kommen dabei natürlich nicht auf. Zwischen dem Grad der Spezialisierung und der Arbeitsfreude kann man eine Beziehung vermuten, die Abbildung 40 zeigt.

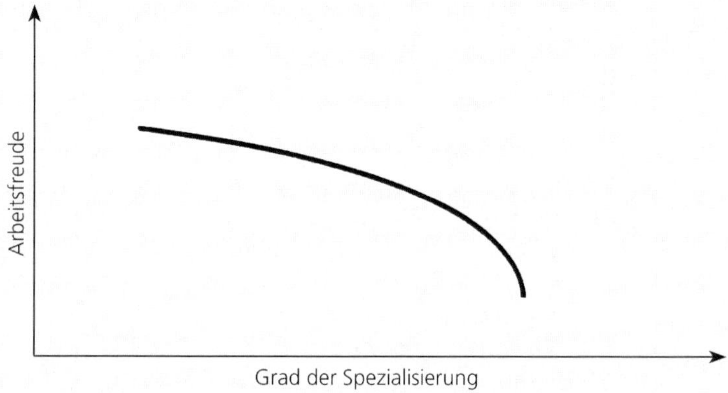

Abb. 40: Zu vermutende Beziehung zwischen der Arbeitsfreude und dem Grad der Spezialisierung

Nimmt man nun an, dass einerseits die in Abhängigkeit von der Spezialisierung erhoffte Leistung, andererseits aber auch die vermutlich von der Spezialisierung abhängende Arbeitsfreude mit der tatsächlichen Leistung korrelieren, so könnte man zwischen der Leistung und dem Grad der Spezialisierung eine Beziehung vermuten, wie sie Abbildung 41 zeigt.

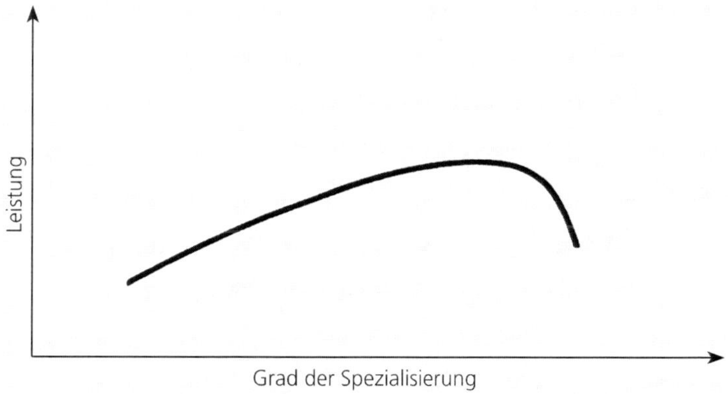

Abb. 41: Zu vermutende Beziehung zwischen der Leistung und dem Grad der Spezialisierung

Bei Überspezialisierung sinkt die Leistung also vermutlich wieder ab.

Die Zufriedenheit ist bei geringer Spezialisierung (WALKER & GUEST, 1952), die Leistung bei hoher, aber nicht extrem hoher Spezialisierung (WALKER, 1950) am höchsten. Will man der Leistung und der Zufriedenheit dienen, so bietet sich ein gemäßigter Grad an Spezialisierung an, der von Fall zu Fall - insbesondere von Person zu Person - konkretisiert werden muss. Das heißt, dass die Spezialisierung gelegentlich rückgängig gemacht werden sollte. Wege (ULICH, GROSKURTH & BRUGGEMANN, 1973 ULICH, 2007) dazu sind

- die Ausweitung des Arbeitsinhalts um Tätigkeiten, die zuvor nicht dazu gehörten („job enlargement") (WALKER, 1954),
- die Abwechslung verschiedener Arbeitskräfte bei unterschiedlichen hochspezialisierten Tätigkeiten, so dass jeder jede im Wechsel kurzfristig ausübt („job rotation") (BRANDSTÄTTER, 1970; GEBERT & V. ROSENSTIEL, 2002; ULICH, 2005).

Job rotation hat zwar zunächst den Nachteil, dass jeder für mehrere Tätigkeiten eingearbeitet werden muss, sie bringt aber neben den genannten Vorteilen auch noch die, dass man in Urlaubszeiten und bei Kündigungen elastischer mit den Arbeitskräften disponieren kann und zugleich dem Nachwuchs breitere Sachkenntnisse vermittelt, also ein Ausbildungsziel erfüllt.

Job enlargement oder Job rotation weisen darauf hin, dass Arbeit ganz bestimmte Kriterien erfüllen sollte, um human zu sein. Um diese Humanität geht es unabhängig von der Effizienz. Es wurden viele Kriterien humaner Arbeit genannt (VOLPERT, 1990; ULICH, 2005; V. ROSENSTIEL, 2007). Als besonders wichtig dürfen gelten:

- Autonomie, d. h. der Grad der Selbst- und Mitbestimmungsmöglichkeit des Einzelnen bei der Arbeit;
- Lernchancen, d. h. immer wieder neue Herausforderungen für den Arbeitenden, an denen er sich bewähren und durch deren Bewältigung er lernen kann;
- Abwechslung, damit Monotonie bei der Arbeit entgegen gewirkt wird;
- Kooperations- und Kommunikationsmöglichkeiten; dies kann gewissermaßen als das „Schmieröl“ betrachtet werden, auf dem die Sache leichter läuft. Darüber hinaus ist zu bedenken, dass die dadurch gebildeten freundschaftlichen Kontakte als soziale Unterstützung, als Stärkung wirken, wenn Überbeanspruchung oder private Sorge zum Stress (GEBERT, 1981) werden. Gerade stabile zwischenmenschliche Beziehungen helfen wesentlich mit, die gesundheitsschädigenden Wirkungen von starkem Stress zu reduzieren;
- Sinn (NEUBERGER, 1980); d. h. derjenige, der die Aufgabe erlebt, sollte glaubhaft das Gefühl haben, dass sein Tun ein wichtiger Beitrag zu – von auch ihm positiv eingestuften – Zielen ist. Dies ist z. B. dann nicht gegeben, wenn er annehmen muss, ausschließlich „für den Papierkorb“ zu arbeiten oder wenn er weiß, dass die Ergebnisse seines Tuns die Umwelt in krassem Maße schädigen.

Aufgaben sollten also nicht immer enger, immer spezialisierter, sondern hinsichtlich verschiedener Dimensionen ausgeweitet und bereichert werden. Ausweitung der Tätigkeit bedeutet meist auch Erhöhung des Schwierigkeitsgrades. Der Schwierigkeitsgrad aber sollte individuell angemessen sein, also für den Mitarbeiter weder zur Überforderung noch zur Unterforderung führen. Beides senkt Leistung und Zufriedenheit.

Erinnert sei an dieser Stelle noch einmal an das „Flow-Erleben“ (CSIKSZENTMIHALYI, 1975, 1992), über das bereits gesprochen wurde. Das Erleben, dass die Arbeit nahezu von alleine fließt, tritt vor allem dann ein, wenn die Herausforderungen der Aufgabe den individuellen Fähigkeiten und Interessen weitgehend entsprechen. Sowohl Überforderung als auch Unterforderung können Stress zur Folge haben.

Dass Überforderung ungünstig wirkt, ist verständlich. Man ist der Aufgabe nicht gewachsen, leistet also Unzulängliches, hat darauf Ärger mit dem Vorgesetzten, erlebt Misserfolge, wird unzufriedener, verliert die Freude an der Arbeit ganz und sinkt in der Leistung weiter ab.

Die Ausweitung der Arbeit kann denjenigen überfordern, der fachlich nicht ausreichend qualifiziert ist. In einem anderen Sinne überfordert sie aber auch jenen, der von seinen Einstellungen her eine anspruchsvolle Arbeit ablehnt (HULIN & BLOOD, 1968). Dies ist meist durch die Erziehung und frühere Arbeitserfahrung bedingt. Wer schon im Elternhaus und in der Schule autoritär erzogen wird, fast nie selbstständig anspruchsvolle Aufgaben übernehmen durfte und entsprechende Erfahrungen in seinen ersten Berufsjahren machte, der wird „Angst vor der Freiheit“ haben. Wer darüber hinaus noch im Kreise seiner Freunde und Bekannten die Wertvorstellung vermittelt bekam, dass Arbeit nur Last sei, bestenfalls ein Mittel zu dem Zweck, das Geld zu verdienen, das man für eine erfüllte Freizeit braucht, der wird schließlich ein reines „Jobdenken“ entwickeln und persönliche Freude und Erfüllung bei der Arbeit gar nicht suchen. In diesem Sinne ist es zu verstehen, dass die Ausweitung und Bereicherung der Arbeit bei manchen Personen durchaus die Arbeitszufriedenheit erhöht, während diese bei anderen deutlich sinkt.

Die Abbildung lässt es plausibel erscheinen, dass bestimmte Personen solche Aufgabenstellungen bevorzugen, die für sie – gemessen an ihrer Fachkompetenz – eine Unterforderung darstellen. Im Interesse der Persönlichkeitsentwicklung dieser Menschen und im Interesse des Betriebes, der in Zukunft mehr selbstständig denkende und gut qualifizierte Mitarbeiter braucht, wird es nicht ratsam sein, dem nachzugehen. Der zunächst ängstlich vor der Verantwor-

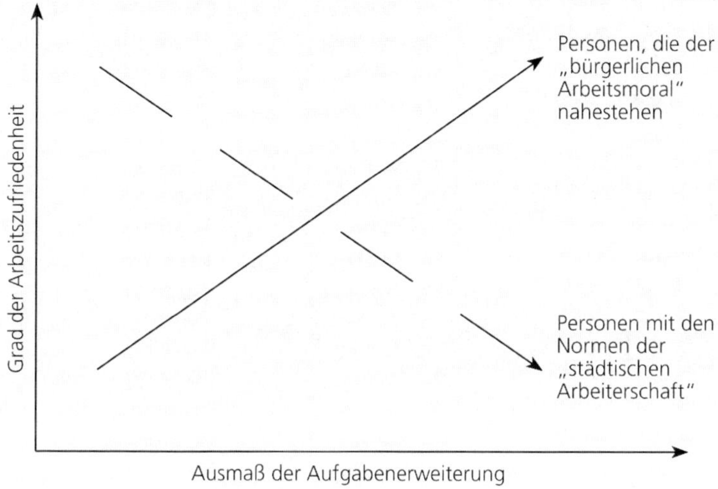

***Abb. 42:** Arbeitserweiterung und Arbeitszufriedenheit: Eine komplexe Beziehung (vgl.* BLOOD/HULIN; HULIN/BLOOD)

tung zurückschreckende, an den Aufgaben gar nicht interessierte Mitarbeiter sollte vielmehr durch schrittweise größere Delegation von Verantwortung, durch Erhöhung der Ansprüche im Hinblick auf selbständige Erledigung der Arbeit Freude an beruflichem Tun entwickeln und dabei Erfolgserlebnisse vermittelt bekommen (COMELLI & V. ROSENSTIEL, 2009). Unterforderung macht unzufrieden, weil man seine Fähigkeiten und Kenntnisse nicht anbringen kann. Man langweilt sich, verliert die Freude an der Arbeit und sinkt in der Leistung ab.

Beispiel:
*In einem englischen Unternehmen beobachtete man über längere Zeit besonders gute und besonders schwache Mitarbeiter, die zum Teil leichterer, zum Teil schwierigerer Tätigkeit nachgingen (*BILLS, *1923). Während die guten Mitarbeiter, die schwierige Tätigkeiten ausübten, nach der Beobachtungszeit noch fast alle geblieben waren, diejenigen der guten aber, die anspruchslose Tätigkeiten ausübten, zu einem großen Teil gekündigt hatten, war es bei*

den schwächeren Mitarbeitern gerade umgekehrt. Die Fähigen waren bei der leichten Tätigkeit unterfordert und hatten deshalb gekündigt; die weniger Befähigten waren von der schwierigen Tätigkeit überfordert und hatten deshalb gekündigt.

Sucht man dieses Ergebnis in vereinfachter Form zu veranschaulichen, so ergibt sich ein Bild, wie es Abbildung 43 zeigt.

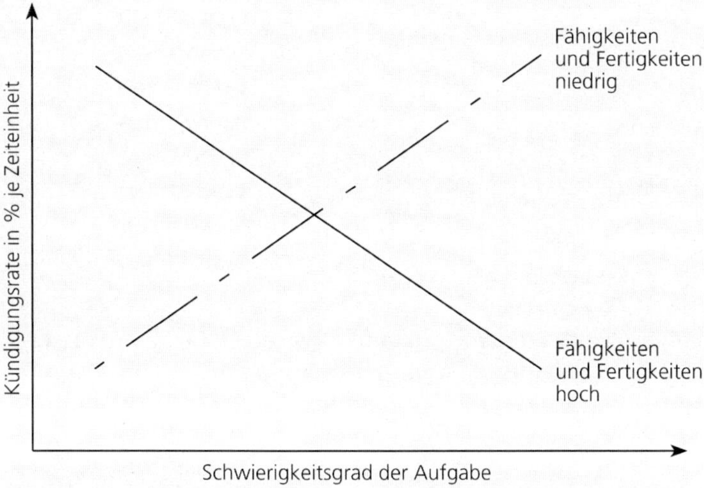

***Abb. 43:** Die Kündigungsrate in Abhängigkeit von den Fähigkeiten und Fertigkeiten der Mitarbeiter und dem Schwierigkeitsgrad der Aufgabe*

Die Konsequenz aus diesen Überlegungen heißt: Der richtige Mensch auf den richtigen Platz. Das ist leichter gesagt als getan. Den richtigen Menschen zu erkennen, setzt ein gut funktionierendes Personalbeurteilungssystem voraus (BRANDSTÄTTER, 1970; SCHULER, 1980, 1991), den richtigen Platz zu erkennen, erfordert brauchbare Arbeitsplatzbeschreibungen (FRIELING & SONNTAG, 1999). Nicht nur der Schwierigkeits- und Differenziertheitsgrad einer Aufgabe bestimmt Leistung und Zufriedenheit, sondern auch der Umstand, dass die Tätigkeit Fähigkeiten fordert, die der Mitarbeiter und seine Umwelt hoch schätzen (ARONSON & CARLSMITH, 1962). Ist dies der Fall, so wird die Arbeit gerne ausgeführt und als sinnvoll erlebt. Die Bindung an die Arbeit steigt.

Beispiel:
Eine Angestellte hat eine wichtige Kontrollaufgabe auszuführen. Der Vorgesetzte weist sie mit den Worten ein, welche die Bedeutung des Arbeitsplatzes herunterspielen: „Das ist letztlich ganz einfach. Alles, was Sie hier müssen, ist: ein bisschen aufpassen." Die Angestellte arbeitet schlecht und lustlos. Sie erlebt die Arbeit als wertlose „Kulitätigkeit" und fühlt sich unterfordert.

Eine andere Angestellte führt die gleiche Arbeit aus. Ihr Vorgesetzter hat sie mit den Worten – die auch der Wahrheit entsprechen – eingeführt: „Unser ganzer Betrieb hängt letztlich davon ab, ob es hier klappt. Ich habe Sie daher extra für diese Aufgabe ausgewählt; sie fordert Ihre ganze Sorgfalt und Zuverlässigkeit." Die Angestellte arbeitet gut. Sie hat das Gefühl, eine wichtige und wertvolle Arbeit auszuführen.

Wichtig für Leistung und Zufriedenheit ist schließlich, ob man glaubt, dem Arbeitsinhalt gewachsen zu sein. Wer in der Produktion tätig ist, weiß das meist. Er sieht, ob er die Tätigkeit bewältigt. Bei anderen Aufgaben (manchen Dienstleistungen, Führungsaufgaben etc.) erfährt man die Ergebnisse seines Tuns nur schwer.

Hier ist Feedback, ein Gespräch erforderlich, das der Vorgesetzte mit dem Mitarbeiter über dessen Leistung führt. Es kann sinnvollerweise in Verbindung mit der individuellen Besprechung der Ergebnisse der Personalbeurteilung, die regelmäßig durchgeführt werden sollte, erfolgen. Ist die Leistung nicht ganz befriedigend, glaubt der Vorgesetzte aber, dass der Mitarbeiter das Leistungsziel grundsätzlich erreichen kann, so sollte der Mitarbeiter in diesem Gespräch nicht entmutigt werden. Das anzustrebende Leistungsziel sollte so dargestellt werden, dass es erreichbar erscheint (V. HORNSTEIN & V. ROSENSTIEL, 2000).

Das Leistungsziel sollte durch unmittelbares Erkennen der Ergebnisse eigener Tätigkeit oder durch indirektes Feedback beim Gespräch mit dem Vorgesetzten für den an der Arbeit interessierten Mitarbeiter zu einem Gütemaßstab werden, den anzustreben die Leistung erhöht, den zu erreichen die Zufriedenheit steigert (LOCKE & LATHAM, 2002).

Durch viele Untersuchungen konnte bestätigt werden, dass kaum ein Anreiz so sehr zu höherer Leistung motiviert wie ein klares Ziel (LOCKE & LATHAM, 2002). Allerdings muss ein derartiges Ziel ganz bestimmten Anforderungen entsprechen. Ziel ist nicht gleich Ziel. Der Vorgesetzte, der mit Hilfe von Zielen führen möchte, sollte sich also Gedanken darüber machen, wie er diese Ziele gestaltet (COMELLI & V. ROSENSTIEL, 2009). Darüber wurde im Abschnitt 3.5 dieses Buches bereits gesprochen.

Fall XIII: Arbeitsbeginn in einer anderen Abteilung

Einem höheren Vorgesetzten innerhalb eines größeren Dienstleistungsunternehmens, das über eine beachtliche Zahl von Angestellten verfügte, fiel auf, dass die Fluktuation einer bestimmten Abteilung besonders hoch war.

Die Arbeit in dieser Abteilung, der er selbst in früheren Jahren einmal angehört hatte, bestand vorwiegend darin, die von den Außenstellen eingehenden Abrechnungen zu verbuchen, sich wegen etwaiger Unstimmigkeiten mit den Außenstellen in Verbindung zu setzen und die Produktivität der einzelnen Außenstellen zu errechnen. Die erarbeiteten Zusammenstellungen, Daten und Berechnungen wurden an andere Abteilungen innerhalb der Zentrale weitergereicht.

Die Abteilung selbst war bei den Außenstellen, die von sich behaupteten, „sie brächten den Gewinn", und die Zentrale für einen „aufgeblähten, unnötigen Wasserkopf" hielten, nicht sonderlich beliebt. Vor allem die Berechnung der Produktivität der Außenstellen und der anschließende Vergleich zwischen ihnen stieß häufig auf herbe Kritik, vor allem mit dem Argument, dabei würden die spezifische Konkurrenzsituation und die regionalen Besonderheiten bei bestimmten Außenstellen nicht ausreichend berücksichtigt. Seit langem war im Gespräch, einen Großteil der Arbeit dieser Abteilung auf aktuelle EDV-Programme umzustellen, doch war dieser Plan bislang noch nicht ins Stadium der Realisierung getreten.

Die Personalsituation innerhalb dieser Abteilung war zwiespältig: eine Gruppe meist älterer Mitarbeiter war – ähnlich wie der dortige Abteilungsleiter – lange dabei; hier bestand seit Jahren keine Fluktuation. Der Rest der Mitarbeiter – insgesamt waren 14 Personen in der Abteilung tätig – war im Alter meist jünger. Hier kam es zu ungewöhnlich häufiger Fluktuation. Personen mit mittellanger Zugehörigkeit zur Abteilung fehlten.

Der Abteilungsleiter klagte gegenüber den höheren Vorgesetzten häufig, die jungen Leute seien zu anspruchsvoll, sie leisteten in der Abteilung nichts, fänden die Arbeit langweilig, wollten sich nicht anpassen und würden bald wieder gehen, was in der Regel auch nicht schade sei, nur angesichts der derzeitigen Personallage zum Problem werde. Der höhere Vorgesetzte sagte ihm zu, er werde ihm einen vorzüglichen jungen Mann vermitteln, der sich innerhalb einer anderen Abteilung hervorragend bewährt habe, wo er aber jetzt angesichts einer Umorganisation nicht mehr unbedingt erforderlich sei.

Dem jungen Mann teilte er mit, er habe ihn für die genannte Abteilung vorgesehen. Die Arbeit dort sei zwar nicht gerade spannend, aber er erfahre doch mancherlei über die Außenstellen, was ihm später nützlich sein werde. Er brauche ja nicht ewig dort zu bleiben – er selbst, der Vorgesetzte, sei ja auch weitergekommen. Die Umsetzung würde für ihn außerdem finanziell interessant sein. Er solle sich doch jetzt mit dem dortigen Abteilungsleiter in Verbindung setzen. Der Abteilungsleiter wies ihn in seine Aufgaben ein, betonte, dass es vor allem auf Genauigkeit und Korrektheit ankomme und dass er in allen Zweifelsfällen ihn oder einen der älteren Mitarbeiter um Rat fragen solle. Er hoffe, dass er von ihm bessere Leistungen erwarten dürfe, als er sie gemeinhin heute von jungen Leuten gewohnt sei. Die Umsetzung war für den jungen Mann mit einer Gehaltsaufbesserung von 180 Euro verbunden. Dennoch erfuhr der höhere Vorgesetzte nach einiger Zeit von dem Abteilungsleiter, dass der junge Mann zwar in der Leistung etwas über dem Durchschnitt der anderen jungen Leute liege, dass aber von hervorragenden Leistungen keine Rede sein könne. Etwa zur gleichen Zeit erzählte die Sekretärin des höheren Vorgesetzten, die es von einer anderen wusste, die mit dem jungen Mann befreundet war, dass er ernsthaft daran dächte, sich beruflich zu verändern.

Arbeitsfragen:

1. Wie beurteilen Sie die Umsetzungsmodalitäten, die im Fall des jungen Mannes praktiziert wurden?
2. Welche Fehler hat der höhere Vorgesetzte gemacht?
3. Welche Fehler, vermuten Sie, hat der Abteilungsleiter gemacht?
4. Was sind wohl die Motive dafür, dass der junge Mann an Kündigung denkt?
5. Wie hätte man vorgehen sollen?
6. Was soll man jetzt tun?

Eine denkbare Lösung dieses Falles finden Sie auf S. 306.

Fall XIV: Schwierigkeiten beim Verkauf

Eine junge Verkäuferin in der Textilabteilung eines größeren Kaufhauses hatte offensichtlich Mühe, mit einer älteren Kundin zurechtzukommen. Die Kundin war – vielleicht bedingt durch das schwüle Wetter und das Gedränge vor den Verkaufsständen – bereits missgelaunt und gereizt grußlos mit der Bemerkung: „Bedient einen denn hier niemand?!“ an die Verkäuferin herangetreten. Diese hatte sich zunächst noch bemüht, freundlich zu bleiben und auf alle Wünsche der Kundin einzugehen. Als die Kundin aber an allen vorgelegten Waren etwas auszusetzen hatte, die Verkäuferin beschuldigte, keine Ahnung zu haben, und behauptete, kaum je so schlecht bedient worden zu sein, reagierte auch die Verkäuferin gereizt und mit lauter werdender Stimme. Die Abteilungsleiterin, eine Dame im Alter der Kundin, hörte das bei einem Gang durch die Abteilung, stellte sich neben die Verkäuferin und fragte die Kundin, ob sie ihr vielleicht behilflich sein dürfe. Die Kundin – jetzt plötzlich mit freundlicherer Stimme – bejahte das mit der Zusatzbemerkung, dass „mit diesem jungen Mädchen ja nicht auszukommen sei". Während die Abteilungsleiterin jetzt selbst die Kundin bediente, wandte sich die Verkäuferin einer jüngeren, wartenden Kundin zu, beobachtete aber die Aktivität der Abteilungsleiterin, die das Gespräch mit der älteren Kundin in ruhiger Weise führte und auch recht bald zum Abschluss kam.

Nachdem sich die Abteilungsleiterin von der Kundin verabschiedet hatte und sich bereit machte, den Verkaufsstand wieder zu verlassen, sagte sie zu der Verkäuferin, die noch immer die junge Kundin bediente: „Sehen Sie, mit ein bisschen Freundlichkeit ist alles kein Problem!" Die Verkäuferin warf ihr daraufhin einen wütenden Blick zu, antwortete aber nichts. Als sich die Abteilungsleiterin jedoch entfernt hatte, sagte sie zu der jungen Kundin, zu der sie während des Verkaufsgesprächs einen guten und ungezwungenen Kontakt gefunden hatte: „Die Chefin ist ein gemeiner alter Drachen."

Arbeitsfragen:

1. Wie beurteilen Sie das Verhalten der Abteilungsleiterin?
2. Wie beurteilen Sie das Verhalten der Verkäuferin?
3. Welche Verhaltensweisen der Abteilungsleiterin und der Verkäuferin wären in der geschilderten Situation angemessen gewesen?

Eine denkbare Lösung dieses Falles finden Sie auf S. 306.

10. Unter welchen Voraussetzungen dient die Arbeitszeit der Leistung und der Zufriedenheit?

Der berufstätige Mensch verbringt in der Regel einen erheblichen Teil seiner wachen Zeit als Erwachsener bei der Arbeit oder auf dem Weg vom oder zum Arbeitsplatz. Ist er unselbstständig innerhalb eines Betriebes tätig, so hat er meist kaum Einfluss auf die zeitliche Dauer der Arbeit und ihre Platzierung innerhalb des Tagesablaufs; und auch der Entscheidungsfreiheit des Selbstständigen sind durch Sachzwänge hier erhebliche Grenzen gesetzt.

Das erschiene vergleichsweise unbedeutend, wenn das Interesse an der Arbeit viel stärker wäre als alle Freizeitinteressen, was jedoch fast nie der Fall ist. So darf als Regel gelten, dass die Arbeit mit den Freizeitinteressen kollidiert. Diese Kollision ist bei festgelegter Arbeitszeit umso intensiver, je starrer das Ausleben der Freizeitinteressen an bestimmte Zeitpunkte des Tages gebunden ist (VROOM, 1960). Wer beispielsweise eine besondere Vorliebe für das Theater hat, das um 20 Uhr beginnt, aber durch längere Öffnungszeiten im Einzelhandel bedingt um diese Zeit häufig noch am Arbeitsplatz tätig ist, wird die Kollision von Arbeitszeit und Freizeitinteresse besonders schmerzlich bemerken.

Denkt man sich – wie in Abbildung 44 gezeigt – die Freizeitinteressen eines Einzelnen über die 24 Stunden eines bestimmten Tages mit unterschiedlicher Intensität verteilt, wobei das Bedürfnis nach Schlaf und Erholung als ein Freizeitinteresse betrachtet werden soll, so wäre die Arbeitszeit am konfliktfreiesten in die jeweiligen „Interessentäler“ zu legen. Fordert man von der Arbeitszeit zusätzlich nur, dass sie in zwei in sich zusammenhängende Blöcken auftritt, die voneinander durch mindestens eine halbe Stunde getrennt sind und zwischen 6 Uhr und 19 Uhr liegen, so wird sich noch immer eine relativ gute Einpassung der Arbeitszeit in die Freizeitinteressen finden lassen.

Je geringer die Überschneidung intensiver Freizeitinteressen mit der Arbeitszeit ist, desto höher dürfte die Zufriedenheit des Ar-

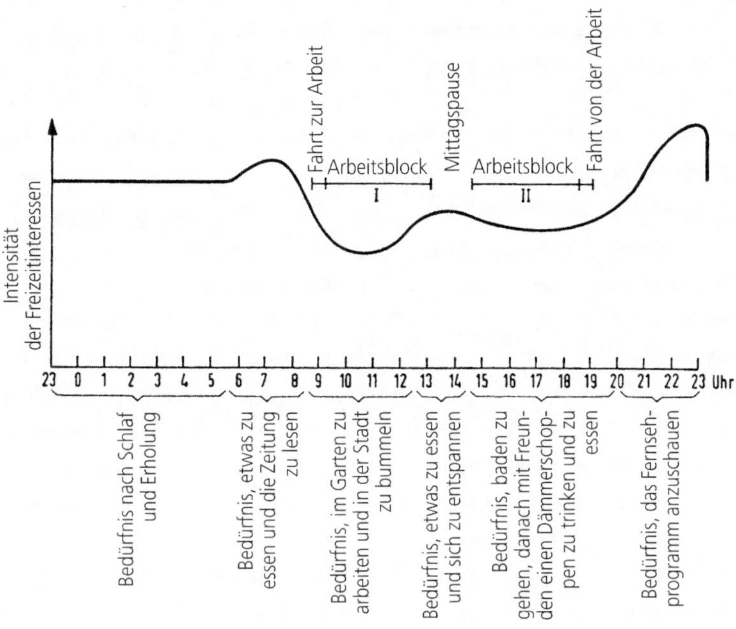

Abb. 44: Die Intensität der Freizeitinteressen eines Einzelnen während eines bestimmten Tages und die Einpassung der Arbeitszeit in den Tagesablauf

beitenden sein und dann einen besonders hohen Wert annehmen, wenn das Interesse an der Arbeit größer ist als das Interesse an den Aktivitäten, die man sonst zu diesem Zeitpunkt ausgeübt hätte.

Wären nun die Freizeitinteressen aller Mitarbeiter an allen Tagen gleich, so ergäbe sich, wenn die Aufgabenstruktur und die technisch-organisatorischen Bedingungen des Betriebs es zuließen, leicht eine Arbeitszeitregelung, die dem genannten Prinzip entspricht. Nach einer einschlägigen Betriebsumfrage an einer repräsentativen Stichprobe der Mitarbeiter könnte die Arbeitszeit festgelegt werden. Die Freizeitinteressen der Mitarbeiter hängen nun aber stark von ihrer unterschiedlichen Persönlichkeitsstruktur, ihrem Lebensalter, ihrem Geschlecht etc. ab, so dass unter motivationalem Aspekt eine jeweils für den Einzelnen individuell festgelegte Arbeitszeit zu fordern wäre. Man käme damit zur „individuellen Arbeitszeit oder Arbeitszeit nach Maß".

Da nun aber die Freizeitinteressen nicht nur von der überdauernden Persönlichkeitsstruktur, sondern auch von den sich ständig wandelnden situativen Einflussgrößen – etwa dem Wetter, der Jahreszeit, den kulturellen Ereignissen etc. – abhängen, erscheint die individuelle Arbeitszeit, die nach einmal getroffener Wahl über längere Zeit beibehalten werden muss, nur als Kompromiss. Vorzuziehen wäre also die „variable oder freie Arbeitszeit" (SCHÜT, 1971; BÜSSING & SEIFERT, 1995, MARR & REICHWALD, 1987), die dem Mitarbeiter die Arbeitszeitdisposition weitgehend selbst überlässt und so seinen täglich wechselnden Freizeitinteressen gerecht wird. Eine derartige individuelle Freiheit bei der täglichen Wahl der Arbeitszeit, die nicht einmal durch eine tägliche Gesamtarbeitszeit, sondern lediglich durch eine bestimmte Arbeitsstundenzahl innerhalb einer größeren Zeitperiode begrenzt sein sollte, wodurch Ausgleich für zu wenig geleistete Arbeit an bestimmten Tagen an anderen Tagen möglich würde, wäre vom motivationspsychologischen Standpunkt aus zu begrüßen. Eine solche Regelung ist jedoch aus anderen Erwägungen heraus häufig erschwert. Man sollte bei seinen organisatorischen Überlegungen in solchen Fällen dennoch nicht gleich resignieren, sondern nach einem Kompromiss suchen, der etwa in der genannten individuellen Arbeitszeit oder – besser noch – in der so genannten gleitenden Arbeitszeit oder auch in Modellen der Arbeitszeitflexibilisierung (DOMSCH & LADWIG, 1995) liegen kann, die dadurch gekennzeichnet ist, dass alle Mitarbeiter zu bestimmten Zeiten des Tages – der Kern- oder Kommunikationszeit, die kürzer als die Gesamtarbeitszeit ist – am Arbeitsplatz sind, über die restliche Arbeitszeit aber so frei verfügen können, dass Arbeitszeitausgleich innerhalb einer größeren Periode realisiert werden kann (MARR & REICHWALD, 1987). Die dadurch stärker möglich werdende Befriedigung von Freizeitinteressen und das aus der freieren Disposition über den Tagesablauf erwachsende gesteigerte Gefühl der Selbstständigkeit und Selbstverwirklichung dürften erhöhte Zufriedenheit nach sich ziehen.

Die mit der gleitenden Arbeitszeit meist einhergehende Verringerung der Fehlzeiten, insbesondere der „Eintageskrankheiten" sowie der Arzt- und Behördengänge während der Arbeitszeit, die steigende Wahrscheinlichkeit, dass ausgeschlafene Mitarbeiter am Arbeitsplatz erscheinen, und möglicherweise auch das Ansteigen der Arbeitsfreude dürften zu einer Steigerung der Leistung führen.

Beispiel:
Ein Angestellter, dessen Dienst um 7.30 Uhr begann, war in der Frühe stets müde. So verbrachte er die erste Arbeitsstunde meist nichts tuend und vor sich hindösend über seinen Papieren oder schaute in die Zeitung. Musste er zu Behörden oder zum Arzt, so nahm er sich frei.

Nach Einführung der gleitenden Arbeitszeit kam er selten vor 9 Uhr, war dann aber auch geistig voll da. Abends blieb er dafür länger am Arbeitsplatz. Die Zeitung hatte er schon zu Hause gelesen. Musste er zu Behörden oder zum Arzt, so kam er meist erst gegen 10 Uhr, blieb dann aber abends am gleichen oder einem anderen Tag entsprechend länger.

Er leistete mehr, da er jetzt die Arbeitszeit wirklich nutzte, war auch zugleich zufrieden, da er ausgeschlafen war, sich selbstständiger, freier und weniger gehetzt fühlte, den Stoßverkehr auf dem Weg zur Arbeit vermeiden und die Arbeitszeit seinen Freizeitinteressen anpassen konnte.

Die genannten Vorteile sollten einen auch dort kreativ nach Möglichkeiten suchen lassen, die freie oder gleitende Arbeitszeit einzuführen, wo sie zunächst ausgeschlossen erscheint. Dass auch hier nicht selten Lösungen gefunden werden können, sieht man etwa daran, dass nicht einmal Kundenbedienung in Einzelhandelsgeschäften oder Fließbandarbeit in Produktionsbetrieben und gleitende Arbeitszeit einander grundsätzlich ausschließen müssen (SCHÜT, 1971; V. ECKARDSTEIN & SCHNELLINGER, 1971).

Generell scheinen bei der Gestaltung der Arbeitszeit der Phantasie kaum Grenzen gesetzt zu sein. Es muss ja keineswegs immer die „Normalpackung“ von acht Stunden am Tag sein – letztlich erscheint es für alle direkt und indirekt Beteiligten oft von Vorteil, wenn Dauer und Lage der Arbeitszeit über den Tag, die Woche, das Jahr und sogar das Arbeitsleben so ausgehandelt werden, dass es zu einem tragbaren Kompromiss zwischen dem Betrieb, der Freizeit und der Familie (SCHNEEWIND & KUPSCH & DILLITZER, 2008) kommt.

Dort, wo eine starre Arbeitszeit für alle Mitarbeiter in gleicher Weise erforderlich ist – also selbst die individuelle Arbeitszeit nicht in Frage kommt –, sollte man sich zumindest bemühen, die Arbeitszeit nicht mit den intensivsten Freizeitinteressen der Mitarbeiter, wie sie aufgrund ihrer persönlichen Eigenart und aufgrund des Freizeitangebots des Wohnortes für die meisten typisch sind, kollidieren zu lassen.

Auch auf diese Forderung wird man praktisch keine Rücksicht nehmen können, wenn aus organisatorischen Gründen durch drei Arbeitsschichten der Betrieb Tag und Nacht in Funktion gehalten werden muss. Zwar kann man auch hier zumindest darauf achten, dass die Zeit, auf die sich die meisten Freizeitinteressen konzentrieren, nur jeweils eine Schichteinheit betrifft, also Schichtwechsel in diesem Zeitraum vermieden wird, man kann aber nicht umgehen, dass – wenn auch im Wechsel – ein Teil der Mitarbeiter in seinen Interessen erheblich frustriert wird. Diese Frustration mit der daraus resultierenden Unzufriedenheit dürfte besonders stark sein, wenn der Wohnort Freizeitmöglichkeiten bietet, die sich auf bestimmte Punkte des Tages konzentrieren (MANN & HOFFMANN, 1960), sie dürfte geringer sein, wo ein solches punktuelles Freizeitangebot fehlt (BLAKELOCK, 1959).

Die Umgestaltung des Arbeitszeitmodelles kann häufig geeignet dafür sein, die Bedürfnisse verschiedener Interessengruppen zu befriedigen, etwa der Arbeitnehmer, der Arbeitgeber und der Kommune. Als Beispiel dafür sei das Arbeitszeitmodell im Zweigwerk eines renommierten deutschen Automobilunternehmens genannt (BIHL, 1995).

Beispiel:
Ein erfolgreiches Automobilunternehmen erstellte mit erheblichem finanziellen Aufwand ein neues Werk „auf der grünen Wiese". Aufgrund eines hohen Kapitalaufwandes würde sich dieses Werk nicht „rechnen", wenn dort in der Woche nur 38 Stunden gearbeitet würde, z. B. von Montag bis Donnerstag je 8 und am Freitag 6 Stunden. Ein angemessener „return of investment" wäre so nicht möglich. Schichtarbeit war also unumgänglich, wobei aus Gründen notwendiger Reparaturen und Nachrüstungen eine Arbeit „rund um die Uhr" nicht möglich war; zwei Schichtgruppen pro Tag erschienen als das Maximum. Bei der Gestaltung des Schichtplans bedachte man nun aber auch die gestiegenen Freizeitwünsche der Mitarbeiter und die Belastung der Kommune durch das individuelle Verkehrsaufkommen. Man entschloss sich daher, dem Schichtplan 6 Arbeitstage – Montag bis Samstag – zugrunde zu legen und jede Schicht auf 9 Stunden auszuweiten. Dafür sollte jede Schichtgruppe auch nur viermal in der Woche zur Arbeit kommen. Nun wurden insgesamt drei Schichtgruppen benötigt, um an 6 Tagen jeweils 18 Stunden durchlaufende Arbeit zu sichern. Der Schichtplan war so angelegt, dass aufgrund der im Durchschnitt pro Schicht 4 Tage umfassenden Arbeitswoche für jeden Mitarbeiter pro Monat ein durchgängiger Freizeitblock von 5 Tagen – gewissermaßen als monatlicher zusätzlicher „Kurzurlaub" – entstand.
Die Arbeitnehmer waren von dem Modell sehr angetan, da es ihren gestiegenen Freizeitwünschen entgegenkam; die Finanzabteilung des Werkes war überaus zufrieden, da die Investition nun über 108 Stunden in der Woche genutzt wurde, und auch die Kommune sah ihre Interessen berücksichtigt, da ja nun jeder Arbeiter nur viermal und nicht fünfmal pro Woche zur Arbeit fuhr, was eine Entlastung des Verkehrsaufkommens um 20 Prozent bedeutete.

Leicht einzuführen war dieses Modell dennoch nicht. Der Verband der Arbeitgeber stellte sich dagegen, weil das Werk als Vorreiter 36 Wochenarbeitsstunden zu vollem Lohn anbot. Auch die

Gewerkschaften bekämpften das Konzept, da sie auf dem freien Samstag und maximal 8 Stunden Arbeit pro Tag bestanden. So war der Ausweg eine Betriebsvereinbarung zwischen dem Werk und dem Betriebsrat.

Die Zufriedenheit des Mitarbeiters sollte allerdings nicht nur dadurch gewährleistet werden, dass man versucht, ihn durch die Arbeitszeitregelung bei der Wahrnehmung seiner Freizeitinteressen so wenig wie möglich zu stören, da dies vor allem nur die extrinsische Arbeitsmotivation erhöhen würde. Die Arbeit würde damit nur ein Mittel, das Freizeit ermöglicht.

Obwohl es legitim und angemessen erscheint, dass der Einzelne nicht nur für die Arbeit lebt, sondern seine Selbstverwirklichung auch in seiner freien Zeit sucht, sollte angestrebt werden, dass die Arbeit auch selbst zur Zufriedenheit beiträgt und intrinsisch motiviert ist. Der Einsatz der in dieser Schrift besprochenen Anreize, besonders jener, die unmittelbar mit der Arbeit selbst zusammenhängen, kann dazu beitragen.

Fall XV: Unzufriedenheit im Zweigwerk

In einem großen Papierwerk hatte man sich aus Gründen der technischen Rationalisierung schon vor langer Zeit zur Schichtarbeit entschlossen, wobei nicht nur durch eine Frühschicht von 6–14 Uhr, die Nachmittagsschicht von 14–22 Uhr und die Nachtschicht von 22–6 Uhr dafür gesorgt war, dass die Maschinen Tag und Nacht laufen konnten. Durch den Einsatz von vier Arbeitsgruppen war außerdem gewährleistet, dass auch am Wochenende die Arbeit nicht unterbrochen werden musste. Während am Samstag so wie an den übrigen Wochentagen gearbeitet wurde, waren am Sonntag nur jeweils zwei Schichtgruppen tätig und zwar von 6-18 Uhr bzw. von 18-6 Uhr. Die Arbeitszeit der vier Arbeitsgruppen war so geregelt, dass jede in systematischer Folge in der Frühschicht, Nachmittagsschicht, Nachtschicht oder einer der Sonntagsschichten eingesetzt wurde. Eine Achtstundenschicht pro Woche war als Überstundenschicht eingerichtet. Die Zeitplanung führte dazu, dass im Regelfall für jeden Arbeiter im Wechsel pro Woche 2-tägige und 3-tägige Freizeitintervalle eintraten.

Der Standort des Betriebes lag weit ab von der nächsten Großstadt in einem kleineren Ort. Das Unternehmen war dort der einzige Produktionsbetrieb, wodurch es gelungen war, einen betriebstreuen Stamm von Mitarbeitern mit der Expansion des Unternehmens heranzuziehen und zu halten. So hatte der Standort es mit sich gebracht, dass trotz der gespannten Arbeitsmarktlage kaum Personalprobleme herrschten.

Betriebsumfragen durch unabhängige Sozialwissenschaftler, die das Unternehmen in regelmäßigen Abständen durchführen ließ, zeigten insgesamt ein relativ gutes Betriebsklima und insbesondere auch – trotz gelegentlicher Klagen über die zwölf Stunden am Sonntag – eher positive Einstellungen der Arbeitszeit gegenüber, was vor allem durch die 14-tägigen Freizeitintervalle von je drei Tagen bedingt war, die allgemein geschätzt wurden.

Der Standort des Unternehmens brachte jedoch auch Nachteile mit sich. Bestimmte Papiersorten konnten in die relativ am nächsten gelegene Großstadt, die einen entscheidenden Anteil der Kunden für diese Sorten stellte, aufgrund der weiten Verkehrswege nicht so rasch geliefert werden, wie es die Kunden häufig wünschten. Außerdem erwies sich die sofortige Anlieferung kleinerer Papiermengen, die kurzfristig zur Umdisposition gezwungenen Kunden „aus der Klemme" helfen würde, der Verkehrswege wegen als sehr unökonomisch, obwohl sie trotz der günstigen Auftragslage produktionstechnisch bei guten Kunden sonst möglich gewesen wäre und trotz der entstehenden Kosten gelegentlich auch möglich gemacht werden musste.

Die gute Ertragslage führte die Unternehmensführung nun zu der Entscheidung, die Kapazität des Werkes durch Expansion zu erhöhen, wobei sich die Meinung durchsetzte, der genannten Lieferprobleme wegen nicht das Stammwerk zu erweitern, sondern ein Zweigwerk in der Nähe der besagten Großstadt zu errichten, in das die Produktion jener Papiersorten, bei denen es gehäuft zu den genannten Schwierigkeiten gekommen war, ausgelagert werden sollte.

Nach dem Bau des Werkes zeigten sich bei der Anwerbung der Arbeitskräfte zum einen die generell in Großstadtnähe erwarteten Schwierigkeiten, zum anderen aber bei den Einstellungsgesprächen eine abschreckende Wirkung der Arbeitszeitregelung, die vom Stammwerk übernommen werden sollte. Aufgrund der dort gemachten Erfahrungen hatte man nicht damit gerechnet, der Arbeitszeitregelung wegen Schwierigkeiten zu bekommen, sondern die drei zusammen liegenden arbeitsfreien Tage als Argument der Personalwerbung sogar in den Vordergrund gestellt.

Als schließlich doch genügend Arbeiter angeworben worden waren, beruhigte man sich damit, dass sie sich an die ungewohnte Schichtarbeit schon anpassen und die drei zusammenhängenden freien Tage zu schätzen lernen würden. Die später folgenden Betriebsumfragen zeigten jedoch, dass diese Hoffnung trog. Weit über die Hälfte der Befragten äußerte starke Unzufriedenheit, wenn sie nach ihrem Urteil über die Arbeitszeitregelung gefragt wurden.

Arbeitsfragen:

1. Woraus ergibt sich die unterschiedliche Bewertung der Schichtarbeit in den beiden Werken?
2. Welche Maßnahmen sollte man im Zweigwerk ergreifen, um die Unzufriedenheit mit der Arbeitszeitregelung zu mildern?

Eine denkbare Lösung dieses Falles finden Sie auf S. 306.

Fall XVI: Klagen über die Arbeitszeit

In einem größeren Einzelhandelsunternehmen war die Arbeitszeit wie folgt geregelt: Das Geschäft war von Montag bis Freitag jeweils von 8-18.30 Uhr geöffnet, am Samstag von 8–14 Uhr, so dass die gesamte Öffnungszeit bei 58 ½ Stunden pro Woche lag. Systematische Zählungen hatten gezeigt, dass am frühen Vormittag nur relativ wenige Kunden kamen, ihre Zahl in der zweiten Hälfte des Vormittags um etwa 50 Prozent anstieg, um in der Mittagszeit – etwa von 12–14 Uhr – auf Werte abzusinken, die noch unter den frühen Vormittagszahlen lagen. Nach 14 Uhr stieg dann die Kundenzahl beständig rasch an, überstieg bereits gegen 15 Uhr den Vormittagsgipfel, um zwischen 16 Uhr und Geschäftsschluss fast doppelt so hoch zu sein wie an den Spitzenzeiten des Vormittags. Am Samstag lag – abgesehen von den ersten Stunden nach Geschäftsöffnung – die Zahl der Kunden noch über den sonstigen Werten der Abendstunden. Für die Verkäufer war eine besondere Arbeitszeitregelung eingeführt worden, die erforderlich war, um der Differenz zwischen ihrer Arbeitszeit und der Öffnungszeit des Geschäfts gerecht zu werden. Man hatte zu diesem Zweck die Verkäufer in fünf Gruppen – 1, 2, 3, 4, 5 – aufgeteilt, um für die Zeit von Montag bis Freitag eine „doppelt rollierende 5-Tage-Woche" einzuführen. Dies sah so aus, dass jede Gruppe im 5-wöchentlichen Wechsel je einen der genannten Tage frei hatte und zudem am nachfolgenden Tage erst um 14 Uhr zur Arbeit kommen musste. Die jeweils halbstündige Mittagspause wurde von den an normalen Werktagen in der Mittagszeit anwesenden drei Gruppen zwischen 12 und 13.30 Uhr ebenfalls rollierend eingenommen. Durch diese Arbeitszeitregelung, deren Plan jeweils für das gesamte Jahr im Voraus aufgestellt und den Mitarbeitern mitgeteilt wurde, war mehrerlei erreicht worden:

In den Vormittagsstunden mit mäßigem Kundenbesuch waren drei Gruppen tätig, in der schwach besuchten Mittagszeit arbeiteten nur zwei Gruppen. Am Nachmittag, der Zeit des anschwellenden Kundenstroms standen jeweils vier Gruppen zur Verfügung und am Samstag Vormittag, der Zeit des Spitzenverkaufs, waren dann fünf Gruppen, also alle Verkäufer, am Arbeitsplatz. Für die Mitarbeiter waren die zusammenhängenden freien 1 ½ Tage eine Erholungsmöglichkeit, die sie, da jeweils für das Jahr bekannt, in ihre Freizeitaktivitäten einplanen konnten. Besonders beliebt war dabei der – für jeden alle fünf Wochen auftretende – Fall, dass der Montag und der Dienstagvormittag frei waren, so dass diese Tage in Verbindung mit dem Wochenende größere private Fahrten zum Skilaufen oder Baden ermöglichten. Die Einführung der doppelt rollierenden 5-Tage-Woche hatte daher bei den Mitarbeitern auch einhellige Zustimmung hervorgerufen. Um so überraschter war der Geschäftsführer, als einige Mitarbeiter als Sprecher der Belegschaft zwei Jahre nach Einführung der neuen Arbeitszeitregelung zu ihm kamen und fragten, ob nicht Änderungen der Arbeitszeitregelung möglich seien. Man höre doch in letzter Zeit soviel von der gleitenden Arbeitszeit, ob es denn nicht möglich sei, etwas Ähnliches auch hier einzuführen. Der Geschäftsführer reagierte verärgert. Er verwies darauf, dass die geltende Regelung ungewöhnlich fortschrittlich sei, dass es eigentlich sehr undankbar sei, jetzt noch mehr zu fordern, und dass an gleitende Arbeitszeit gar nicht zu denken sei, da dann alle am Vormittag, wo nichts los sei, kommen würden und in den Hauptarbeitszeiten am späten Nachmittag kein Personal zur Verfügung stünde. Die Bittsteller erwiderten darauf, dass sich dieses Problem sicher durch entsprechende Regelungen lösen ließe; sie wollten nur darauf verweisen, dass man gelegentlich unter der Woche gerade an einem solchen Tag etwas unternehmen wolle, an dem man nicht frei habe und dann den freien Tag nicht so gut wie eigentlich denkbar nutzen könne. Der Geschäftsführer ging darauf nicht ein, verwies noch einmal auf die fortschrittliche bestehende Regelung, die ein Optimum darstelle, und lehnte es ab, weiter über die Arbeitszeit zu diskutieren.

Arbeitsfragen:

1. Wie beurteilen Sie das Verhalten des Vorgesetzten?
2. Wie stichhaltig sind seine sachlichen Argumente?
3. Sehen Sie Möglichkeiten, dem Wunsch der Verkäufer gerecht zu werden?

Eine denkbare Lösung dieses Falles finden Sie auf S. 307.

11. Unter welchen Voraussetzungen dienen die Aufstiegschancen der Leistung und der Zufriedenheit?

Aufstieg bedeutet in der Regel eine Ausweitung des Bereichs der Kompetenzen und des Einflusses innerhalb der Organisation. Dass es daneben auch noch Schein- und Pseudoaufstieg gibt, der nicht mit echter Einflussvermehrung verbunden ist (FÜRSTENBERG, 1969), sei nur am Rande vermerkt. Er zeigt sich meist in hoch klingenden, aber nichts bedeutenden Titeln, im Anrecht auf einen Dienstwagen oder in ähnlichen Statussymbolen und kann, da er Geltungsstreben befriedigt, bei manchen Personen durchaus die Zufriedenheit erhöhen.

Auch echter Aufstieg ist in der Regel mit erhöhter Zufriedenheit verbunden. Das sagt allerdings wenig, da man nicht weiß, woran dies liegt, denn Aufstieg bringt meist auch andere Vorteile mit sich: mehr Geld und mehr Geltung, Recht auf freiere Arbeitszeit, auf einen Dienstwagen, erhöhte Selbstständigkeit und ähnliches mehr (VROOM, 1960).

Trotzdem ist Aufstieg nicht für jeden erstrebenswert (V. ROSENSTIEL, NERDINGER & SPIESS, 1991). Denn er ist mit mancherlei Opfern und Nachteilen verbunden. Aufstieg bedeutet häufig Abschiednehmen. Man muss sich trennen von gewohnten Aufgaben, der vertrauten Arbeitsgruppe, nicht selten dem bisherigen Wohnort. Die Arbeitszeit pro Woche steigt; für mittlere Führungsebenen auf 50–60 Stunden, für höhere auf bis zu 80 Stunden, und man muss sich schließlich in stärkerem Maße als bisher mit den Zielen des Unternehmens identifizieren, da von Personen in Führungspositionen erwartet wird, diese Ziele sowohl nach innen als auch nach außen zu vertreten. Nicht jeder möchte dies. So wird von befähigten jungen Kandidatinnen und Kandidaten das Angebot einer Aufstiegsposition heute häufiger als früher ausgeschlagen – auch dies eine Folge des Wertewandels (V. ROSENSTIEL u. a. 1991). Eine Mehrzahl sucht aber dennoch den Weg nach oben, wenn auch nicht um jeden Preis.

Ohnehin hat sich die Aufstiegsthematik sowohl für die Organisation als auch für die Personen deutlich verändert. Der direkte Weg nach oben, der klassische „Kaminaufstieg“, wird seltener. Angesichts flexibler Organisationsformen wie Clan- oder Projektstruktur, verbunden mit einer Reduzierung der Anzahl hierarchischer Ebenen, ist auch die Laufbahn der qualifizierten Mitarbeiter vielfach gebrochen. Sie sind phasenweise Projektleiter, dann Mitarbeiter in einem anderen Projekt, kehren in die ursprüngliche Abteilung zurück, werden ins Ausland entsandt und schließlich mit dem gesamten Unternehmensbereich an einen Mitbewerber „verkauft“ etc. Aber auch die Karrierevorstellungen der Einzelnen haben sich nachhaltig gewandelt. Die jungen Führungsnachwuchskräfte verlassen sich nicht mehr auf ihr Unternehmen, sondern suchen selbstständig ihre Laufbahn zu gestalten. Die primäre Bindung gilt der Profession, nicht dem Unternehmen. Es geht ihnen stärker um Selbstverwirklichung und berufliche Zufriedenheit als um Aufstieg und Gehalt (Hall, 2002, Gasteiger, 2007). Man spricht von einer „proteischen“ Laufbahnorientierung und denkt dabei an Proteus, den äußerst wandlungsfähigen Meeresgott der griechischen Mythologie. Man wandelt sich heute, schlüpft in verschiedene Rollen, bewegt sich horizontal, und dennoch ist vielfach bei nicht wenigen qualifizierten jüngeren Mitarbeitern der Wunsch nach Aufstieg vorhanden.

Hier geht es vor allem um die Aufstiegschancen. Dabei muss man unterscheiden:

- zwischen den Chancen, wie sie objektiv angesichts der Führungspyramide, der Altersstruktur, der Expansion und der Fluktuationsrate in einer Organisation bestehen,
- und den Chancen, wie sie subjektiv vom Mitarbeiter vermutet werden und die etwa – bei objektiv gleicher Lage – für Pessimisten anders als für Optimisten aussehen.

Die subjektiven Aufstiegschancen, wir wollen sie Aufstiegserwartungen nennen, sind meist mit erhöhter Zufriedenheit jener Mitarbeiter verbunden, die auch am Aufstieg interessiert sind. Diese Zufriedenheit aber währt nicht beliebig lange. Kommt es in angemessener Zeit nicht zum Aufstieg, so sind Enttäuschung und besondere Unzufriedenheit die Folge.

Aufstiegserwartungen und erfolgter Aufstieg beeinflussen also die Zufriedenheit, wobei der erfolgte Aufstieg in seiner Wirkung nicht unabhängig von der vorherigen Aufstiegserwartung ist. Denkt man vereinfachend nur an die Möglichkeiten der hohen und geringen Aufstiegserwartung sowie des erfolgten und des nicht erfolgten Aufstiegs, so ergeben sich durch Kombination vier Möglichkeiten (SPECTOR, 1956):

a) hohe Aufstiegserwartung vor erfolgtem Aufstieg,
b) hohe Aufstiegserwartung vor nicht erfolgtem Aufstieg,
c) geringe Aufstiegserwartung vor erfolgtem Aufstieg,
d) geringe Aufstiegserwartung vor nicht erfolgtem Aufstieg.

Die zu vermutenden Wirkungen dieser vier Fälle auf die Zufriedenheit zeigt Abbildung 45.

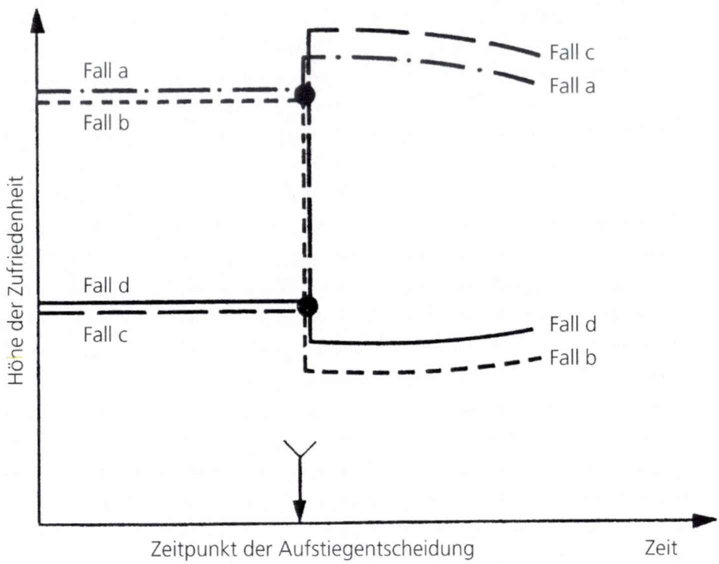

***Abb. 45:** Die Wirkung von Aufstiegserwartung und Aufstieg auf die Zufriedenheit*

Die Diskrepanz zwischen Aufstiegserwartung und dann erfolgtem bzw. nicht erfolgtem Aufstieg ist es insbesondere, die Zufriedenheit oder Unzufriedenheit bedingt.

Beispiel:
In einem expandierenden Unternehmen sind die objektiven Aufstiegschancen hoch. Die Mitarbeiter haben große Aufstiegserwartungen und sind dadurch bedingt recht zufrieden. Es gelingt relativ leicht, neue Mitarbeiter zu gewinnen. Diejenigen allerdings, die nun den Aufstieg erreichen, sind nicht außergewöhnlich zufrieden, da sie ihn mit dem Argument: „Hier schafft das ja jeder" für selbstverständlich nehmen. Diejenigen, die es nicht schaffen, sind besonders enttäuscht und unzufrieden. In einem anderen Unternehmen bestehen objektiv schlechte Aufstiegschancen. Es gelingt entsprechend auch schwer, neue Mitarbeiter zu gewinnen. Die Aufstiegserwartungen der Mitarbeiter sind gering; sie sind entsprechend weder hoffnungsfroh noch sonderlich zufrieden. Diejenigen, die nicht aufsteigen, haben auch nicht damit gerechnet, nehmen es als selbstverständlich und sind nun nicht besonders enttäuscht. Diejenigen dagegen, die dann doch aufsteigen, sind angenehm überrascht und besonders zufrieden.

Um einen Kompromiss zwischen der durch die Aufstiegserwartungen bedingten Zufriedenheit und der nachträglich durch erfolgten Aufstieg oder Nichtaufstieg bedingten Zufriedenheit oder Unzufriedenheit zu finden, ist es ratsam, die Aufstiegschancen dem Mitarbeiter so darzustellen, wie sie objektiv sind. Die Aufstiegschancen zu übertreiben, erscheint insgesamt gefährlicher, als sie zu untertreiben. So wäre es also falsch, wenn ein Vorgesetzter beim Einstellungsgespräch die Aufstiegschancen allzu rosig darstellen würde, um den Bewerber zu gewinnen und zunächst einmal zufrieden zu stellen. Die später folgende Enttäuschung – wenn kein Aufstieg erfolgt – dürfte hohe Unzufriedenheit, von der möglicherweise auch andere angesteckt werden, Leistungsrückgang und vielleicht gar Kündigung nach sich ziehen.

Nicht nur die Zufriedenheit wird von den Aufstiegschancen beeinflusst, sondern auch die Leistung. Die subjektiv vermuteten Aufstiegschancen wirken positiv auf die Leistung, wenn die nachfolgenden Voraussetzungen erfüllt sind (GEORGOPULOS, MAHONEY & JONES, 1957):

- Der Mitarbeiter muss den Aufstieg wünschen. Das ist keineswegs selbstverständlich, denn fast jeder Aufstieg bedeutet ein Mehr an Verantwortung und verlangt eine Trennung von der gewohnten Tätigkeit, gewohnten Kollegen, dem gewohnten Arbeitsplatz, ja nicht selten sogar dem gewohnten Wohnort (V. ROSENSTIEL, 1996). Nicht wenige Menschen ziehen daher eine Gehaltserhöhung ohne steigende Kompetenzen dem Aufstieg vor.
- Der Mitarbeiter muss der Meinung sein, dass erbrachte Leistung beim Aufstieg starke Berücksichtigung findet. Er wird dann, wünscht er den Aufstieg, versuchen, sich den Aufstieg durch Leistung zu verdienen. Ist er dagegen – berechtigter- oder unberechtigterweise – der Auffassung, dass der Aufstieg nur vom Dienstalter, von der Vorbildung oder von guten Beziehungen abhängt, so erscheint ihm trotz starker Aufstiegsmotivation die Anstrengung zu höherer Leistung nicht lohnend.

Aus dem Gesagten folgt, dass ein Vorgesetzter, geht es um Aufstiegsvorschläge, nicht nur die Leistung berücksichtigen, sondern dass er dem Mitarbeiter auch sagen sollte – allerdings nicht in Form einer Drohung! –, dass er dies tut.

Hier ergibt sich häufig für Vorgesetzte ein besonderer Konflikt (COMELLI & V. ROSENSTIEL, 2009). Fähige und viel leistende Mitarbeiter für den Aufstieg vorzuschlagen, hat meist zur Folge, dass man sie verliert – extrem gilt das für dezentralisierte Betriebe, etwa Banken mit einem weit streuenden Netz kleiner Filialen – und damit die Leistungsfähigkeit der eigenen Gruppe senkt. So ist es nicht selten, dass ein Vorgesetzter einen guten Mitarbeiter „unterschlägt“. Man spricht in diesem Zusammenhang von der „Angst vor dem Heldenklau“.

Von einer solchen Vorgehensweise, einem „Verstecken" der Besten, ist jedoch abzuraten, da

- der Gesamtorganisation, die der Vorgesetzte auch einer kleinen Abteilung im Auge haben sollte, damit geschadet würde,
- es menschlich höchst unfair wäre, einen Mitarbeiter, der mit seinen guten Leistungen der Abteilung besonders diente, bewusst zu behindern, ihn gewissermaßen für gute Leistungen zu bestrafen,
- der Mitarbeiter auf die Dauer enttäuscht und unzufrieden reagieren würde, andere Gruppenmitglieder dadurch anstecken oder gar die Kündigung aussprechen könnte,
- es sich möglicherweise herumsprechen würde, dass der Vorgesetzte gute Leute behindert, so dass fähige und ehrgeizige Mitarbeiter nicht mehr bereit wären, in der Gruppe des betreffenden Vorgesetzten zu arbeiten.

Berücksichtigt man bei Aufstiegsvorschlägen die Leistung, so ist allerdings ein spezifisches Problem zu beachten. Man darf nicht ohne weiteres von guter Leistung auf einem Gebiet auf gute Leistung bei andersartigen Aufgaben schließen (PETER & HULL, 1981). Wer sich etwa als Sachbearbeiter innerhalb eines begrenzten Aufgabengebietes hervorragend bewährt hat, kann möglicherweise als Führungskraft weitgehend versagen, da Führungsaufgaben nur zu einem Teil aus Sachaufgaben, zu einem vielleicht noch größeren Teil aus spezifischen Aufgaben des Umgangs mit unterschiedlichen Menschen bestehen.

Beispiel:
*Bekannt geworden ist das so genannte „Peter-Prinzip" (*PETER & HULL, *1981): In einer Organisation steigt ein Mitarbeiter aufgrund guter Leistungen solange auf, bis er vor Aufgaben steht, die er nicht mehr bewältigen kann. Da Rückstufungen nicht üblich sind und es nicht genug gut bezahlte Ehrenposten mit geringer Kompetenz und hohem Gehalt gibt, auf die der Mitarbeiter weiter „aufsteigen" kann, bleibt er auf dem erreichten Posten, dessen Aufgaben er nicht mehr voll gewachsen ist, sitzen. So ist dann*

schließlich – könnte man ironisch folgern – in der vollkommenen Organisation jeder in einer Position tätig, in der er die Stufe seiner Inkompetenz erreicht hat.

Für den Vorgesetzten bedeutet dies, dass er nicht unkritisch von einem „guten Mitarbeiter" sprechen darf, der auf allen Gebieten Gutes leisten wird. Der Vorgesetzte sollte sich vielmehr fragen, ob er von der Leistung, die der Mitarbeiter in seinem bisherigen Aufgabenbereich erbrachte, auf entsprechende Leistungen im vorgesehenen Aufgabengebiet schließen darf. Ist dies zweifelhaft, so sollte der Vorgesetzte für den Mitarbeiter Testsituationen schaffen, d. h. er sollte den Mitarbeiter mit Sonderaufgaben, Projektarbeit oder Ferienvertretungen betrauen, die ähnliche Anforderungen stellen wie das Aufgabengebiet nach dem vorgesehenen Aufstieg. In diesen Testsituationen sollte der Vorgesetzte – unter Berücksichtigung der Einarbeitungsschwierigkeiten – die Leistung des Mitarbeiters besonders beobachten.

Fall XVII: Gefahr einer Kündigung

Der Vorgesetzte einer Abteilung eines größeren Handelsunternehmens hatte einen jüngeren Angestellten eingestellt, der eine kaufmännische Lehre absolviert hatte und danach fünf Jahre lang in einem kleinen Konkurrenzunternehmen tätig war.

Der junge Mann hatte während des Einstellungsgesprächs einen ungewöhnlich guten Eindruck gemacht, zeigte sich fachlich bestens informiert und bewies starkes Interesse an beruflichen Fragen. Als Grund für den gewünschten Wechsel gab er an, dass er in seinem bisherigen Arbeitsbereich zu wenige Möglichkeiten zur Weiterbildung habe, kaum noch etwas dazulerne und seine Aufstiegschancen verbaut sehe.

Der Vorgesetzte war erfreut, einen fähigen und strebsamen Mitarbeiter gewinnen zu können: dies umso mehr, als die Arbeitsmarktlage entschieden gespannt war. Er verwies auf die vielfältigen unterschiedlichen Tätigkeiten innerhalb des Hauses und die großen Weiterbildungsmöglichkeiten. Die Expansion führe zu überdurchschnittlichen Aufstiegschancen, die einem engagierten Berufseinsteiger, der sich bewähre, günstige Möglichkeiten eröffneten, sowohl was die Position, als auch was das Gehalt betreffe.

Nachdem noch einige Detailfragen erörtert worden waren, willigte der junge Mann zu finanziellen Bedingungen, die monatlich nur 100 Euro über seinen bisherigen lagen, ein – mit der ausdrücklichen Bemerkung, er vertraue nach dem zuvor Gehörten auf die Zukunft.

Der Vorgesetzte setzte den jungen Mann innerhalb einer Gruppe bei einer Tätigkeit ein, von welcher der junge Mann sagte, sie reize ihn durchaus und sie sei interessanter als das, was er bislang getan habe.

Der Vorgesetzte beobachtete nun zu seiner Freude, dass der neu Eingestellte nach relativ kurzer Einarbeitungszeit gute Leistungen brachte, sich in seiner Aufgabe bewährte, die Arbeit zur Zufriedenheit erfüllte und auch mit den Kollegen gut zurechtkam.

Der Vorgesetzte, der stets nur Zeit fand, sich über täglich anfallende Sachfragen mit seinen Mitarbeitern abzusprechen, nahm sich mehrfach vor, mit dem jungen Mann ein ausführliches Gespräch zu führen und ihn in Anerkennung der guten Leistungen für eine Gehaltserhöhung vorzuschlagen. Es kam aber – wie er später sagte – jedes Mal eine Terminverpflichtung dazwischen.

Als es dann – acht Monate nach der Einstellung des jungen Mannes – zu einer ungewöhnlich hohen tariflichen Gehaltserhöhung kam, sah der Vorgesetzte die Gehaltsfrage zunächst auch als gelöst an und dachte auch nicht mehr an das Gespräch. Vier Monate nach der tariflichen Aufbesserung beobachtete der Vorgesetzte eine deutliche Veränderung im Arbeitsverhalten des jungen Mannes. Seine Leistungen fielen ab, er fehlte überdurchschnittlich oft, kam mehrfach zu spät und war missmutig, was zu Spannungen mit den Kollegen führte.

Da der Vorgesetzte in den vergangenen Monaten aber beobachtet hatte, dass der junge Mann – er war noch unverheiratet – mit einem offensichtlich weiblichen Gesprächspartner telefoniert hatte, nahm er private Schwierigkeiten an und unternahm zunächst nichts. Da er wusste, dass es sich bei dem jungen Mann grundsätzlich um eine vorzügliche Kraft handelte, wollte er ihn nicht gleich zur Rede stellen, sondern abwarten, bis sich die vermeintlichen privaten Probleme gelegt hätten. Bei gelegentlichen kurzen Sachgesprächen ging er daher auf das, was er beobachtet hatte, nicht ein.

Eines Tages kam der junge Mann selbst zu ihm, äußerte sich sehr unzufrieden darüber, dass er seit nunmehr 15 Monaten keine Gehaltserhöhung bekommen habe, dass er anderswo entschieden mehr Geld bekommen könne und dass er zu kündigen gedenke, wenn ihm nicht verbindlich und sofort eine Gehaltserhöhung zugesagt werde.

Arbeitsfragen:
1. Wie beurteilen Sie die Motivationsstruktur des jungen Mannes?
2. Welche Fehler hat der Vorgesetzte gemacht?
3. Was sollte er jetzt, in der gegebenen Situation, tun?

Eine denkbare Lösung dieses Falles finden Sie auf S. 308.

Fall XVIII: Ein ehrgeiziger junger Mann

Ein junger Mann, 24 Jahre alt, der in einer aus fünf Personen bestehenden Unterabteilung innerhalb der Abteilung Qualitätskontrolle eines größeren Unternehmens seit zwei Jahren tätig war, konnte von seinen Leistungen her durchaus als der beste Mann innerhalb der Unterabteilung bezeichnet werden. Er arbeitete sorgfältig, lag auch in der Quantität seiner Arbeit über den anderen und hatte in den gelegentlich stattfindenden Besprechungen der Gruppe bereits mehrfach durch seine nützlichen Vorschläge zu einer gesteigerten Produktivität der Gruppenarbeit beigetragen. Bei den Kollegen war er jedoch, vom Unterabteilungsleiter abgesehen, nicht besonders beliebt. Sie bezeichneten ihn als Streber, der nichts anderes vorhabe, als sich bei den Vorgesetzten beliebt zu machen.

Kurze Zeit nachdem in der Gesamtabteilung darüber gesprochen wurde, dass einer der Unterabteilungsleiter gekündigt hatte und bekannt war, dass dessen Position in sechs Wochen frei werden würde, erschien der junge Mann beim Abteilungsleiter und bat ihn, er möge ihm die freiwerdende Position in Aussicht stellen. Er begründete diesen Vorstoß damit, dass er ja wohl kaum damit rechnen dürfe, dass ihn sein Vorgesetzter für die Position vorschlagen werde, da es ja dessen Interesse kaum sein könne, ihn zu verlieren. Die Frage des Abteilungsleiters, ob er den eben vorgebrachten Wunsch seinem direkten Vorgesetzten gegenüber denn bereits angedeutet habe, verneinte der junge Mann.

Der Abteilungsleiter wies darauf hin, dass der ausscheidende Unterabteilungsleiter fast 50 Jahre alt sei, dass er fünf Mitarbeiter unter sich habe, von denen nur einer jünger als 30, zwei aber älter als 50 seien. Er bat den jungen Mann, sich angesichts dieser Sachlage noch einmal ernsthaft zu überlegen, ob er sich dieser Position gewachsen glaube.

Der junge Mann erwiderte ohne zu zögern, dass es ja wohl auf die Leistung und nicht auf das Alter ankomme, ansonsten halte er es schon für möglich, dass es Schwierigkeiten geben könne, er traue sich aber zu, mit diesen fertig zu werden. Auf die Frage des Abteilungsleiters, was er denn zu tun gedenke, falls sich sein Wunsch nicht erfüllen ließe, erwiderte der junge Mann, dass er sich nicht ständig so anstrenge, um ewig auf dem gleichen Posten hängen zu bleiben.

Auf den Einwurf des Abteilungsleiters, dass zwei Jahre schließlich keine Ewigkeit seien, fragte der junge Mann etwas erregt zurück, ob er dies als abschlägige Antwort interpretieren müsse. Der Abteilungsleiter beruhigte ihn daraufhin, indem er ihm versicherte, dass ja bisher keinerlei Entscheidungen gefallen seien, dass er sich das Problem erst selbst einmal in Ruhe durch den Kopf gehen lassen müsse und dass er – bevor er irgendetwas Verbindliches aussagen könne – noch mit dem direkten Vorgesetzten des jungen Mannes über die Angelegenheit sprechen müsse.

Der junge Mann verabschiedete sich vom Abteilungsleiter mit der Bemerkung, dass er auf seine Unterstützung hoffe.

Arbeitsfragen:
1. Wie beurteilen Sie die Motivationsstruktur und das Verhalten des jungen Mannes?
2. Wie beurteilen Sie das Verhalten des Abteilungsleiters im Verlauf des Gesprächs?
3. Welche Entscheidungsmöglichkeiten bestehen in dieser Situation, welche Konsequenzen werden daraus erwachsen?
4. Welche Entscheidung sollte der Abteilungsleiter treffen, in welcher Form sollte er sie dem jungen Mann mitteilen?

Eine denkbare Lösung dieses Falles finden Sie auf S. 313.

12. Unter welchen Bedingungen beeinflusst das Angebot des Unternehmens auf dem Markt Leistung und Zufriedenheit?

Man stelle sich einen guten Freund vor, mit dem man ein Gespräch über seine Arbeit führt. Man sagt ihm: „Lieber Freund, du hast wirklich Glück gehabt! Du hast eine angenehme Arbeit, nette, freundliche Kollegen, brauchst Arbeitslosigkeit nicht zu fürchten und wirst außerdem noch gut bezahlt. Aber ganz ehrlich, unter uns, all das, was ihr da macht und herstellt, ist doch für keinen Menschen auf der ganzen Welt für irgendetwas von Nutzen!" Vermutlich wird der Freund sich heftig zur Wehr setzen und zu begründen suchen, dass seine Arbeit sehr wohl sinnvoll sei. Und Sinn heißt in diesem Zusammenhang: Sie stiftet Nutzen für einzelne Menschen in der Gesellschaft oder für die Gesellschaft insgesamt.

Es ist in der Zwischenzeit recht gut belegt (LOHRER, 1994), dass Arbeitsmotivation und Arbeitszufriedenheit keineswegs nur von innerbetrieblichen Bedingungen, wie sie bisher besprochen wurden, abhängen, sondern auch davon, wie die Ergebnisse des eigenen Tuns, die Produkte, Dienstleistungen oder Ideen, vom Markt akzeptiert und von den Kunden bewertet werden. Stolz auf das, was man gemeinsam mit anderen erarbeitet, kann eine wesentliche Quelle der Arbeitsmotivation und der Arbeitszufriedenheit sein.

Beispiel:
Ein Automobilunternehmen bemühte sich darum, seine Produkte höher zu positionieren und zu Mitbewerbern innerhalb der Angebote der Premiumklasse zu machen. Dies wurde nicht nur durch eine anspruchsvolle und moderne Technik, ein sehr geschmackvolles Design, sondern auch durch weithin sichtbare Erfolge im Motorsport angestrebt. Die Strategie auf dem Markt war erfolgreich; mehr und mehr wurden die Fahrzeuge von den Kunden als Angebote für gehobene Ansprüche akzeptiert, d. h. das Unternehmen wurde zum Konkurrenten traditionsreicher Werke, die Fahrzeuge der „Nobelklasse" herstellten. Man strebte aber auch im Sinne einer Doppelstrategie ein Empowerment der Mitarbeiter an. Nach Siegen der Fahrer des werkseigenen Motorsportteams wurden Videoclips an den Produktionsbändern vorgeführt, an denen die Arbeiter voller Stolz Siege ihrer Produkte sehen konnten. Man lud sie auch zum Besuch von Autorennen an nahe gelegenen Rennstrecken ein, um ihnen das Erlebnis des erfolgreichen Kampfes um die Spitze zu vermitteln.

Der Erfolg der neuen Produkte am Markt und ihre Siege auf den Rennstrecken lösten erhebliche Begeisterung aus.

Stolz auf das, was man leistet, gemeinsame Freude über die in der Gesellschaft anerkannten Früchte des gemeinsamen Handelns sind die positive Seite der Medaille. Es gibt freilich auch eine andere Seite, die Motivation reduziert und Quelle von Unzufriedenheit sein kann. Sie wird dann aktuell, wenn man sich mit dem, was man tut, nicht identifizieren kann oder sich sogar der Ergebnisse der eigenen Arbeit schämt.

Beispiel:
Vor zwanzig Jahren war es noch keine strafbare Handlung, Dünnsäure in der Nordsee zu verkippen. Allerdings liefen Umweltschutzorganisationen, allen voran Greenpeace, bereits Sturm gegen derartige das Nordmeer verseuchende Aktionen. Die Presse und mit ihr die Öffentlichkeit forderten vehement das Verbot derartiger Aktivitäten. Ein Team von Sozialwissenschaftlern führte daraufhin Gespräche mit Offizieren und Mannschaftsangehörigen, die auf derartigen Schiffen Dienst taten. Mehr als die Hälfte von ihnen hatten nicht einmal dem Lebenspartner „gebeichtet", was sie beruflich tun, so sehr schämten sie sich ihrer Tätigkeiten.

Die Mitarbeiter eines Unternehmens sind Teil der Gesellschaft. Ihr Denken und Werten spiegelt eine gesellschaftliche Realität wider, die dazu beitragen kann, das Zielsystem des Unternehmens zu korrigieren. So betrachtet scheint es durchaus angemessen und wünschenswert, dass Mitarbeiter mit Motivations- und Zufriedenheitskrisen reagieren, wenn ihr Unternehmen offensichtlich Werte des gesellschaftlichen Systems, die allgemeine Akzeptanz gefunden haben, nachhaltig verletzt.

Nicht immer liegt der Fall so eindeutig. Was in der Öffentlichkeit angenommen und behauptet wird, entspricht gelegentlich nicht oder doch nur zum Teil der Realität. Man sollte sich also bewusst sein, dass es häufig wichtig ist, zwischen mehreren Ebenen der Wirklichkeit zu unterscheiden (METZGER, 1963), denen allen Wirklichkeitsrang zukommt.

Es ist verletzend und frustrierend, wenn die Ergebnisse des eigenen Tuns als schädlich oder nutzlos dargestellt und öffentlich entsprechend angegriffen werden. Noch verletzender ist es häufig, wenn sie überhaupt nicht beachtet werden und als Arbeit „für den Papierkorb" erscheinen.

Beispiel:
In einem Automobilunternehmen wurde eine Arbeitsgruppe an den Entwicklungsbereich angegliedert, in der acht Ingenieure,

unterstützt durch einige Mechaniker, arbeiteten. Aufgabe dieser Gruppe war es, sich intensiv mit Konkurrenzprodukten auseinanderzusetzen, diese unter genau definierten Bedingungen zu erproben, die Messergebnisse in Kennziffern zu verwandeln und diese nach bestimmten Kategorien in ein EDV-Programm aufzunehmen. Diese Daten wiederum sollten den Entwicklungsingenieuren bei der Konzeption von Modellvarianten oder neuen Modellen Orientierung bieten.

Die Mitarbeiter der neu begründeten Gruppe, alle mehr oder weniger von Automobilen begeistert, machten sich voller Eifer an die Arbeit, unternahmen Probefahrten mit Modellen der Mitbewerber, zerlegten die Fahrzeuge, um den Verschleiß zu ermitteln, ließen Motoren auf dem Prüfstand laufen etc. und gaben dann die Kennziffern in das Programm ein. Alle waren von der Nützlichkeit dieser Arbeit überzeugt; sie gingen davon aus, dass die von ihnen gelieferten Daten bei der Entwicklung der Fahrzeuge des eigenen Hauses eine wesentliche Rolle spielen würden. Bald aber kam Beunruhigung und schließlich massive Enttäuschung auf, als man feststellte, dass die Kollegen von der Konstruktion und Entwicklung die mühsam erarbeiteten Kennziffern überhaupt nicht abriefen. „Wir arbeiten hier für den Papierkorb!" sagte einer, „keiner würde es bemerken, wenn wir überhaupt nichts täten." „Das ist wirklich eine Sauerei, wir sollten uns beim Entwicklungsvorstand beschweren", gab ein anderer zurück. „Nur das nicht," sagte ein Dritter, „wenn die merken, dass die Ergebnisse unseres Tuns gar nicht benötigt werden, wird unsere Gruppe aufgelöst und dann schicken sie uns alle in die Wüste!"

Arbeitsfrage:
Was könnte man in einem solchen Fall tun? Welchen Rat könnte man dem Leiter der Gruppe geben?

Der Inhalt einer Tätigkeit mag nach Meinung von Experten noch so sinnvoll sein; wenn die Ergebnisse dieses Tuns nicht genutzt werden oder sogar nur der Eindruck entsteht, sie würden nicht genutzt, so ist Frustration eine wahrscheinliche Folge.

Das eben genannte Beispiel verdeutlicht wieder einmal die Wahrheit des bekannten Satzes, der C. G. JUNG zugeschrieben wird: „Wirklich ist, was wirkt." Vielfach reicht es nicht aus, einen Sachverhalt objektiv zu korrigieren; man muss zusätzlich auch das Wissen darüber durch angemessene Formen der Information modifizieren. Es gibt sogar Belege dafür, dass es ausschließlich Worte sein können, die für die Betroffenen demotivierende Wirkungen haben.

Beispiel:
Ein größeres Unternehmen der chemischen Industrie stellt u. a. „Insektenvertilgungsmittel" her. Ein Geschäftsführer dieses Unternehmens berichtete kummervoll, dass er sich dieses Wortes schäme. Früher habe ihn das mit Stolz erfüllt. Die Chemikalien seien schließlich ein geeignetes Mittel, den Ertrag in der Landwirtschaft zu steigern und den Hunger in der Welt zu bekämpfen. Seit dem Ansteigen der „Öko-Welle" und dem wachsenden Umweltbewusstsein werde „Insektenvertilgungsmittel" zum Schimpfwort, zu einem Synonym für „Umweltsünde".

Bei Einladungen, gesellschaftlichen Anlässen, Jahrestreffen der Industrie- und Handelskammer etc. – so berichtete er – könnten seine Kollegen aus den Vorstands- oder Geschäftsführungsetagen mit beeindruckenden Worten wie „Werkzeugmaschinen", „Einspritzpumpen", „Solarheizungen" etc. imponieren. Ging die Frage an ihn, was denn sein Unternehmen herstelle, so müsse er das ihm zunehmend aversive Wort „Insektenvertilgungsmittel" aussprechen. Nach seiner Auffassung sei dies heute das Eingeständnis eines „Verbrechens"; er schämte sich und suchte, wo immer es möglich war, die Aktivitäten seines Unternehmens zu verschweigen.

Sinnvolle Produkte, Dienstleistungen oder Ideen auf den Markt zu bringen und die potenziellen Kunden wissen zu lassen, dass es sich um Sinn- und Wertvolles handelt, ist eine wichtige Aufgabe, wenn es gilt, die Motivation oder Zufriedenheit der Mitarbeiter zu stärken.

Fall XIX: Zweifel an der Produktpalette

In einem größeren Unternehmen der chemischen Industrie lag ein Schwerpunkt der Arbeit im Pflanzenschutz. Um die Führungskompetenz im Unternehmen zu stärken, wurde allen Vorgesetzten ein zweitägiges Seminar zum Thema „Motivation und Anreizgestaltung" angeboten. Auch der Bereich Pflanzenschutz beteiligte sich mit seiner Forschungs- und Entwicklungsabteilung daran; alle Abteilungsleiter des Forschungsbereichs nahmen – als eine geschlossene Gruppe – teil. Der Bereichsleiter selbst kam allerdings nicht.

Nachdem während des ersten Tages im Rahmen des Seminars Inputs zu Fragen der Motivation gegeben, Fallstudien bearbeitet und Erfahrungsaustausch gepflegt wurde und dabei jeweils die Frage im Zentrum stand, was ein Vorgesetzter zur Steigerung der Motivation seiner Mitarbeiter tun könne, wurde in einer Abendeinheit, die nach dem Abendessen von 20 bis 21.30 Uhr geplant war, die Perspektive gewechselt. Die Frage, was einen selbst als Führungskraft im Forschungsbereich des Pflanzenschutzes bei der Arbeit motivierte bzw. demotivierte, wurde zum Programmpunkt.

Als Einstiegsübung schrieb der Trainer zwei Fragen auf zwei Pinnwände:

- Was motiviert mich als Führungskraft im Forschungsbereich besonders bei meiner Arbeit?
- Was demotiviert mich als Führungskraft im Forschungsbereich besonders bei meiner Arbeit?

Die Teilnehmer wurden gebeten, die von ihnen wahrgenommenen motivierenden Faktoren auf grüne, die demotivierenden auf rote Karten zu schreiben und dabei möglichst Druckschrift zu verwenden, um die Anonymität annähernd zu sichern. Es wurde eifrig geschrieben. Dann sammelte der Trainer die Karten ein, las sie jeweils vor und bemühte sich im Gespräch mit den Teilnehmern die grünen Karten einerseits und die roten Karten andererseits zu spezifischen Themenfeldern zu ordnen. Danach wurde über die Ergebnisse diskutiert.

Insbesondere ein Themenblock bei den demotivierenden Einflussgrößen zog die Aufmerksamkeit und das Gespräch der Teilnehmer auf sich, in dessen Zentrum eine Karte mit folgendem Text stand: „dass wir hier Produkte entwickeln, die der Menschheit mehr Schaden als Nutzen bringen." Mehrere Kärtchen ähnlichen Inhalts innerhalb dieses Themenblockes waren nicht ganz so drastisch formuliert, drückten aber doch auch erhebliche Zweifel am Sinn des eigenen Tuns aus.

Nach dem Programm sollte bis 21.30 Uhr gearbeitet werden; die Gruppe saß jedoch geschlossen bis nachts um 2 Uhr beisammen, diskutierte – gelockert durch Wein oder Bier – die mit den genannten Zweifeln zusammenhängenden Fragen, erwog das Pro und Kontra, kam aber selbstverständlich zu keiner Einigung.

Kurz vor Abschluss der sich gelegentlich quälend hinziehenden intensiven Diskussion, die sich um das Verständnis der jeweils anderen Sichtweisen bemühte, sagte ein Teilnehmer: „Was mich am meisten überrascht, ist Folgendes: Wir arbeiten nun seit vielen Jahren alle Tür an Tür, wir gehen gemeinsam in die Kantine, wir treffen uns auf den Gängen, aber über so etwas haben wir noch niemals gesprochen!"

Zum Abschluss wurde schließlich der Trainer von den Teilnehmern legitimiert, dem Bereichsleiter – ohne freilich einzelne Teilnehmer namentlich zu nennen – über die Diskussion zu berichten.

Arbeitsfragen:

1. Wie erklären Sie sich, dass die Führungskräfte bislang über dieses für sie äußerst brisante Thema niemals miteinander gesprochen hatten?
2. Wie könnte erklärt werden, dass hoch qualifizierte Führungskräfte im Bereich der Forschung und Entwicklung offensicht-

lich erfolgreich an Projekten gearbeitet haben, deren Sinn zumindest einige von ihnen zutiefst bezweifelten?
3. Was sollte der Bereichsleiter nun, nachdem ihn der Trainer über den Verlauf und den Inhalt der Diskussion informiert hat, unternehmen?

Eine denkbare Lösung dieses Falles finden Sie auf S. 314.

Fall XX: Der umgestürzte Farbkübel

Ein Unternehmen der chemischen Industrie war bereits mehrfach in Konflikt mit Umweltbehörden geraten, was zu negativen, bisweilen sogar aggressiven Schlagzeilen in der Lokalpresse geführt hatte. Für viele Führungskräfte, die sich mit dem Unternehmen identifizierten, war daher alles, was mit der Thematik Ökologie zusammenhängt, affektbesetzt. Sobald nur das Gespräch darauf hinführte, reagierten sie ausgesprochen „dünnhäutig" und gereizt.

In dieser sensiblen Phase geschah es, dass in einer Abteilung ein Fass mit Farbe umstürzte, die intensive wasserlösliche Farbe in das Abwassersystem und von dort in den benachbarten Fluss geriet, der sich stark verfärbte. Die Farbe selbst war nicht giftig, jedoch weithin sichtbar. Sondersendungen des lokalen Rundfunks waren die Folge; Schlagzeilen in großer Aufmachung füllten die Presse. Journalisten kamen und stellten die Führungskräfte des Unternehmens zur Rede. Diese argumentierten so gut es ihnen möglich war, versuchten den Sachverhalt angemessen zu erläutern, fanden aber keinen Glauben.

Ein Abteilungsleiter erklärte sich bereit, schon am nächsten Tag im Rahmen einer Bürgerversammlung an einer Podiumsdiskussion teilzunehmen. Auch dort wurde auf seine Argumente kaum gehört; er war Sündenbock und das Opfer vielfältiger Aggressionen. Gänzlich erschöpft kam er von dieser demütigenden Erfahrung in der Hoffnung nach Hause, in der Familie Verständnis und soziale Unterstützung zu finden. Kaum hatte er sich jedoch an den gemeinsamen Abendtisch gesetzt, fuhr sein Sohn ihn an: „Na Papi, was habt ihr denn da wieder für einen Scheiß gemacht!?"

Arbeitsfragen:

1. Wie könnte man erklären, dass für die Führungskräfte des Unternehmens „Ökologie" zunehmend zu einem negativ besetzten Reizwort wird?
2. In der Personalabteilung erfährt man von diesem Vorfall und weiß bald, dass es ähnliche gibt. Welche Maßnahmen könnten eingeleitet werden um die drohende Identifikationskrise der Führungskräfte abzuwenden?
3. Was könnte man tun, um den Führungskräften die emotionale Unterstützung und das Verständnis ihrer Familienangehörigen zu erhalten?

Eine denkbare Lösung dieses Falles finden Sie auf S. 317.

13. Unter welchen Umständen hat die Unternehmenskultur Einfluss auf Leistung und Zufriedenheit?

Überall dort, wo Menschen über eine längere Zeit gemeinsam leben und arbeiten, entsteht Kultur. Es bilden sich Spielregeln für den Alltag aus – bestimmte Verhaltensweisen entwickeln sich zu nicht hinterfragten Selbstverständlichkeiten, über die man kaum nachdenkt. Man deutet Gestaltungen und Ereignisse in einer weitgehend gleichen Weise und gelangt so zu einem Gefühl des Miteinander, des „Wir". In diesem Sinne kann man als wichtige Bestandteile einer Kultur (NEUBERGER, 1989) Folgendes nennen:

- Sie ist das Insgesamt der von den Menschen einer Gruppe zu einer bestimmten Zeit geschaffenen und weitergegebenen Inhalte und Gestaltungen,

- die von nahezu allen gemeinsam akzeptiert und geteilt werden,
- ein zusammenhängendes System oder Muster bilden,
- das sich von jenen anderer Gruppen oder anderer Epochen unterscheidet,
- sich ständig wandelt,
- sowohl Ergebnis als auch Mittel der zwischenmenschlichen Interaktionen ist,
- die zu ganz konkreten Praktiken und Produkten führen, den gesamten Lebensprozess durchdringen und bei der Bewältigung wichtiger Probleme helfen.

Was für Indianer im Amazonasgebiet, für Buschleute im südlichen Afrika oder Aborigines im zentralen Australien gilt, lässt sich entsprechend auf die Mitglieder eines Industrieunternehmens anwenden. Dies ist freilich ein etwas überraschender Blick, denn man ist sowohl in der Wissenschaft als auch in der Praxis häufig geneigt, die Organisation rein zweckrational zu betrachten. Alles, was sich dort abspielt, sei vernünftig geplant und auf die Unternehmensziele ausgerichtet. Kausalität bestimmte das Handeln. Letztlich stellt man sich die Organisation als eine Maschine vor (MORGAN, 1997). Aber die Maschine ist nun keineswegs das einzig denkbare Bild, die einzige Metapher. Für den Familienunternehmer ist häufig sein gesamtes Unternehmen eine Familie; für viele Handwerksbetriebe lässt sich dies zeigen. Wiederum andere sehen in der Organisation eine Theaterbühne, auf der es gilt herausragende Rollen zu spielen, ein Schlachtfeld, auf dem es um Leben oder Tod geht oder eine politische Arena, wo Koalitionen geschmiedet und Mikropolitik (NEUBERGER, 2006) betrieben wird.

Eine der Betrachtungsperspektiven kann nun darin bestehen, die Organisation als Kultur wahrzunehmen. Dies hat bereits JAQUES (1951) getan. Er sieht den Kern der Unternehmenskultur in den gewohnten und tradierten Weisen des Denkens und Handelns im Unternehmen, aber auch in den beruflichen Fertigkeiten, im technischem Wissen, in den Einstellungen zur Disziplin. Dem werden betriebliche Sanktionen, der Stil der Führung, das Unternehmenziel, aber auch die harten Praktiken wie etwa die Entlohnung gegenübergestellt. Die Überlegungen von JAQUES sind wenig beachtet worden; die Zeit war wohl dafür noch nicht reif. Dies änderte sich in den Achtzigerjahren des vergangenen Jahrhunderts, als die Unternehmen vor neuen Herausforderungen standen:

- Der verschärfte nationale und internationale Wettbewerb führte zur Suche nach Motivationsreserven;
- die als überlegen angesehenen japanischen Unternehmen sollten nachgeahmt werden;
- der Wertewandel in der Gesellschaft erschwerte es den Mitarbeitern, sich mit dem Unternehmen in seiner herkömmlichen Form und seinen Zielen zu identifizieren;
- die Grenzen einer rein rationalen und technokratischen Betrachtung des Unternehmens wurden erkannt (V. ROSENSTIEL, 1993; 2007)

Der Durchbruch des Gedankens, das Unternehmen auch als eine Kultur zu interpretieren, erfolgte aufgrund eines Buches von PETERS & WATERMAN (1984) mit dem Titel „Auf der Suche nach Spitzenleistungen". Die beiden Autoren verglichen besonders erfolgreiche mit wenig erfolgreichen Unternehmen und konnten dabei feststellen, dass nicht – wie allgemein erwartet – so genannte „harte" Faktoren mit dem Erfolg korreliert sind, wie Strukturen, Strategien und Systeme, sondern überraschenderweise „weiche" Faktoren wie die sozialen und fachlichen Qualifikationen der Führungskräfte, ihr Führungsstil und die Art und Weise der Stellenbesetzung und Beförderung.

Diese weichen Erfolgsfaktoren weisen auf die Kultur des Unternehmens hin. Entsprechend wurden in der Folgezeit viele Konzepte und Modellvorstellungen der Unternehmenskultur entwickelt (NEUBERGER & KOMPA, 1987, KASPER, 1987, DIERKES, V. ROSENSTIEL & STEGER, 1993). Der bekannteste dieser Ansätze stammt von SCHEIN (2004). Der Autor differenziert zwischen drei Ebenen der Unternehmenskultur, nämlich

- den selbstverständlichen und damit nicht bewusst reflektierten Grundannahmen,
- den bewusstseinsfähigen Werten und
- den sichtbaren, aber häufig schwer deutbaren Schöpfungen und Artefakten.

Abbildung 46 illustriert diesen Ansatz.

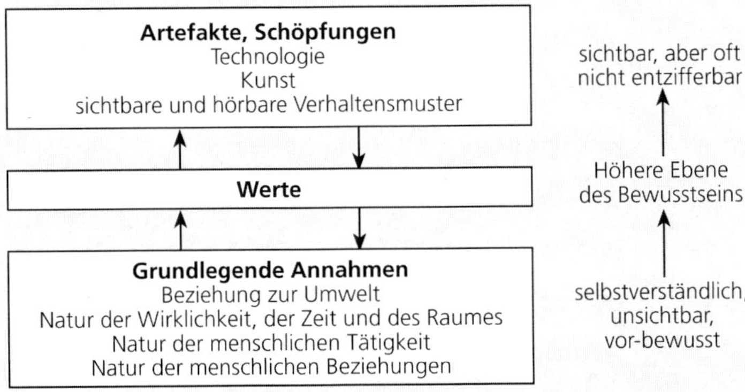

Abb. 46: Ebenen der Unternehmenskultur (nach SCHEIN*)*

Man erkennt als Basis die von nahezu allen im Unternehmen geteilten grundlegenden Annahmen, z. B. dass jeder Mensch als Egoist handelt und entsprechend die Interessen anderer nicht berücksichtigt, sodass Misstrauen eines jeden jedem gegenüber berechtigt erscheint. Dies wiederum kann auf der nächsten Ebene – jener der Werte – zu einer Überbetonung der Kontrolle führen – was dann – und dies ist nun die Ebene der Schöpfungen – zu stark ausgebauten Kontrollsystemen im Unternehmen führt. Welche Arten von Symptomen ganz unterschiedlicher Unternehmenskulturen es im Unternehmen geben kann, zeigt Abbildung 47 nach NEUBERGER (1989).

verbale	interaktionale	artifizielle (objektivierte)
Geschichten Mythen Anekdoten Parabeln Legenden, Sagen, Märchen **Slogans, Mottos, Maximen, Grundsätze** **Sprachregelungen** Jargon, Argot, Tabus **Lieder, Hymnen**	**Riten, Zeremonien, Traditionen** Feiern, Festessen, Jubiläen Conventions Konferenzen, Tagungen Vorstandsbesuche, Revisorbesuche Organisationsentwicklung Auswahl und Einführung neuer Mitarbeiter; Beförderung Degradierung, Entlassung, freiwillige Kündigung, Pensionierung, Tod Beschwerden **Magische Handlungen (Mitarbeiterauswahl, Strategische Planung usw.)** **Tabus**	**Statussymbole** **Abzeichen, Embleme, Geschenke, Fahnen** **Logos** **Preise, Urkunden, Incentive-Reisen** **Idole, Totems, Fetische** **Kleidung, äußere Erscheinung** **Architektur, Arbeitsbedingungen** **Plakate, Broschüren, Werkszeitung** **schriftlich fixierte Systeme (der Lohnfindung, Einstufung, Beförderung)**

Abb. 47: Symptome der Unternehmenskultur (nach NEUBERGER)

Es sind also die Erzählungen oder Sprüche, die im Unternehmen tradiert werden, die auf die Kultur hinweisen, aber auch das, was sich zwischen den Menschen abspielt und das, was sie geschaffen haben.

Beispiel 1:
Der Chef und Inhaber eines großen weltweit tätigen Familienunternehmens aus Schwaben war inzwischen ein alter gebrechlicher Mann mit großem Reichtum. Eines Tages kam er, gebeugt von den Jahren, in das Vorzimmer seines Büros, in dem seine Sekretärin arbeitete. Sein Blick fand auf dem abgetragenen Teppich eine Heftklammer. Ächzend hob er sie auf, reichte sie vorwurfsvoll seiner Sekretärin und sagte: „Wir können es uns nicht leisten,

wertvolles Material zu vergeuden!" Bemerkenswert ist nicht nur, dass sich dies offensichtlich so zugetragen hat, sondern dass diese Anekdote auch noch heute, viele Jahrzehnte später, den Auszubildenden immer wieder berichtet wird. Offensichtlich wird auf diese Weise der die Unternehmenskultur zentral bestimmende Wert der Sparsamkeit ausgedrückt und stabilisiert.

Beispiel 2:
Ein größeres traditionsreiches Unternehmen des Maschinenbaus hatte eine Schulung sämtlicher Hauptabteilungs- und Abteilungsleiter auf dem Feld des Führungsverhaltens geplant. Die Personalabteilung hatte dafür einen Trainer verpflichtet, der mehrere Bücher publiziert hatte, darunter eines über die „Humanisierung der Arbeit". Bevor die Schulungen begannen, bat der Vorstandsvorsitzende den Trainer zu sich. Er wolle ihn doch einmal kennen lernen, begann der Vorstandsvorsitzende jovial das Gespräch, da künftig alle Führungskräfte des Hauses sich mit seinen Ideen auseinandersetzen würden. Der Trainer skizzierte daraufhin knapp die zentralen Thesen und die Lernmethoden der vorgesehenen Seminare. Der Vorstandsvorsitzende nickte zustimmend, sagte aber dann mit Nachdruck bei der Verabschiedung: „Eines wollte ich ihnen noch auf den Weg geben: das Wort Humanisierung der Arbeit ist bei uns absolut tabu!"

Es kann vermutet werden, dass angesichts der äußerst belastenden – modernen ergonomischen Erkenntnisse kaum entsprechenden – Bedingungen in der Produktion das Konzept der Humanisierung der Arbeit ein Reizwort war, das bei den Verantwortlichen ein schlechtes Gewissen auslöste und daher kollektiv verdrängt werden sollte.

Beispiel 3:
In vielen Unternehmen ist es die Regel, dass bei mehrtägigen Tagungen oder Schulungen der Führungskräfte an einem Nachmittag oder Abend ein Mitglied des Vorstands zu einem

Gespräch über Führungsfragen oder aktuelle Entwicklungen im Unternehmen erscheint. Die Interaktionsmuster bei derartigen Treffen unterscheiden sich allerdings häufig sehr. Dies galt auch für zwei Unternehmen der chemischen Industrie. In einem – nennen wir es Unternehmen A – wurden die Führungskräfte gebeten, ihre Fragen schriftlich zu formulieren. Diese wurden dann vom Trainer zu Themenblöcken zusammengefasst und in das Vorstandssekretariat gefaxt, damit sich das für den Besuch vorgesehene Vorstandsmitglied auf das Gespräch vorbereiten konnte. Für dieses Gespräch selbst begaben sich alle Seminarteilnehmer in einen gesonderten Raum im Schulungszentrum; der Vorstand begrüßte „seine" Führungskräfte mit freundlichen, aber doch sehr allgemeinen Worten und hielt dann einen wohl formulierten längeren Vortrag über die Lage des Unternehmens, um sodann zum Gespräch einzuladen. Einige der Führungskräfte wagten es, knappe, sorgfältig formulierte, der schriftlichen Fassung entsprechende Fragen zu stellen, die dann der Vorstand jeweils sehr ausführlich beantwortete. Dabei war die Antwort im Wesentlichen ein Statement genereller Art mit wenig Bezug zur gestellten Frage. Die anwesenden Führungskräfte akzeptierten dieses dem Außenstehenden seltsam erscheinende Ritual geradezu als selbstverständlich.

Im Unternehmen B dagegen erschien das Vorstandsmitglied im Seminarraum, nahm auf einem zufällig freien Stuhl Platz, wobei die Diskussion zwischen den Seminarteilnehmern zunächst in der eingespielten Dynamik weiterging. Der Vorstand mischte sich dann zunehmend in das Gespräch ein, bekam für seine Äußerungen zum Teil Zustimmung, zum Teil aber auch erheblichen Widerspruch, wobei sich das Gespräch zu einem intensiven Hin und Her entwickelte und leicht als Ausdruck einer bewussten Streitkultur interpretiert werden konnte.

Es liegt nahe, diesen unterschiedlichen Interaktionsstil in den Unternehmen A und B dahingehend zu interpretieren, dass zum einen die Betonung von Hierarchie zum anderen der Wert von Offenheit im Unternehmen sehr unterschiedlich ausgeprägt sind.

Beispiel 4:
Eine süddeutsche Bank, die ein dichtes Netz von Filialen in der Region unterhielt und somit auch in kleineren Städten oder gar Dörfern vertreten war, plante einen grundsätzlichen Wandel ihrer Strategie, ihrer Kultur und ihres Images. Bislang galt das Unternehmen als regional begrenzt, ungeeignet für internationale Geschäfte, technisch rückständig, aber verwurzelt bei der einheimischen Bevölkerung. Es handelte sich – um im Bild zu sprechen – um ein Unternehmen, das den Bauern eine Hypothek zur Renovierung der baufällig gewordenen Scheune anbietet. Nun sollte das Unternehmen international aktiv, technologisch fortschrittlich, als Partner von Großkonzernen akzeptabel und insgesamt dynamischer werden. Entsprechend wurden Name und Logo des Unternehmens modifiziert, Spitzenführungskräfte von einem EDV-Unternehmen abgeworben, eine moderne Informations- und Kommunikationstechnologie implementiert, Kooperationsverträge mit internationalen Partnern abgeschlossen und schließlich ein neues Verwaltungsgebäude errichtet. Dieses Gebäude nun wurde hoch und überaus sichtbar in einer süddeutschen Großstadt erbaut, wirkte ausgesprochen futuristisch und zog die Blicke auf sich. Es signalisierte nach außen – den Kunden gegenüber – aber auch nach innen – den Mitarbeitern gegenüber – das neue Leitbild: Wir sind modern, technologisch fortschrittlich, allem Neuen aufgeschlossen und entsprechen internationalen Standards.

Gelingt die Kommunikation einer derartigen Botschaft glaubhaft, so werden Kundengruppen, die so etwas suchen, angesprochen, und es wird zugleich jenen Mitarbeitern, die entsprechende Wertorientierungen haben, eine Grundlage für eine vertiefte Identifikation mit dem Unternehmen angeboten.

Das zuletzt genannte Beispiel – die futuristische Architektur des Gebäudes der neuen Hauptverwaltung – macht die Perspektive der Kultur bei der Betrachtung eines Unternehmens besonders deutlich. Selbstverständlich kann man ein derartiges Gebäude unter dem Aspekt der Zweckrationalität sehen, dem Maschinenmodell der Organisation entsprechend. Im neuen Gebäude finden Mitarbeiter ihre Arbeitsplätze; Sitzungen und Veranstaltungen mit einem großen Teilnehmerkreis können durchgeführt sowie Kunden eingeladen werden. Die Ebenen der Kulturbetrachtung dagegen verweisen auf die Werte und die grundlegenden Annahmen. Aus dieser Sicht nun wird das Unternehmen von Kunden und Mitarbeitern sowie von der Öffentlichkeit insgesamt interpretiert und gedeutet und in diesem konkreten Fall als Symbol der Modernität, des technischen Fortschritts und der globalen Offenheit verstanden. Es ist also nicht so, wie gelegentlich gesagt, dass ein Unternehmen „Kultur hat“, wie es sich z. B. als Kunst am Bau oder im Sponsoring von Kunst- oder Sportveranstaltungen zeigt, sondern dass das Unternehmen „Kultur ist“. So betrachtet gehört alles im Unternehmen zu seiner Kultur, wenn man es aus einem bestimmten Blickwinkel, unter einer spezifischen Perspektive betrachtet und deutet, wie soeben an den aufgeführten Beispielen verdeutlicht.

Was bedeutet nun die Unternehmenskultur für die Motivation der Mitarbeiter? Um eine Antwort darauf zu geben sei auf eine Überlegung des Industriesoziologen ETZIONI (1965) zurückgegriffen. Der Autor stellte die Frage, was eigentlich eine Organisation für Wege hat, ihre Mitarbeiter zu kontrollieren, d. h. sie dazu zu bringen, dass sie das tun, was sie tun sollen. In einer karikaturhaft vereinfachenden Weise nennt der Autor drei einander nicht gänzlich ausschließende, sondern sich in manchen Fällen ergänzende Möglichkeiten. Abbildung 48 verdeutlicht das.

	Beispiel	**Kontrollform**
Organisation mit entfremdetem Engagemet	Galeere	Zwang
Organisation mit kalkulativem Engagement	Produktions-Unternehmung	Belohnung und Belohnungsentzug
Organisation mit moralischem Engagement	politische Partei	internalisierte Normen und Werte

Abb. 48: Wie kontrolliert eine Organisation ihre Mitglieder? (nach ETZIONI*)*

Man erkennt, dass diese Kontrolle durch das Unternehmen entweder durch Zwang und Bestrafung, durch Belohnung und Belohnungsentzug oder durch verinnerlichte Normen und Werte erfolgen kann.

Ein anschauliches Beispiel für die Zwangsorganisation ist die Galeere des antiken römischen Reiches. Die „Mitarbeiter" sind hier Sklaven, die durch Ketten an Fehlzeiten oder gar Fluktuation gehindert werden; der „Vorgesetzte" heißt hier Sklaventreiber, und sein Führungsmittel ist die Krokodillederpeitsche. Ein derartiges Modell – auch im übertragenen Sinne – kann nur funktionieren, wenn geschriebene und ungeschriebene gesellschaftliche Normen es zulassen und wenn der Vorgesetzte im Detail die Kompetenz hat, die Arbeit der Mitarbeiter zu beurteilen. Beide Voraussetzungen bestehen in modernen Industriegesellschaften kaum noch. Mündige Bürger mit erheblichen Rechten arbeiten im Unternehmen; aufgrund ihrer Fachkompetenz sind sie vielfach ihren Vorgesetzten auf ihrem Spezialgebiet überlegen, sodass sich dessen Rolle zu der eines Generalisten wandelt, dem es obliegt, seine Spezialisten zu koordinieren.

So bietet sich als Kontrollform Belohnung und Belohnungsentzug an. Diese Modell entspricht marktwirtschaftlichen Überlegungen. Der Mitarbeiter bietet seine Qualifikation, seine berufliche Erfahrung, seine Arbeitskraft und letztendlich seine Leistung zum Tausch gegen gute Bezahlung, Sicherheit des Arbeitsplatzes, gutes Betriebsklima, zusätzliche Weiterbildung und berufliche Karriere an. In einem Kontrakt, einem Arbeitsvertrag, wird dieser Tausch festgeschrieben. Obwohl dieses Modell die Basis der meisten modernen Arbeitsverhältnisse ist, sind die Grenzen doch offensichtlich. In der Regel kann das Unternehmen nicht flexibel auf die erbrachte Leistung des Mitarbeiters reagieren. Das liegt zum einen daran, dass Vorgesetzte – das wurde bereits ausgeführt – die Leistung ihrer Mitarbeiter im Detail vielfach gar nicht adäquat beurteilen können, und es liegt zum anderen auch daran, dass formelle und informelle Regelungen ein flexibles Anpassen der Belohnungen an die erbrachte Leistung unmöglich machen. Tarifliche Vereinbarungen verbieten Niedriglöhne bei inadäquaten Leistungen. Eine flexible Anpassung der Belohnungen an die jeweils erbrachten Leistungen ist nur in Ausnahmefällen möglich.

So kommt als weitere Kontrollform – nicht als Ersatz, sondern als Ergänzung – das persönliche Engagement des Mitarbeiters hinzu. Dieses versucht der Betrieb so aufzubauen, dass er sich darum bemüht, seine Mitarbeiter für ihre Arbeit zu begeistern. Sie sollen die Normen, Ziele und Werte des Unternehmens, ihrer Abteilung oder ihrer Aufgabe verinnerlichen. Als Modell hierfür kann man religiöse Gemeinschaften oder politische Parteien nennen.

Beispiel:
Auf Bahnhöfen sieht man häufig Personen stehen, die Zeitschriften oder Traktate den Vorbeihastenden anbieten. Diese meist recht geduldigen Personen werden für ihre Aktivitäten nicht bezahlt und auch nicht dazu gezwungen. Sie werben für religiöse Ziele oder weltanschauliche Positionen, von denen sie selbst zutiefst überzeugt sind.

Eine Unternehmenskultur ist ein Angebot zur Identifikation an die Mitarbeiter; die Unternehmenskultur macht Werte sichtbar; haben die Mitarbeiter entsprechende Wertorientierungen, so können sie sich leichter mit dem Unternehmen identifizieren. Sie engagieren sich, setzen sich für ihre Aufgaben ein. Nicht „Druck von außen" treibt sie zur Arbeit wie die Peitsche des Sklaventreibers auf der Galeere, sondern es ist der „Druck von innen", das Engagement, die Motivation. So überrascht es nicht, dass in jüngerer Zeit, in der fachlich kaum kontrollierbare Spezialisten mit erheblichen Bedürfnissen nach Selbstständigkeit häufiger werden, die Unternehmen nach Wegen suchen, diese meist äußerst selbstbewussten Spezialisten durch verinnerlichte Normen, Ziele und Werte an ihre Aufgaben zu binden. Entsprechend wird viel von der Kultur des Unternehmens, von seinem Leitbild, von einer Vision oder einem gemeinsamen „Empowerment" gesprochen.

Umstritten ist in Wissenschaft und Praxis, ob und wie sich eine Unternehmenskultur verändern lässt. Sicherlich ist sie nicht beliebig gestaltbar und so rasch zu modifizieren wie ein Organigramm oder die Ausstattung eines Arbeitsplatzes mit neuer Technik. Das Entstehen einer Kultur benötigt Zeit; Normen und gemeinsame Überzeugungen entwickeln sich langsam; veränderte Erlebens- und Verhaltensweisen werden nur allmählich zu einer nicht hinterfragten Selbstverständlichkeit. Zwar werden gelegentlich durch „brutale" Maßnahmen Kulturen gebrochen und gewaltsam verändert, indem z. B. vom Aufsichtsrat oder – häufiger noch – im Zuge einer feindlichen Übernahme das gesamte Management ausgetauscht wird und die neue Führungsmannschaft gänzlich neue Spielregeln in das Unternehmen einführt. Doch auch bei Unternehmenszusammenschlüssen, die von allen Partnern freiwillig vorgenommen werden, gibt es gelegentlich so etwas wie die „Kolonialisierung" der kleinen durch die größeren.

In der Regel aber wird es vorzuziehen sein, wenn Geduld und eine längere Zeitperspektive bestehen. Die oberen Führungskräfte können z. B. durch veränderte Identifikationsangebote – man denke noch einmal an die innovative Architektur – ein Zeichen setzen. Sie können aber auch durch ein verändertes Verhalten, das vorbildhaft wirken kann, den Aufbau neuer Selbstverständlichkeiten begünstigen. Kulturwandel ist aber auch dadurch möglich, dass man Auswahl und Entwicklung der Mitarbeiter nach veränderten Kriterien vornimmt. Suchte man bislang z. B. lediglich solche Mitarbeiter aus, die gewissermaßen „stromlinienförmig" ins Unternehmen passen, die so denken und handeln wie die dort bereits Tätigen, so wird die Kultur ständig stabilisiert. Wählt man dagegen bewusst „Querdenker" aus, d. h. solche, die neue Ideen ins Haus bringen, die durchaus zu Konflikten mit jenen Spielregeln führen, die bislang als unumstößlich galten, oder entwickelt man in gemeinsamen Sitzungen unter Einbeziehung möglichst vieler Mitarbeiter ein neues Leitbild, das der Orientierung dient, so kann nach und nach die Kultur sich verändern. Auch weithin sichtbare Zeichen, Akte einer symbolischen Unternehmensführung (NEUBERGER, 2006; v. ROSENSTIEL, 2007), können dazu beitragen.

Beispiel:
Ein Unternehmen war bisher weitgehend regional orientiert. Aufgrund einer vorzüglichen Forschungs- und Entwicklungsabteilung, die mehrere innovative marktgängige Produkte zur Produktionsreife brachte, war das Unternehmen wirtschaftlich sehr erfolgreich. Es investierte den Gewinn vor allem in den Kauf ausländischer Unternehmen; als Folge stellte man nach einiger Zeit beinahe überrascht fest, dass man mehr geschäftliche Aktivitäten im Ausland als im Inland unterhielt. Keine langfristige Strategie hatte dies so geplant. Die Kultur des Unternehmens, die Zusammensetzung der Führungsmannschaft entsprachen nun keineswegs der neuen Situation. Alle Führungskräfte waren Deutsche, die meist keine internationalen Erfahrungen hatten; ihre Fremdsprachkenntnisse waren unzureichend. Um aufzurütteln und ein Zeichen zu setzen, berief nun der Aufsichtsrat einen Ausländer in den Vorstand und machte diesen bald zum Vorstandsvorsitzenden.

Arbeitsfrage:
Ein mittelständisches Unternehmen lieferte bislang Bauteile für Maschinen, die von der heimischen Textilindustrie benötigt wur-

den. Nachdem mehr und mehr Unternehmen der Textilbranche in Konkurs gingen oder ihre Produktion ins Ausland verlegten, stand auch der Zulieferbetrieb in einer schweren Krise. Er entschloss sich daher zu einem radikalen Wandel und entwickelte Bauteile für Geräte, die innerhalb der modernen Informations- und Kommunikationsbranche benötigt wurden. Tatsächlich gelang es aufgrund innovativer Entwicklungen Kunden zu gewinnen. Welche Argumente sprechen dafür, dass der Wechsel der Branche auch einen Kulturwandel erfordert? Welche Maßnahmen sollten gewählt werden, um diesen Kulturwandel herbeizuführen?

Fall XXI: Die Nachfolgerin

Ein größeres Familienunternehmen war vom Sohn des Gründers bislang erfolgreich, aber mit harter Hand, geführt worden. Er neigte zu einem patriarchalischen Führungsstil, suchte sich Mitarbeiter aus, die dies bejahten und kümmerte sich, soweit seine Arbeitszeit dies zuließ, auch um Details im Unternehmen. Die gesamte Struktur seines Unternehmens ähnelte einem Spinnennetz mit einem klaren Zentrum, in dem der Unternehmer weitgehend allein alle relevanten Entscheidungen fällte. Kundige Besucher kommentierten dies häufig mit den Worten, dass der Unternehmer sich sein Unternehmen so „zugeschnitten" habe wie einen Maßanzug. Der Unternehmer hatte nur ein Kind, eine Tochter. Er ermöglichte ihr ein Studium der Wirtschafts- und Sozialwissenschaften an einer renommierten ausländischen Universität, was er allerdings bald bereute. Er selbst hatte wie auch sein Vater nicht studiert. Früher, als die Tochter noch zur Schule ging und im elterlichen Hause lebte, hatte sie ihren Vater bewundert und alle Zielvorstellungen und Meinungen von diesem übernommen. Wenn sie jetzt während der Semesterferien von ihrem Studienort heimkam, äußerte sie Auffassungen, die der Vater als provokativ erlebte. So gab es vielfach Streit, was den Vater zunehmend daran zweifeln ließ, ob diese Tochter seine geeignete Nachfolgerin sei. Er setzte sich allerdings nicht sehr intensiv mit diesen Zweifeln auseinander, da er sich für gesund und kraftvoll hielt und nicht daran dachte, die Zügel schon rasch aus der Hand zu geben. Das Problem hatte also seiner Meinung nach Zeit.

Ganz unerwartet erkrankte nun der Unternehmer schwer. Er musste mehrfach operiert werden und starb wenige Monate nach Ausbruch der Krankheit.

Die Tochter, die an Energie und Arbeitskraft dem Vater nicht nachstand, machte noch während der Krankheit des Vaters ihr Abschlussexamen und stellte sich darauf ein, die Leitung des väterlichen Betriebs zu übernehmen. Zwar wusste sie, dass ihr Detailkenntnisse fehlten, doch vertraute sie hier auf die Unterstützung der Führungskräfte des Hauses, die sie zum Teil seit ihrer frühen Kindheit kannte und die dem Vater treu ergeben gewesen waren. Sie war überzeugt, dass diese Loyalität insgesamt der Familie und dem Unternehmen galt und dass sie auch auf sie als Nachfolgerin übertragen werden würde. Generell machte sie sich mit großen Hoffnungen an ihre neue verantwortungsvolle Aufgabe. Sie kannte aufgrund ihres Studiums neue Managementmethoden; sie interpretierte sich selbst als kooperativ, aufgeschlossen und mitarbeiterorientiert. Ihr Ziel war es, die jeweils Betroffenen im Unternehmen in die Entscheidungsprozesse einzubeziehen, und sie rechnete entsprechend damit, dass sie einen Motivationsschub auslösen würde. Eine Befreierin für unterdrückte innovative Ideen bei den Mitarbeitern wollte sie sein und war überzeugt, dass sie deren Akzeptanz und Zustimmung im Fluge gewinnen würde.

Um so bitterer war dann ihre Enttäuschung, als sie feststellen musste, dass nur wenige junge Mitarbeiter sie und ihre Ideen freudig begrüßten und dass die Gruppe der Führungskräfte – insbesondere die älteren und erfahrenen – wie eine Mauer gegen sie standen. Ein jüngerer Mitarbeiter aus der Gruppe jener, deren Vertrauen sie gewonnen hatte, berichtete ihr eines Abends, nachdem sie ihn auf ein Glas Wein eingeladen hatte, dass die Führungskräfte offensichtlich irritiert, verunsichert und zum Teil geradezu wütend seien. Man halte generell eine Frau an der Spitze des Unternehmens für gänzlich ungeeignet; außerdem seien diese ganzen „neumodischen Ideen“ von gemeinsamen Entscheidungsprozessen und kooperativem Führungsverhalten nicht praxisgerecht. Auch der Vater hätte so etwas sicherlich vehement abgelehnt. Außerdem wurde die Befürchtung geäußert, dass die neuen Zielvorstellungen bezweckten, ältere und erfahrene Führungskräfte aus dem Unternehmen zu drängen und durch junge unerfahrene Akademiker zu ersetzen, die letztlich das Unternehmen in den Ruin treiben würden.

Die junge Unternehmerin war schockiert und völlig verunsichert. Was sollte sie tun? Sie erinnerte sich in dieser Situation an einen Lehrbeauftragten an ihrer Hochschule, der im Hauptberuf Unternehmensberater war und sich auf mittelständische Unternehmen spezialisiert hatte. Diesen Mann hatte sie als äußerst kompetent erlebt. Darüber hinaus war er ihr auch persönlich sympathisch. Ihn wollte sie um Rat und Hilfe bitten.

Arbeitsfragen:

1. Versetzen Sie sich in die Rolle des Unternehmensberaters.
2. Wie sollte er vorgehen, um zu erfahren, was die Gründe für den nachhaltigen Widerstand der Führungskräfte des Unternehmens gegen die neue Chefin sind?
3. Welche Vermutungen lassen sich bereits im Vorfeld anstellen?
4. Welchen Rat sollte er der jungen Unternehmerin geben, um ihre Akzeptanz im Unternehmen zu steigern?
5. Welche Maßnahmen erscheinen angebracht, um langfristig einen Wandel der Kultur im Unternehmen im Sinne der Wertvorstellungen der jungen Unternehmerin herbeizuführen?

Eine denkbare Lösung des Falles finden Sie auf S. 319.

Fall XXII: Die Übernahme

Ein kleines Unternehmen der Elektronikbranche galt als überaus innovativ. Aufgrund neuer Entwicklungen sicherte es sich eine starke Position auf dem Markt und erwarb bald das Image eines zwar chaotischen aber kreativen „Ladens". Junge Informatiker und Elektroingenieure bewarben sich mit Vorliebe dort; die hellsten Köpfe wurden ausgewählt. In der Folge meldete das Unternehmen ein Patent nach dem anderen an, brachte in rascher Folge neue Produkte auf den Markt und schien auf dem besten Wege, auch ökonomisch eine Spitzenposition zu erringen. Dieser Schein aber trog. Jeweils neue Ideen wurden realisiert ohne Rücksicht darauf, ob sich die davor umgesetzten bereits amortisiert hatten. Gemessen am Umsatz war die Forschungs- und Entwicklungsabteilung zu groß und zu teuer. Zusammenfassend ließ sich das Unternehmen mit dem Stichwort: „Innovationskraft gut, Wirtschaftskraft schlecht" einstufen. So fehlten dann auch bald die liquiden Mittel dafür, all das zu realisieren, was für eine langfristige Sicherung des Unternehmens erforderlich schien. Schweren Herzens entschloss sich daher der Gründer und Inhaber des Unternehmens die von ihm so hoch geschätzte Selbstständigkeit aufzugeben und sein Unternehmen einem großen finanzkräftigen Mitbewerber zum Kauf anzubieten. Dieser schlug zu, vor allem weil er sich die brillante Forschungs- und Entwicklungsabteilung des kleinen Konkurrenten sichern wollte.

Kundige Marktbeobachter sahen in diesem Zusammenschluss eine Chance für beide Partner. Große Finanzkraft gepaart mit einer perfekten Aufbau- und Ablauforganisation sowie durchrationalisierten Produktionsmethoden auf der einen Seite und Innovationskraft und Kreativität auf der anderen Seite mussten ihrer Meinung nach zu einer äußerst erfolgreichen Mischung führen.

Die Integration der beiden Kulturen bereitete jedoch erhebliche Schwierigkeiten, was sich exemplarisch beim Zusammenschluss der beiden Forschungs- und Entwicklungsabteilungen zeigte. Unter der Leitung eines erfahrenen Moderators sollten sich deren Teilnehmer in gemeinsamen „take-off-workshops“ zusammenfinden. Dabei aber stießen geradezu Welten gegeneinander. Wurden z. B. erfolgreiche Versuche unternommen, zu neuen Forschungsprozessen und gemeinsamen Vorgehensweisen zu gelangen, so riefen die Mitarbeiter des aufgekauften Betriebes: „Das ist eine gute Idee, das machen wir!“ Während die Partner aus den größeren Unternehmen vorsichtig bremsten und vorschlugen, den Plan zunächst einmal zu überprüfen, zu Papier zu bringen und zur Genehmigung der Bereichsleitung vorzulegen. Man würde dann schon sehen. Dies wiederum löste bei den anderen so viel Frust und Resignation aus, dass sie meinten, es lohne überhaupt nicht mehr Ideen zu entwickeln. Dies sei alles sinnloser Energieaufwand. Die besten Ideen würden versickern und Genehmigungen von oben so spät kommen, dass die Vorschläge zum Zeitpunkt ihrer Umsetzung schon veraltet seien. Diese Auseinandersetzungen waren auch mit zunehmenden Spannungen im Persönlichen verbunden; man bezeichnete sich wechselseitig als „Chaoten“ oder „Spontis“ bzw. „Bremser“ oder „ideenlose Bürokraten“.

Arbeitsfragen:

1. Was könnte man tun, um die gänzlich unterschiedlichen Kulturen der beiden Forschungs- und Entwicklungsabteilungen zu integrieren?
2. Welche Gefahr besteht aktuell und vorrangig?
3. Welche konkreten ersten Schritte sollten eingeleitet werden, um die ursprünglich erhoffte Synergie doch noch zu sichern?

Eine denkbare Lösung dieses Falles finden sie auf S. 321.

14. Unter welchen Voraussetzungen dient Wandel im Unternehmen der Leistung und der Zufriedenheit?

„Alles ist im Fluss“, sagte bereits HERAKLIT. Tatsächlich hat es Wandel immer gegeben. Man denke an die Verschiebung der Kontinente, die Eiszeit, die Meteoriteneinschläge, doch hat sich

Veränderung wesentlich gewandelt, seit vor ca. 500.000 Jahren Menschen im heutigen Sinne im Hochland des östlichen Afrika entstanden und zunächst zögerlich, dann aber mit wachsender Dynamik, die Erde bevölkerten. Über Jahrhunderttausende waren es weniger als eine Million, danach – nun schon in kürzerer Zeit – knapp eine Milliarde, im Jahr 1900 ca. 1,7 Milliarden, heute ca. 6 Milliarden und im Jahre 2100 werden es, glaubt man den Bevölkerungswissenschaftlern, ca. 12 Milliarden sein. Damit ändert sich Wesentliches: war lange der Wandel naturbedingt, so wurden seit ca. 2000 Jahren Wälder abgeholzt, Meere eingedämmt, Kanäle durch Landengen gezogen, Äcker angelegt, Artenvielfalt reduziert, Monokulturen geschaffen, Tausende von Tier- und Pflanzenarten ausgerottet. Der Mensch wird zur wichtigsten Ursache des Wandels, in rasanter Beschleunigung seit dem Durchbruch der Naturwissenschaften in der Zeit der Renaissance, so dass Menschen aller Weltregionen heute als Täter und Opfer von diesem von Menschen gemachten Wandel betroffen sind, wobei freilich die Täter- und Opferrollen höchst ungleich verteilt sind.

Unternehmen sind Teil der Gesellschaft. Sie müssen sich rasch reaktiv an den Wandel anpassen oder, besser noch, ihn proaktiv angehen und ihn mitgestalten, denn – dies weiß man inzwischen – der Schnellere „frisst“ den Langsameren.

Sucht man zu orten, welchen Herausforderungen sich die Unternehmen zunehmend stellen müssen, so sind der rasante technische Fortschritt, insbesondere auf den Gebieten der Elektronik und der Informationsverarbeitung, die Globalisierung der Welt mit einer Entgrenzung nahezu aller Lebensbereiche und einer geradezu mörderische internationale Konkurrenz, die bereits angesprochene beschleunigend wachsende Weltbevölkerung und damit verbunden eine Bedrohung unserer natürlichen Lebensgrundlagen und eine Verknappung der Ressourcen – von Energieträgern über Metalle bis hin zu sauberer Luft und trinkbarem Wasser – wesentliche Gründe. Aber auch die Verrechtlichung nahezu aller Beziehungen – keineswegs nur in der EU – und der Wandel von Werten in vielen Gesellschaften sind zu nennen (v. ROSENSTIEL & COMELLI, 2003).

Unternehmen müssen sich also wandeln und mit ihnen die in ihnen arbeitenden Menschen, wobei immer wieder darauf verwiesen wird, dass schneller, preisgünstiger und mit höherer Qualität produziert werden müsse. Eine ganze Reihe dieser Veränderungen vollzieht sich kaum bemerkt und selbstorganisiert (KIRSCH, 1997). Zunehmend aber wird dieser Wandel im Unternehmen zielorientiert und bewusst vorangetrieben. Man spricht von *Change-Management* und versteht darunter die aktive Beeinflussung eines für das Unternehmen tief greifenden Wandels, der eine strategische Ausrichtung hat, nebeneinander die Arbeit in verschiedenen Projekten erfordert und entsprechend mit einem hohen Zeit- und Prioritätendruck verbunden ist, sowie meist einen Wandel der Unternehmenskultur erfordert. Vielfältige Analysen zeigten, dass derartige Change-Prozesse in der Regel scheitern oder doch ihre Ziele nicht erreichen. Nur ca. ein Drittel der Projekte lassen sich als Erfolgsgeschichten interpretieren. Die Misserfolge sind vielfältig bedingt. Eine der Ursachen liegt aber fraglos im Psychologischen: Die für den Wandel verantwortlichen Entscheidungsträger im Unternehmen haben vergessen die Betroffenen für den Wandel zu gewinnen, den diese schließlich gestalten und leben sollen. Die Betroffenen für den Wandel zu gewinnen ist also auch eine Frage ihrer Motivierung und somit eine gewichtige Führungsaufgabe. Wird dies vernachlässigt, so ist fast gesetzmäßig mit Widerständen zu rechnen. Selbst wenn bei den Betroffenen ein gewisse Einsicht in die Notwendigkeit des Wandels besteht, muss doch damit gerechnet werden, dass sie skeptisch, zurückhaltend und ängstlich sind, getragen von einer Sehnsucht danach, es möge doch alles so bleiben wie es bisher war. Dies hat man schon früh erkannt.

Beispiel:
Bereits im Jahre 1513 schrieb Niccolò Machiavelli in seinem Buch „Il Principe", den Ratschlägen an seinen Auftraggeber, einen Renaissance-Fürsten: „Dabei ist zu bedenken, dass nichts so schwierig zu betreiben, so unsicher in Hinblick auf den Erfolg und so gefährlich in der Durchführung ist als die Vornahme von Neuerungen. Er (der Fürst) hat hierbei all die zu Feinden,

für welche die alte Ordnung von Vorteil ist und findet nur laue Verteidiger an denen, welchen die neue Vorteile bringen könnte. Diese Lauheit erklärt sich teils aus Furcht vor den Gegnern ... teils aus dem Misstrauen der Menschen, die an das Neue nur glauben, wenn es eine lange Erfahrung für sich hat."

Woher kommt diese Ängstlichkeit, dieser Widerstand gegen Veränderung? Dafür müssen wir tief in die Vergangenheit, in die Zeit der Entstehung des Menschen zurück denken. Wie andere Lebewesen auch sind Menschen durch zufallsbedingte genetische Veränderungen (Mutationen), die dann der Selektion durch die Umwelt ausgesetzt waren, entstanden. Dieser Selektionsprozess lässt sich ganz ähnlich wie das Lernen nach dem Prinzip von „Versuch und Irrtum" beschreiben. Was sich bewährt, setzt sich in Konkurrenz durch, was sich nicht bewährt, stirbt aus, verschwindet. Das Lebewesen wird auf dieser Weise an eine ganz spezifische Umwelt angepasst, weshalb es sich durchaus rechtfertigen lässt, von „angeborenen Umwelten" (BISCHOF, 2008) zu sprechen. Eine solche Umwelt ist für den Fisch das Wasser und für den Menschen die Stätte seiner „Geburt", das Hochland des östlichen Afrika mit seinen sanften Hügeln, lockerem Baumbestand und einem milden Klima mit geringen Temperaturschwankungen und niedriger Luftfeuchtigkeit. Der Fisch allerdings muss sterben, wenn wir ihn aus seiner natürlichen Umwelt nehmen; der Mensch kann stärker als alle anderen Lebewesen individuell durch das Lernen und Denken eine Anpassung an das Neue vollziehen. Durch Lernen, die Erfahrung von Versuch und Irrtum, kann er sich an jeweils andere Bedingungen anpassen und so heute auch in den eisigen Steppen Sibiriens, im tropischen Regenwald oder in den Schluchten moderner Großstädte leben. Dieses Lernen vollzieht sich keineswegs ausschließlich individuell, sondern kann auch als kollektiver Prozess verstanden werden.

Beispiel:
Es wäre in hohem Maße bedrohlich für die Menschheit, wenn jeder individuell lernen müsste, dass die angenehm duftenden

Knollenblätterpilze nicht bekömmlich sind. Wir müssen nicht selbst diese vielfach tödliche Erfahrung machen, sondern lernen es von der „Pilzfrau", der kundigen Großmutter, durch die Tradition und das Bildungssystem.

Lernen, ob es sich nun direkt oder indirekt vollzieht, ist vergangenheitsorientiert. Menschen suchen die Fehler von gestern zu vermeiden und die damals erfolgreichen Wege weiter zu gehen. Der Mensch kann aber nicht nur dies, sondern er kann – wiederum ausgeprägter als andere Lebewesen – durch Denken die Zukunft kreativ gestalten. Er kann in Gedanken die Bestandteile seines Wissens neu kombinieren, überlegen, was sich bewähren könnte und was nicht und so dann das umsetzen, was ihm Erfolg zu versprechen scheint. FREUD (1911) spricht davon, dass das Denken ein „Probehandeln" sei. All dies ermöglicht dem Menschen Innovation, gezielte Veränderung und letztlich die Umgestaltung der Welt. Es bleibt aber vielfach tief im Gestern verwurzelt; dies zeigt die genannte Sehnsucht nach Stabilität. Man muss also bei Veränderungen stets mit dem Konflikt zwischen den Veränderungszielen und dem Widerstand gegen diese Veränderung rechnen, wie es Abbildung 49 zeigt.

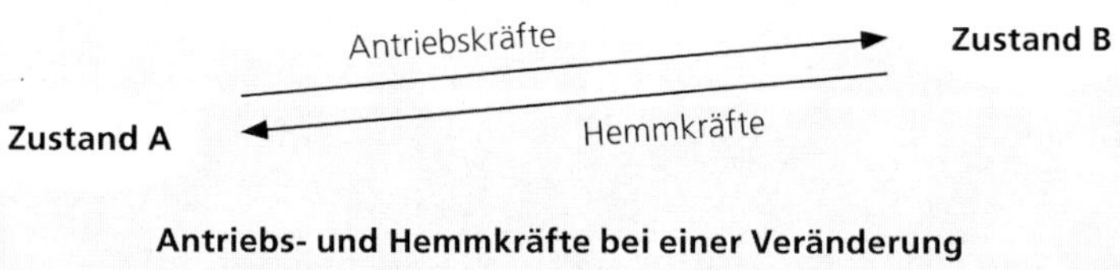

Abb. 49: Befürworterfront und Widerstandsfront im Prozess des Wandels

Selbstverständlich sind nicht jene, die Widerstand leisten, von vornherein die „Bösen". Vielfach erkennt man erst im Nachhinein, dass diejenigen, die sich z. B. gegen die Fusion zweier großen Unternehmen, die Verlagerung von Teilen der Produktion nach Osteuropa oder Ostasien, die Einführung der Matrixorganisation oder den Kauf amerikanischer Immobilienhypotheken im

Unternehmen wandten, letztlich im Recht waren. Geht man aber in diesem Kontext einmal davon aus, dass das Veränderungsziel langfristig das Erfolg versprechende ist, so stellt sich die Frage, wie die von der Veränderung betroffenen Menschen dafür zu gewinnen sind (v. ROSENSTIEL & COMELLI, 2003). Daraus ergibt sich die Frage nach der geeigneten Vorgehensweise.

Nun gibt es eine Vielzahl derartiger Strategien, die einerseits zwischen den Polen Transformation, also massiven revolutionären Veränderungen, und Evolution, also kontinuierlichen Vorgehensweisen, einerseits sowie zwischen einem globalen Wandel, der das ganze Unternehmen umgreift, und lokalen Anpassungen, die sich nur auf bestimmte Bereiche oder Abteilungen beziehen, anzusiedeln sind (REISS, 1997). Hier wollen wir uns exemplarisch auf zwei unterschiedliche Extreme beziehen, den zentral von oben gesteuerten Weg einer „Strategie des Bombenwurfs“ (KIRSCH, ESSER & GABELE, 1979) und einen die Beteiligung der Betroffenen betonenden Weg der „Organisationsentwicklung“ (GEBERT, 2007).

Wird die Strategie des Bombenwurfs gewählt, so liegt ein Grund dafür auch im impliziten, kaum bewusst bedachten Organisations- und Menschenbild der Entscheider. Menschen machen sich ja von komplexen Gegenständen, und zu diesen zählen sowohl Organisationen als auch Menschen, stark vereinfachende Vorstellungen, so genannte Metaphern (MORGAN, 1995). Eine Metapher, die weit verbreitet ist, ist jene der Maschine (SCHOLL, 2007), was kaum überrascht, wenn man bedenkt, dass in Deutschland die Mehrheit der Führungskräfte Naturwissenschaftler, Ingenieure oder Techniker sind. Die Organisation wird dann als Mechanismus verstanden, in dem rational und folgerichtig eine Zahnrad in das andere greift; wenn das große Zahnrad sich langsam dreht, müssen sich die kleinen damit verbundenen schon gewaltig sputen. Der Mensch wird bei einer solchen Betrachtung zu einem „Rädchen im Getriebe“. Und ein Rädchen fragt man nicht, zieht es nicht in Überlegungen mit ein, wenn die Maschine modifiziert wird. „Business reengineering“ ist in diesem Zusammenhang ein verräterisches Wort. Menschen werden dabei vor vollendete Tatsachen gestellt.

Beispiel:
Im Bereich Firmenkunden einer großen Versicherungsgesellschaft galt über lange Jahre die interne Organisation nach Versicherungsarten, z. B. Gebäude-, Kfz-, Waren- oder Haftpflichtversicherungen. Dies hatte zur Konsequenz, dass die Kunden irritiert waren, denn für jedes Versicherungsfeld besuchte sie ein anderer spezialisierter Außendienstmitarbeiter der gleichen Versicherungsgesellschaft. Sie wünschten, das zeigten Marktanalysen, „one face to the customer"; sie wollten also mit einem jeweils für alle Versicherungsarten kompetenten Partner ihre Verhandlungen führen. Der Vorstand setzte sich darauf hin mit einem Beraterteam zusammen, ordnete im kleinen Zirkel die Aufgabenverteilung neu und beschloss eine Gliederung nach Kundengruppen, wobei nun jeweils ein mit dem nötigen breiteren Wissen ausgestatteter Berater für alle Fragen des Kunden zuständig sein sollte. Die Mitarbeiter, die in keiner Weise auf die Veränderung vorbereitet worden waren, wurden nun zu einem ganztägigen Meeting eingeladen, wobei die Vorstandsmitglieder mit verbaler Brillanz und viel Enthusiasmus das Organigramm der neu geplanten internen Organisation an die Wand projizierten und jedem der Mitarbeiter seine neue Firmengruppe zu wiesen. Die notwendige fachliche Schulung eines jeden Einzelnen sollte begleitend zur Einführung des neuen Konzeptes vorgenommen werden. Der Vorstand hoffte auf große Zustimmung, da ja das Konzept gut überlegt und den Kundenwünschen entsprechend gestaltet worden war. Es kam jedoch anders. Die Mitarbeiter zeigten sich betroffen oder wehrten sich in einer geradezu aggressiven Weise. Gute oder weniger gute Argumente wurden gegen den Plan ins Feld geführt und immer wieder darauf verwiesen, dass es so „nicht gehen kann".

Sachlich und psychologisch spricht vieles gegen die Strategie des Bombenwurfs, obwohl sie manchmal kaum vermieden werden kann. Sachlich kann dagegen ins Feld geführt werden, dass ja ein planendes, hierarchisch hoch aufgehängtes Gremium die Sachkompetenz kaum haben kann, um Details angemessen zu durchschauen, was bedeutet, dass früher oder später die Fachspezialisten doch einbezogen werden müssen, um ein Scheitern des Konzepts zu verhindern. Psychologisch ist zu bedenken, dass kein Mensch gern vor vollendete Tatsachen gestellt wird, sondern danach strebt, die Kontrolle über die eigene Situation zu bewahren und das mit zu gestalten, was ihn betrifft. Man möchte also nicht Opfer, sondern zumindest Mittäter sein.

Darum bemüht sich die so genannte „Organisationsentwicklung“ (GEBERT, 2007), ein bereits in den 40er Jahren des vergangenen Jahrhunderts von den Sozialwissenschaften entwickeltes Konzept, dessen zentraler Gedanke darin besteht, die Betroffenen möglichst weitgehend an den Veränderungsprozessen zu beteiligen – u. a. mit dem Ziel, die Beteiligten betroffen zu machen und motivational für das Konzept zu engagieren.

Das implizite Organisations- und Menschenbild der Organisationsentwicklung unterscheidet sich drastisch von jenem der Strategie des Bombenwurfs. Hier wird die Organisation als soziales System verstanden, innerhalb dessen der Einzelne in seinem Verhalten durch seine persönlichen Eigenschaften, durch die sozialen Beziehungen, in die er eingebettet ist sowie durch die umgebenden Strukturen in seinem Verhalten bestimmt wird. Dabei ist der Mensch nicht passiv, sondern er verfolgt aktiv seine Ziele im persönlichen Handeln. Die Ebenen, die dieses Handeln bestimmen und damit auch die Ansatzpunkte für Veränderungsmaßnahmen sind, zeigt Abbildung 50.

Bezugsebene	Typische Intervention	Angestrebes Ergebnis	Annahmen über die Gründe des Verhaltens
Individuen	Lab-Training Gruppendynamik	soziale Geschicklichkeit, psychische Belastbarkeit	Eigenschaften der Person
Soziale Beziehungen	Prozessberatung Konfrontations-Meeting Survey-Feedback	Vertrauen und Offenheit	Beziehung der Menschen untereinander
Struktur Technologie	Gemeinsame Änderung von Strukturen und Technologien	schaffen dauerhafter Bedingungen, die erwünschtes Verhalten stabilisieren	Organisatorische Rahmenbedingungen

Abb. 50: Ansatzpunkte für Organisationsentwicklungsmaßnahmen auf den Ebenen der persönlichen Eigenschaften, der zwischenmenschlichen Beziehungen und der Strukturen

Richtet man den Blick auf den Einzelnen, der vom Veränderungsprozess betroffen ist, so gilt es ihn angemessen zu informieren, ihn von den geplanten Maßnahmen zu überzeugen, ihn für die künftige Tätigkeit ausreichend zu qualifizieren, sowie in die Planung der Maßnahmen soweit als möglich einzubeziehen. Dabei aber kann man beim Einzelnen nicht stehen bleiben; es gilt zugleich die zwischenmenschlichen Beziehungen zu reflektieren und entsprechend die Teams, innerhalb derer er tätig ist, zu entwickeln, so wie die Aufgaben, Technologien und Strukturen so zu gestalten, dass sie das gewünschte Verhalten nicht behindern, sondern fördern.

Beispiel:
In der Prozesskette der Produktion gab es in einem Unternehmen immer wieder Konflikte zwischen dem Materialeinkauf und der Qualitätskontrolle. Man führte daraufhin Führungsseminare zum kooperativen Handeln ein, verwies in neu entwickelten Leitbildern darauf, dass alle in einem Boot säßen und gemeinsamen Zielen verpflichtet seien. Die Wirkung dieser Maßnahmen war bescheiden, da man zentrale Strukturbedingungen – insbesondere im Anreizsystem – vergessen hatte: Der Materialeinkauf bekam Prämien, wenn er besonders preisgünstig die notwendigen Materialien erworben hatte, was häufig zu Lasten der Qualität erfolgte. Während die Qualitätskontrolle dann mit Belohnungen rechnen konnte, wenn die Kundenreklamationen zurückgingen, was angesichts der häufig qualitativ unzureichenden Materialien nicht gelang. Erst ein kooperativ entwickeltes Anreizsystem, das gleichermaßen die Preiswürdigkeit der Waren als auch deren Qualität berücksichtigte und dann zu gemeinsamen Prämien des Materialeinkaufs und der Qualitätskontrolle führte, brachte eine nachhaltige Besserung.

Maßnahmen der Organisationsentwicklung können, das zeigt Abbildung 50, höchst unterschiedlich akzentuiert werden, und stärker an der Person, an den Beziehungen, Technologien und Aufgaben ansetzen. Dennoch ist allen diesen Vorgehensweisen gemein, dass sie an der Aktionsforschung orientiert sind, deren Kerngedanke darin besteht, aus Menschen in der Rolle von Objekten, verantwortliche Subjekte zu machen. Partizipation ist ein dafür unverzichtbarer Weg, wobei diese Beteiligung letztlich drei wünschenswerte Effekte mit sich bringt:

– Die Qualität der Entscheidung wird meist besser, weil die unmittelbar Handelnden die Details besser kennen.
– Die Akzeptanz des Entscheidungsvorschlags steigt, weil ja das Ergebnis gewissermaßen das „eigene Kind“ der gemeinsam Entscheidenden ist.
– Die Qualifikation der Mitentscheidenden steigt, da ja inhaltlich und vom Gruppenprozess her das Vorgehen selbst eine Lernchance darstellt.

Definiert wird die Organisationsentwicklung meist als eine Veränderungsstrategie, die aus dem Gesamtsystem der Organisation heraus verstanden werden sollte, sich unter aktiver Mitwirkung der Betroffenen vollzieht, dabei aber mit der Zielsetzung geplant ist, einerseits die Leistungsfähigkeit der Organisation und andererseits der Entfaltung der einzelnen Organisationsmitglieder zu dienen.

Die meisten Organisationsentwicklungsmaßnahmen gehen im Kern auf die von LEWIN konzipierte Survey-Feed-back-Methode zurück. Diese besteht darin, dass zunächst in der betroffenen Einheit Daten erhoben werden, diese dann aber nicht an externe Berater oder an die Spitze der Hierarchie zurückgemeldet werden, sondern – entsprechend verarbeitet und visualisiert – an die befragte Gruppe selbst, die daraufhin versucht, ihre Stärken und Schwächen zu erkennen, um so dann die notwendig erscheinenden Veränderungsmaßnahmen zu planen, wobei in bestimmten Fällen externe Inhaltsberater dazu kommen können. Wichtiger als diese Inhaltsberater sind jedoch Moderatoren in der Rolle von *Prozessberatern*, die die Diskussion steuern, Rückmeldung darüber geben, was sie beim Gruppenprozess erlebten und zur Reflexion anregen. Der typische Prozess der Organisationsentwicklung sieht häufig so aus, wie es Abbildung 51 zeigt.

Phasen der Organisationsentwicklung

Klärungsgespräch
↓
Vereinbarung
↓
Datensammlung
↓
Datenrückmeldung
↓
Diagnose
↓
Maßnahmenplanung
↓
Durchführung (Projekte)
↓
Erfolgskontrolle

Abb. 51: Phasen des Organisationsentwicklungsprozesses

Verschiedene Metaanalysen zum Erfolg von Organisationsentwicklungsmaßnahmen (GEBERT, 2007) zeigen, dass zwar je nach Problemstellung und betroffener Einheit verschiedene Wege zum Erfolg führen können, dass es aber im Regelfall zu empfehlen ist, einerseits den Survey-Feed-back-Ansatz zu wählen und dabei zugleich einen Prozessberater einzusetzen. Dies dient dann gleichermaßen der Zufriedenheit, dem zwischenmenschlichen Klima und der Leistung. Erfolgsbegünstigend wirken darüber hinaus folgende Bedingungen:

- Ein starkes Top-Management unterstützt den Prozess.
- Die Organisation befindet sich nicht in einer akuten Existenzkrise, sondern kann sich auf länger angelegte Prozesse einlassen.
- Problembewusstsein bei den Betroffenen hat sich entwickelt.
- Die Organisationsmitglieder haben Erfahrung mit unterschiedlichen Formen des kooperativen Arbeitens.

- Es besteht die Bereitschaft zum Experimentieren und eine damit verbundene „Fehlerkultur".
- Da Organisationsentwicklung ohne Personalentwicklung, Personalentwicklung ohne Organisationsentwicklung kaum möglich erscheinen, ist eine enge Kooperation zwischen dem Organisations- und Personalbereich im Unternehmen ratsam.
- Die einzelnen Organisationseinheiten sind relativ autonom, um jeweils eigene Wege gehen zu können.
- Betroffene Organisationsmitglieder haben bereits gruppendynamische Erfahrungen.
- Zwischen Management und Betriebs- bzw. Personalrat bestehen keine tief greifenden Beziehungsstörungen.
- Die Organisationsmitglieder sind bereit, sich auf längerfristige Prozesse einzulassen und stehen nicht unter unmittelbarem Erfolgs- und Erwartungsdruck.
- Es besteht die Bereitschaft sich längerfristig auf Moderatoren in der Rolle von Prozessberatern einzulassen.

Wichtig für alle geplanten Change-Prozesse im Unternehmen, von denen hier nur zwei exemplarisch skizziert wurden, ist es , dass man nicht nur verdeutlicht, welche negativen Konsequenzen bei einem Verharren auf dem gegenwärtigen Zustand eintreten können, sondern zugleich eine positive Vision der Zukunft zeichnet.

Beispiel:
Der französische Schriftsteller Antoine de Saint-Exupéry, der Vater des „Kleinen Prinzen", hat eine derartige Vision formuliert: „Wenn Du ein Schiff bauen willst, dann trommle nicht Männer zusammen um Holz zu beschaffen, Aufgaben zu vergeben und die Arbeit einzuteilen, sondern lehre die Männer die Sehnsucht nach dem endlosen Meer."

KOTTER hat auf Grund einer Vielzahl von Analysen gescheiterter Veränderungsprozesse eine Reihe immer wieder auftretender „Kardinalfehler" zusammengestellt, vor denen er warnt. Welche sind das?

- Kein ausreichendes Gespür für die Dringlichkeit
- Fehlen einer mächtigen Koalition der Erneuerer
- Versäumnis eine Vision zu entwerfen
- Unzulängliche Vermittlung der Vision
- Entgegenstehende Barrieren werden nicht weggeräumt
- Kurzfristige Erfolge werden nicht systematisch vorbereitet
- Zu frühes Ansetzen von Siegesfeiern
- Keine Verankerung des Neuen in der Unternehmenskultur.

Für den Veränderungsprozess ihrer Einheit verantwortliche Führungskräfte oder damit betraute Change Manager sollten, wenn es ihnen um das Engagement und die Zufriedenheit der betroffenen Menschen geht, folgende Ratschläge (V. ROSENSTIEL, 2007) berücksichtigen:

- Entwickle eine klare und begeisternde Vision!
- Konzipiere eine Strategie, um die Vision zu realisieren!
- Artikuliere und kommuniziere die Vision mit Hilfe einfacher Formulierungen, von Bildern und symbolischen Handlungen!
- Informiere die Mitarbeiter so rechtzeitig, vollständig und glaubhaft wie irgend möglich!
- Höre auf Einwände der Mitarbeiter, diskutiere mit ihnen und versuche sie zu überzeugen!
- Zeige sichtbar Vertrauen in die Geführten!
- Qualifiziere die Betroffenen für künftige neue Aufgaben!
- Handle selbstbewusst und optimistisch!
- Betone die Stabilität im Wandel!
- Motiviere die Betroffenen zur Veränderung!
- Ziehe die Betroffenen soweit als möglich in die Entscheidungen mit ein, damit aus Opfern (Mit-)täter werden!
- Bereite frühe Erfolge vor, um dadurch Zuversicht und den Glauben an den Erfolg des Projektes aufzubauen und zu stabilisieren!
- Lebe selbst Veränderungsbereitschaft vor und führe durch Vorbild!
- Schaffe, modifiziere oder eliminiere relevante Formen der Unternehmenskultur!
- Nutze Übergangsriten, um den Betroffenen über den Wandel hinweg zu helfen!

- Gehe sichtbar menschlich und fair mit den Verlierern des Wandels um!
- Betone nicht nur „Blut, Schweiß und Tränen“, sondern feiere gemeinsam mit den Geführten Erfolge auf dem Weg zum Ziel!

Fall XXIII: Auf dem Weg zur Matrix

Ein Unternehmen des Textileinzelhandels stand in einem gewichtigen Wandlungsprozess. Über Jahre galt folgende Struktur: Einem dreiköpfigen Vorstand unterstanden 20 Kaufhäuser in verschiedenen Städten, die über einen hohen Grad an Autonomie verfügten. Einem männlichen Geschäftsführer unterstanden meist weibliche Abteilungsleiter, die für Warengruppen (Damen- und Herrenoberbekleidung, Wäsche, Wollwaren etc.) zuständig waren und je vier bis acht Verkäuferinnen führten. Die Abteilungsleiterinnen waren zugleich Einkäuferinnen, d. h. sie kauften bei deutschen Herstellern und gelegentlich Importeuren ihre Waren ein und identifizierten sich entsprechend mit ihnen.

Durch den Zusammenbruch der deutschen Textilindustrie stieg nun der Anteil der Importware von 2 auf über 50 Prozent. Das Unternehmen gründete darauf eine eigene Importgesellschaft. Die einzelnen Kaufhäuser mussten mindestens 50 Prozent zentral eingekaufter Waren übernehmen. Für den Zentraleinkauf waren 10 gut qualifizierte Fachleute („Warenbereichsleiter“) zuständig, die in einer Stabsabteilung nahe dem Vorstand in der Zentrale angesiedelt waren. Die Warenbereichsleiter berieten aufgrund ihrer modischen Sachkompetenz auch zunehmend die Abteilungsleiterinnen im Rahmen ihres dezentralen Einkaufs.

Die Geschäftsführer sahen durch diese Entwicklungen zunehmend ihre Autonomie bedroht. Da ihre Tantieme vom Ergebnis „ihres Hauses“ abhängig war, begrüßten sie zwar „mit dem Kopf“ den Rat der Warenbereichsleiter, ärgerten sich aber „mit dem Bauch“ darüber, dass sich ständig „fremde Männer mit ihren Damen“ berieten. Ohnehin waren sie auf die Warenbereichsleiter eifersüchtig. Dies führte zu Spannungen, unter denen das soziale Klima und schließlich auch die geschäftlichen Entscheidungen litten.

Der Vorstand bemerkte dies mit Sorge. Ohnehin sah er es nicht als sachgerecht an, dass die in Modefragen hochkompetenten Warenbereichsleiter keinerlei Entscheidungs- sondern lediglich Beratungskompetenz gegenüber den Geschäftsführern bzw. Abteilungsleiterinnen hatten.

Eine Änderung der Ablauf- und ggf. auch der Aufbauorganisation erschien notwendig. Im Vorstand wurde erwogen, durch „Bombenwurf" die Zentralisierung zu intensivieren, die Importgesellschaft zur Einkaufsgesellschaft zu machen, um durch diese alle Einkäufe zu tätigen. Dies wurde vom Vorstandsvorsitzenden verworfen, weil die hohe Dezentralisierung der Kultur des Unternehmens entspreche und sich als Stärke den Mitbewerbern gegenüber erwiesen habe.

So beschloss der Vorstand

- die relative Autonomie und Ergebnisverantwortung der Geschäftsführer und ihrer Häuser künftig zu erhalten,
- jedoch die Warenbereichsleiter auf dem Felde ihrer fachlichen Kompetenz in die Entscheidungsprozesse einzubringen.

In einem dreitägigen Workshop sollten unter der Leitung zweier Moderatoren die Vorstände mit sämtlichen Geschäftsführern und Warenbereichsleitern partizipativ „Spielregeln" dafür entwickeln, wie künftig über die Produktlinie, die Bindung an Lieferanten, Imageausrichtung des Unternehmens, Mengenentscheidungen in den Häusern bei zentral und dezentral eingekauften Waren, die überregionale und regionale Werbung entschieden und informiert werden sollte. Geklärt werden sollte außerdem, welche Rollen dabei Vorstand, Geschäftsführer, Bereichsleiter und Abteilungsleiterinnen übernehmen sollen.

Aufgabenstellung

1. Bitte entwickeln Sie einen Ablaufplan für den geplanten 3-tägigen Workshop.
2. Stellen Sie dar, welche Risiken in diesem Einstiegsprozess liegen, welche Fehler des Vorstands und/oder der Moderatoren nahe liegen, die unbedingt vermieden werden sollten!
3. Bitte präsentieren Sie Ihre Sichtweise, Ihre Vorschläge und Ihren Plan im Plenum.

Eine denkbare Lösung des Falls finden Sie auf S. 322.

Fall XXIV: Wachstumsschmerzen

Ein Unternehmen des Textileinzelhandels, wurde vor einigen Jahren von einem Familien- in ein aktiennotiertes Unternehmen überführt. Es war geschäftlich überaus erfolgreich. Innerhalb von nur zehn Jahren war die Zahl der Warenhäuser von 8 auf 18 gestiegen und die Strategie ging dahin, innerhalb eines weiteren Jahrzehnts die Zahl von 30 zu übersteigen, so dass in den meisten deutschen Großstädten und einigen Mittelstädten das Unternehmen durch attraktive Häuser repräsentiert sein sollte. Der Vorstand führte den Erfolg darauf zurück, dass man eine sehr geschickte Einkaufspolitik verfolgte, als Zielgruppe ganz auf qualitätsbewusste, solide Frauen des sozialen Mittelstands setzte und schließlich, herkommend von der Familientradition, über äußerst loyale, für das Unternehmen engagierte Mitarbeiterinnen und Mitarbeiter verfügte.

Die Struktur des Unternehmens zeichnete sich dadurch aus, dass die Zentrale äußerst klein gehalten war und die 18 Warenhäuser, obwohl höchst unterschiedlich in ihrer Größe und im geschäftlichen Erfolg, unmittelbar dem Vorstand unterstellt waren und ihnen von diesem weitgehende Autonomie übertragen worden war. Trotzdem sah sich der Vorstand zunehmend angesichts der Aufgabe überlastet, alle 18 Häuser unmittelbar steuern zu müssen und hielt es für gänzlich undenkbar, dies bei einer wachsenden Zahl entsprechender Häuser künftig noch leisten zu können. Der

Vorstand setzte sich daher mit kundigen Unternehmensberatern zusammen und erarbeitete eine neue Aufbauorganisation. Diese bestand darin, dass das Unternehmen regionalisiert werden sollte, wobei die jeweils größten Häuser in vier Regionen Deutschlands als Hauptfilialen, deren Geschäftsführer durch eine Stabsabteilung unterstützt werden sollten, eine Führungsrolle zu übernehmen hätte, die darin bestand, die regional nahe gelegenen mittleren und kleineren Häuser als Filialen oder Zweigstellen der Hauptfilialen zu koordinieren.

Nachdem dieses Konzept innerhalb des Vorstands sowie zwischen dem Vorstand und dem Aufsichtsrat und dem Beratern diskutiert worden war, lud der Vorstand alle Führungskräfte der Zentrale sowie die 18 Geschäftsführer der Warenhäuser zu einer ganztätigen Managementklausur ein. Innerhalb dieses Führungskreises gab es eine Vielzahl von Gerüchten darüber, dass nachhaltige Änderungen im Unternehmen geplant seien, doch war niemand über die grundsätzliche Linie, geschweige denn über Details informiert worden. Entsprechend groß war die Spannung, aber auch die ängstliche Beunruhigung.

Der Sprecher des Vorstands, der beim Eintreffen der Führungskräfte jeden Einzelnen freundlich und sehr persönlich begrüßt hatte, wie es der Familientradition des Unternehmens entsprach, begann, nach dem alle ihre Plätze eingenommen hatten, mit einer engagierten, gut vorbereiteten Rede, in der er zunächst dem ganzen Kreis für das vollständige Erscheinen dankte, voller Freude auf die großen Erfolge des Unternehmens in den letzten Jahren verwies, deutlich machte, dass man sich, verglichen mit dem Branchendurchschnitt, vorzüglich entwickelt habe, dass er allen Mitarbeitern, insbesondere aber den Führungskräften, für ihr großes Engagement danke, ohne deren Einsatz dieser Erfolg überhaupt nicht möglich gewesen wäre. Nun aber, so fuhr er fort, ergäben sich aus dem Erfolg zugleich Probleme.

Der Anzug passe nicht mehr, man müsse ihn wechseln. Nun verwies er darauf, dass sich der Vorstand, unterstützt durch kundige

Berater mit hohen Branchenkenntnissen, darüber Gedanken gemacht habe, wie man künftig verfahren solle und was eine angemessene Aufbaustruktur für die künftigen Herausforderungen sei. „Und nun meine Damen und Herren", so fuhr er mit erhobener Stimme fort „nehmen Sie bitte Ihre Herz in die Hand und gehen Sie gemeinsam mit uns vom Vorstand den erfolgreichen Weg in die Zukunft!" Nach diesen Worten zog er ein Deckblatt vom Overhead-Projektor der bereits die ganz Zeit über angeschaltet war und machte damit den Blick frei auf ein Organigramm, in dem sich Kästchen und Verbindungspfeile befanden, wobei in den Kästchen die Namen der anwesenden Führungskräfte standen.

Der Vorstandssprecher, der sich stark mit dem von ihm vorgelegten Plan identifizierte, hoffte in den Gesichtern seiner Führungskräfte freudige Zustimmung oder gar Begeisterung ablesen zu können und war sichtlich irritiert, als er Betroffenheit oder gar ein Erschrecken zu erkennen glaubte. Bei einer der jüngeren Führungskräfte konnte er sogar beobachten, dass dessen Gesicht nach kurzem Zaudern in die Handflächen sank, um Tränen zu verbergen. Dieser Geschäftsführer, der bisher, wie alle seine Kollegen und Kolleginnen, unmittelbar dem Vorstand unterstellt gewesen war, stand nun als Leiter einer Zweigstelle faktisch zwei Ebenen tiefer als bisher. Den Vorstandssprecher, der ein kooperativer, warmherziger Mann war, beunruhigte und verunsicherte diese von ihm nicht erwarteter Reaktion seiner Führungskräfte emotional zutiefst. Ihm war sehr wohl bewusst, dass er die geplante Veränderung ohne das gewohnte Engagement seines Teams nicht würde realisieren können. Er stutzte und versuchte, sich darüber klar zu werden, was er nun weiter unternehmen sollte.

Aufgabenstellung:

1. Versetzen Sie sich in die Lage der Vorstandsmitglieder und versuchen Sie sich darüber klar zu werden, welche Gedanken diese wohl dazu gebracht haben, das bisherige Konzept der Aufbauorganisation durch das skizzierte neue zu ersetzen.
2. Wie erklären Sie sich die emotionale Reaktion der anwesenden Führungskräfte?

3. Wie hätte der Vorstand vorgehen müssen, um eine derartige Reaktion zu vermeiden? Berücksichtigen Sie bei Ihren Überlegungen, die patriarchalisch-familiale Tradition des Unternehmens!
4. Was könnte der Vorstand jetzt noch tun, um die Führungskräfte für das neue Konzept oder ein ggf. modifiziertes zu gewinnen?

Eine denkbare Lösung des Falls finden Sie auf S. 326.

15. Welche weiteren Anreize sind wichtig für Leistung und Zufriedenheit?

Das Geld, der Führungsstil, Ziele, persönliche Vornahmen, die innerbetriebliche Kommunikation, die Arbeitsgruppe, der Arbeitsinhalt, die Arbeitszeit, die Aufstiegschancen, der Marktauftritt und die Kultur oder der Wandel im bzw. des Unternehmens wurden als besonders wichtige Anreize herausgestellt und ihre Wirkung auf Leistung und Zufriedenheit geschildert.

Der Einfluss anderer Anreize – wie die Familie des Mitarbeiters, seine privaten sozialen Kontakte, seine Wohnverhältnisse, der Freizeitwert des Wohnortes und die Möglichkeiten zum Arbeitsplatz zu gelangen – auf Leistung und Zufriedenheit ist vielleicht ebenso groß, soll aber hier übergangen werden, weil innerhalb des Betriebes kaum Chancen bestehen, darauf Einfluss zu nehmen. Es gibt jedoch noch einige weitere, durch die Organisation gestaltbare Anreize, die für die Zufriedenheit und die Leistung bedeutsam (Comelli & v. Rosenstiel, 2009) sind und die daher wenigstens kurz erwähnt werden sollen.

Hier sei zunächst an die Gestaltung des Arbeitsplatzes (Blum & Naylor, 1968; Frieling & Sonntag, 1999) gedacht. Neben vielen anderen Wirkungen sind auch seine motivationalen Wirkungen nicht zu übersehen. Es ist von erheblicher Bedeutung, ob die Gestaltung des Fließbandes Kontakt zu anderen grundsätzlich erschwert, zu nur einem anderen oder zu mehreren möglich macht; es dürfte wichtig sein, ob eine Sekretärin in einem Großraumbüro oder allein im Vorzimmer eines Abteilungsleiters tätig ist; es ist nicht zu übersehen – man mag das nun bedauern oder nicht –, dass „prestigeträchtiges" Mobiliar im Arbeitszimmer eines hierarchisch hochstehenden Organisationsmitgliedes Einfluss auf seine Motivation hat.

Wichtig ist auch die Kommunikation des Unternehmens nach außen, etwa seine Werbung auf dem Absatz- und Personalgebiet sowie seine Öffentlichkeitsarbeit, da das Ansehen des Unternehmens in seiner Umwelt davon stark beeinflusst wird (HERWIG, 1970, HENSCHEL, 2004). Für das Selbstwertgefühl der Organisationsmitglieder aber ist nicht nur das Ansehen wichtig, das sie innerhalb der Organisation genießen, sondern auch dasjenige in ihrer sozialen Mitwelt, das zwar stark von ihrer Position im Unternehmen, aber auch vom Image des Unternehmens selbst abhängt. Zu denken ist dabei auch an das Sponsoring von Sport und Kultur durch das Unternehmen.

Erwähnt werden muss ebenfalls die Unternehmenspolitik und -verwaltung (HERZBERG, MAUSNER & SNYDERMAN, 1959) sowie die Art und Weise, in der die Organisationsmitglieder tieferer hierarchischer Ebenen davon in Kenntnis gesetzt werden. Das innerbetriebliche Kommunikationssystem (BRÄUTIGAM, 1970), insbesondere die innerbetriebliche Werbung, ist in diesem Zusammenhang zu nennen. Hier liegen Möglichkeiten, die eine erhöhte Identifikation des Mitarbeiters mit dem Unternehmen bewirken können.

Sehr bedeutsam sind auch die zusätzlichen Sozialleistungen (NEALEY, 1964; WAGNER & GRAWERT, 1993) und Vergünstigungen, die das Unternehmen bietet. Man denke hier z. B. an zusätzliche Kranken-, Invaliditäts- und Altersversicherungen, an verbilligte Tank- oder Einkaufsmöglichkeiten, an das Bereitstellen preiswerter Werkswohnungen oder an zinsgünstige Darlehen beim Bau eines Eigenheims. Obwohl man diese Leistungen unter der Rubrik „Gehalt" abhandeln könnte, stellen sie doch unter psychologischem Gesichtspunkt anderes dar, können zum Teil besonders das Sicherheitsstreben befriedigen und eine erheblich gesteigerte Bindung des Einzelnen an das Unternehmen zur Folge haben.

Wichtig sind selbstverständlich auch spezielle personalpolitische Maßnahmen (SCHOLZ, 2000), etwa die Gestaltung der Ausbildungsprogramme und die inhaltliche Bestimmung der Weiterbildungsmaßnahmen sowie die Kriterien, die den Einzelnen in den Genuss dieser Maßnahmen bringen (BLUM & NAYLOR, 1968). Dadurch wird nicht nur das Fachwissen ausgeweitet, es werden auch für die Arbeit wesentliche Motive, besonders das Kontaktbedürfnis, die Leistungsmotivation, der Wunsch nach Anerkennung und das Bedürfnis nach Selbstverwirklichung aktiviert – sei es nun in positiver oder in negativer Weise (NEUBERGER, 1991).

Vergessen werden sollten schließlich auch jene betrieblichen Maßnahmen nicht, welche die Freizeit der Mitarbeiter beeinflussen, wie z. B. die Förderung eines firmengebundenen Sportvereins, Schaffung eines betriebseigenen Wochenendheimes, Veranstaltung von Kegelabenden oder Betriebsausflügen und ähnliches mehr. Diese Maßnahmen, richtig angewandt, können das Kontaktbedürfnis befriedigen, die Festigung der Kohäsion betrieblicher Arbeitsgruppen fördern und im Bewusstsein des Mitarbeiters das Gefühl der Selbstverwirklichung in der Freizeit durch Mithilfe des Betriebes erhöhen. Sie können aber auch, falls sie falsch angewandt werden – wenn beispielsweise ausgesprochen schlechte mitmenschliche Beziehungen innerhalb des Betriebs, die man dort nicht zu verbessern sucht, durch gelegentliche Betriebsausflüge ausgeglichen werden sollen –, Widerstand gegen die Unternehmensführung aktivieren, innerbetriebliche Spannungen verstärken und die Bildung von Cliquen fördern. Außerbetriebliche soziale Aktivitäten haben also keine Ausgleichs-, sondern Verstärkungsfunktion: Sie verbessern meist gutes und verschlechtern meist schlechtes Betriebsklima.

Arbeitsfragen:

1. Wie sollten die hier nur kurz erwähnten Anreize gestaltet werden, damit sie der Leistung und der Zufriedenheit der Mitarbeiter dienen?
2. Welche, Ihres Erachtens nach, weiteren wichtigen Anreize wurden hier überhaupt nicht erwähnt?

Zusammenfassung des 3. Teils

Anreize sind solche Bestandteile der wahrgenommenen Situation, die Motive anregen und motiviertes Verhalten herbeiführen. Steht das motivierte Verhalten im Dienst der Leistungserstellung, so fördert die Auswahl der richtigen Anreize die Leistung; finden die aktivierten Motive Befriedigung, so dient dies der Zufriedenheit. Nicht alle Anreize wirken auf alle Menschen gleich, sondern entsprechend der individuellen überdauernden Motivstruktur und der für das Individuum jeweils gegebenen Situation in unterschiedlicher Weise. Bestimmte Anreize sind besonders geeignet Leistungsverhalten zu fördern ohne die Zufriedenheit zu verbessern, andere wiederum aktivieren zu einem Verhalten, das Zufriedenheit nach sich zieht, ohne dass dies der Leistung zugute kommt.. Erkennt man Leistung und Zufriedenheit als anzustrebende Ziele an, so sollte man die Anreize danach aussuchen, dass sie gleichermaßen beiden Zielen dienen.

Als sehr wichtige von der Organisation beeinflussbare Anreize dürfen das Gehalt, der Führungsstil, Ziele, persönlicher und beruflicher Vornahmen, die innerbetriebliche Kommunikation, die Arbeitsgruppe, der Arbeitsinhalt, die Arbeitszeit, die Aufstiegschancen, die Angebote des Unternehmens auf dem Markt und schließlich seine Kultur und die im Unternehmen ablaufenden Wandlungsprozesse genannt werden. Andere bedeutsame Anreize, wie etwa die familiäre Situation, der Freizeitwert des Wohnorts und die Angebote der Konkurrenz, liegen weitgehend außerhalb der Einflusssphäre der Organisation.

Die Bezahlung dient, bei gesichertem Existenzminimum, dann der Zufriedenheit, wenn der Einzelne sie im Vergleich mit der Bezahlung anderer als günstig empfindet. Sie erhöht die Leistung, wenn sie im Bewusstsein des Einzelnen eine Folge der Leistung ist und er das Gefühl hat, für die von ihm erbrachte Leistung eher über- als unterbezahlt zu sein.

Besonders starken Einfluss auf die Zufriedenheit hat das Einstellungsgehalt, das langfristig zu Unzufriedenheit führt, wenn es unter dem vorigen Gehalt liegt. Gehaltserhöhungen dürften nur dann die Zufriedenheit verbessern, wenn sie in Relation zum Ausgangsgehalt einen nennenswerten Betrag ausmachen; sie dienen der Leistungssteigerung, wenn sie als Folge erbrachter Leistung erlebt werden und nicht als routinemäßig eintretende Ereignisse, Verhandlungsleistungen der Gewerkschaft oder als Ergebnisse guter Beziehungen zum Vorgesetzten.

Der Führungsstil erhöht die Zufriedenheit der Geführten, wenn der Vorgesetzte die individuelle Bedürfnislage der Nachgeordneten berücksichtigt und sie als Menschen mit vielfältigen Wünschen und Erwartungen behandelt, also nicht nur als betriebliche Faktoren, die der Leistungserstellung zu dienen haben. Eine entsprechende mitarbeiterorientierte Führung kann die Fluktuationsrate und die Fehlzeiten senken. Direkter Einfluss auf die Leistung ist anzunehmen, wenn der Vorgesetzte zugleich mitarbeiter- und aufgabenorientiert führt, d. h. auch bewusst zur Zielerreichung initiiert und die Erstellung der Leistung sachlich und menschlich vorbereitet und organisiert.

Ein wichtiges Mittel der Führung sind Ziele, wobei es günstig ist, wenn diese in einen das Unternehmen insgesamt bestimmenden MbO-Prozess integriert sind. Bei den Zielen ist es aber wichtig, dass sie spezifischen Kriterien gerecht werden, z. B. als SMART gelten können (siehe S. 152f). Derartige Ziele aktivieren, sie sind ein Anreiz für das Leistungsmotiv. Das Erlebnis, das Ziel erreicht zu haben, was durch Transparenz des Arbeitsprozesses oder durch Feedback durch den Vorgesetzten herbeigeführt werden kann, trägt wesentlich zur Zufriedenheit bei.

Ziele, auch wenn sie vom Mitarbeiter akzeptiert werden, kommen von außen. Vielfach aber kommen Mitarbeiter mit eigenen Zielvorstellungen und persönlichen beruflichen Vornahmen ins Unternehmen, die sie dort realisieren wollen. Ob das gelingt, hängt zum einen von der Entschlossenheit des Einzelnen ab, aber auch davon, ob er im Unternehmen Handlungsspielraum und soziale Unterstützung findet und ob man ihn offen und eindeutig darüber informiert hat, was im Unternehmen für ihn möglich ist und was nicht.

Erscheint das Umsetzen der persönlichen Vornahmen realistisch und gelingt diese Umsetzung schließlich auch, so sind erhöhtes Engagement, Bindung an das Unternehmen, seltenere Kündigungsabsichten und insgesamt höhere Zufriedenheit zu erwarten.

Die Bindung des Mitarbeiters an seine Aufgabe, seine dadurch bedingte höhere Aktivierung bei Widerstand und selbstständiges Aktivwerden im Rahmen des Aufgabenbereiches ist auf die Weise zu erreichen, dass bei individuell abgrenzbaren Arbeitsbereichen die Aufgabe mit den dazugehörigen Verantwortungen und Rechten an den Mitarbeiter delegiert wird oder damit, dass bei individuell nicht abgrenzbaren Arbeitsbereichen die Arbeitsgruppe durch Partizipation – die von der Mitberatung bis zur vollen Mitbestimmung am Arbeitsplatz reichen kann – insgesamt Einfluss auf den Aufgabenbereich erhält. Delegation und Partizipation finden dort eine Grenze, wo mangelnde Fähigkeiten und Fertigkeiten, fehlende Bereitschaft zur Übernahme von Verantwortung oder gänzliches Desinteresse an der Aufgabe sinnvolles Mitentscheiden ausschließen. Allmähliches Heranführen des Mitarbeiters an die Verantwortung kann hier jedoch zu wachsender Entscheidungsbereitschaft erziehen.

Die Kommunikation innerhalb der Organisation erfüllt – abgesehen von ihrer eminent wichtigen Sachfunktion – motivationale Bedürfnisse und kann dadurch zur Zufriedenheit beitragen. Dies gilt insbesondere dann, wenn die Möglichkeit zu zweiseitiger Kommunikation gegeben ist, der Vorgesetzte also nicht nur informiert, sondern im Gespräch mit dem Einzelnen oder der Gruppe wechselseitige Information gibt und sucht. Ist das Gespräch über einen bislang nur dem Vorgesetzten bekannten Gegenstand geplant, so ist erforderlich, dass der Vorgesetzte seine Information vor dem Gespräch an die Mitarbeiter gibt; Frustrationen wegen des ungleichen Informationsstandes sind sonst wahrscheinlich. Die

Kommunikation zwischen den Vorgesetzten und den Mitarbeitern sollte direkt, also ohne Einschaltung denkbarer Filterinstanzen, erfolgen. Wenn die Kommunikationsbereitschaft des Vorgesetzten Wirkung haben soll, reicht es nicht aus, dass er diese Bereitschaft besitzt, sondern er muss durch eigene Initiative die Mitarbeiter von dieser Bereitschaft überzeugen.

Die Kommunikation zwischen dem Vorgesetzten und seinen Mitarbeitern dient nicht nur der Verbesserung der Beziehung und damit einer Stärkung des zwischenmenschlichen Zusammenhalts in der Gruppe; sie sorgt auch, richtig genutzt, für die Befriedigung von Informations- und Orientierungswünschen der Mitarbeiter. Diese Wünsche beschränken sich nicht allein auf den Arbeitsplatz und die unmittelbare Arbeitsumgebung. Qualifizierte Mitarbeiter haben auch das Bedürfnis, etwas über die Strategie und die Zukunft ihres Unternehmens zu erfahren; sie wollen wissen, in welchem größeren Zusammenhang das, was sie täglich tun, steht.

Das Arbeitsteam kann bei hohem inneren Zusammenhalt das Gefühl des Einzelnen, in der Gruppe geborgen zu sein, erhöhen, sein Kontaktbedürfnis befriedigen und somit zur Zufriedenheit beitragen. Der Einfluss des Zusammenhalts der Gruppe auf die Leistung ist komplex. Generell darf man sagen, dass die Leistungsstreuung in der Gruppe bei steigender Gruppenkohäsion sinkt, da Gruppen mit hohem Zusammenhalt bei ihren Mitgliedern eine stärkere Beachtung der Gruppennormen herbeiführen. Die Leistungsnorm wird jedoch dann hoch liegen, wenn die Gruppe eine positive Einstellung zur Unternehmensspitze und zu den Vorgesetzten hat, welche die Leistungsforderung verkörpern. Ist die entsprechende Einstellung negativ, so kann die Gruppe mit hohem Zusammenhalt zur Clique werden, niedrige Leistungsnormen entwickeln und diese bei ihren Mitarbeitern durchsetzen, wodurch es zur Leistungsrestriktion kommt. Der Vorgesetzte sollte also den Gruppenzusammenhalt zu stärken suchen, positive Einstellungen zur Unternehmensführung fördern und selbst durch kooperativen Führungsstil Mitglied der Arbeitsgruppe zu werden suchen, was ihm ermöglicht, in der Gruppe Einfluss auf die Leistungsnorm zu nehmen.

Der Arbeitsinhalt ist im ungünstigen Fall Mittel zum Zweck des Geldverdienens, im günstigen Fall wirkt er als Anreiz, der zu einem Leistungsverhalten aktiviert, das selbst Befriedigung bereitet. Dieser günstige Fall ist gegeben, wenn die Arbeit abwechslungsreich ist, einen Schwierigkeitsgrad aufweist, der den Fähigkeiten und Fertigkeiten des Mitarbeiters angemessen ist, vom Mitarbeiter den Einsatz solcher Fähigkeiten fordert, die er bei sich selbst schätzt, zu besitzen glaubt und für wertvoll hält, und wenn dem Mitarbeiter Information über die Ergebnisse seiner Tätigkeit zugänglich ist, die für ihn ein Gütemaßstab ist, mit dem er sich auseinandersetzen kann. Für den Vorgesetzten bedeutet dies, auf der Grundlage einer Arbeitsplatzbeschreibung, Abwechslungsreichtum und Schwierigkeitsgrad einer Aufgabe abzuschätzen, durch Personalbeurteilung und Gespräche den dafür geeigneten Mitarbeiter auszuwählen, ihm die Arbeit so darzustellen, dass sie für das Gesamte bedeutsam ist und schätzenswerte Fähigkeiten fordert, und schließlich den Mitarbeiter über die Güte der von ihm erbrachten Leistungen zu informieren.

Die Arbeitszeit sollte so wenig wie möglich mit jenen Abschnitten des Tages kollidieren, in denen der Einzelne seinen am intensivsten ausgeprägten Freizeitinteressen nachgehen möchte. Dieser Forderung wird man auf die Weise gerecht, dass man dem Mitarbeiter die Verteilung seiner Arbeitszeit innerhalb einer größeren Periode weitgehend überlässt – etwa durch Einführung der gleitenden Arbeitszeit. Die Zufriedenheit und das Gefühl der Selbstverwirklichung steigen dann. Die Leistung dürfte sich zum einen dadurch erhöhen, dass der Einzelne sich in Zeiten seiner höchsten Arbeitsmotivation am Arbeitsplatz befindet, zum anderen dadurch, dass die Fehlzeiten sich verringern.

Arbeitszeitregelungen und Arbeitszeitmodelle lassen sich nicht langfristig festschreiben. Was für die einzelnen Mitarbeiter, für das Unternehmen und für das Umfeld optimal ist, hängt von vielfältigen sich wandelnden Bedingungen wie z. B. den Wertorientierungen der Mitarbeiter, den vom Unternehmen getätigten Investitionen und der Infrastruktur der Kommune ab. Arbeitszeitmodelle sollten daher angesichts sich verändernder Bedingungen immer wieder kritisch hinterfragt werden. Vor diesem Hintergrund sollte eine Lösung gesucht werden, die für die Mitarbeiter motivierend und zufriedenstellend ist, die aber zugleich mit den Interessen des Unternehmens und des Umfelds in Übereinstimmung gebracht werden kann.

Hohe Aufstiegschancen, die den Organisationsmitgliedern bewusst sind, erhöhen die Zufriedenheit. Langfristig haben sie diesen Effekt nur, wenn nachfolgend auch tatsächlich Aufstieg erfolgt. Bleibt er aus, so dürfte die aus frustrierter Aufstiegserwartung folgende Unzufriedenheit besonders hoch sein. Die Aufstiegserwartungen erhöhen die Leistungsbereitschaft bei solchen Mitarbeitern, die Aufstieg anstreben und zugleich der Meinung sind, dass er eine Folge erbrachter Leistung ist. Für den Vorgesetzten heißt dies, dass er die Aufstiegschancen nicht übertrieben positiv darstellen, sondern durch realistische Information überhöhten Aufstiegserwartungen und der nachfolgenden Frustration vorbeugen sollte, dass er bei Aufstiegsentscheidungen die Leistung berücksichtigen und die Mitarbeiter aber auch davon in Kenntnis setzen sollte; dabei müsste er allerdings prüfen, ob die bisher vom Mitarbeiter erbrachten Leistungen den Schluss auf gute Leistungen auf dem neu vorgesehenen Arbeitsgebiet rechtfertigen.

Für den Menschen ist es ein Ausdruck seiner selbst, was er beruflich tut, was das Ergebnis seines Engagements am Arbeitstag ist. Ob man stolz auf die Ergebnisse des eigenen Tuns ist oder sich dessen schämt, hängt stark davon ab, wie in der Öffentlichkeit und in der veröffentlichten Meinung die Produkte, Dienstleistungen oder Ideen bewertet werden, die das Unternehmen auf dem Markt anbietet. Das Unternehmen sollte also zum einen in seiner Strategie darauf achten, dass es ein Angebot für den Markt bereithält, das gesellschaftlichen Nutzen stiftet; es sollte dies aber auch nach innen kommunizieren und in diesem Zusammenhang eine Offenheit der Gesprächskultur herbeiführen, die es den Mitarbeitern erlaubt, Zweifel und Bedenken ohne Angst vor Sanktionen zu formulieren. Die Zweifel sollten ernst genommen werden, sei es in der Form, dass man die Angebote objektiv ändert oder aber Argumente bewusst macht, die dafür geeignet sind, die Zweifel zu relativieren.

Zunehmend für die Motivation und die Zufriedenheit der Mitarbeiter wichtig wird die Kultur des Unternehmens, die sich im Kern als das Insgesamt der tradierten Werte, Einstellungen, Normen und Verhaltensweisen im Unternehmen interpretieren lässt. Dieser Kern der Unternehmenskultur ist vielfach kaum bewusst, zumindest aber nicht reflektiert. Die Kultur wird jedoch erkennbar an typischen verbalen Äußerungen im Unternehmen, an der Art und Weise, wie Menschen miteinander umgehen, aber auch an dem, was diese Menschen an Sichtbarem im Unternehmen geschaffen haben. Die Kultur ist zum einen Ergebnis des Zusammenwirkens von Menschen über lange Zeit, zum anderen aber steuert sie deren Verhalten und gibt diesem Orientierung. Die Werte, die die Unternehmenskultur bestimmen, können für Mitarbeiter mit ganz anderen Wertorientierungen abstoßend sein und damit eine Identifikation mit dem Unternehmen unmöglich machen; sie können in Umkehrung dieses Gedankens, d. h. wenn sie den Wertorientierungen der Mitarbeiter entsprechen, die Identifikation erleichtern. Die Mitarbeiter gewinnen dann das Gefühl, das im Unternehmen zu finden, was ihnen selbst wichtig ist. Sie werden in der Kultur heimisch und identifizieren sich mit dem Unternehmen, was das Engagement steigert, Motivation erhöht und Zufriedenheit sichern kann.

Dadurch, dass die Menschen die Welt, in der wir leben, mit wachsender Beschleunigung verändern – man denke an die Globalisierung, den technischen Fortschritt, die Verrechtlichung nahezu aller Lebensbereiche oder die Verknappung natürlicher Ressourcen – müssen auch die Unternehmen sich wandeln und mit diesen die in ihnen tätigen Menschen. Diese aber entwickeln häufig Widerstand gegen den Wandel selbst dann, wenn sie dessen Notwendigkeit einsehen. Darin liegt einer der Gründe dafür, dass so viele betriebliche Veränderungsprojekte scheitern. Es ist wichtig, dass man die betroffenen Personen nicht mit einer „Strategie des Bombenwurfs“ vor vollendete Tatsachen stellt und sie so zu reinen Opfern der Veränderung macht. Ratsam ist dagegen die Beteiligung der Betroffenen, damit sie zu „Mittätern“ werden. Ein solches partizipatives Vorgehen erhöht nicht nur die Akzeptanz der Veränderung, sondern kann, da ja die Ideen kompetenter Fachleute eingebracht werden, die Qualität der Entscheidungen steigern und der Entwicklung aller Beteiligten dienen. Das wiederum fördert sowohl die Leistungsbereitschaft als auch die Zufriedenheit.

Neben den hier genannten Anreizen kommt an innerbetrieblichen Maßnahmen auch noch der Gestaltung des Arbeitsplatzes, der Kommunikation des Unternehmens mit der Umwelt, der Unternehmenspolitik und -verwaltung, den Sozial- und Zusatzleistungen, den Aus- und Weiterbildungsprogrammen und schließlich den Maßnahmen zur Gestaltung der Freizeit der Mitarbeiter erhebliche motivationale Bedeutung zu.

4. *Anhang*

Skizzen denkbarer Fall-Lösungen

Wenn hier denkbare Lösungsmöglichkeiten der 24 Fälle angeboten werden, so kann das nicht ohne Vorbemerkung erfolgen. Grundsätzlich: es gibt keine Patentlösungen. Andere erarbeitete Vorschläge sind unter Umständen gleich gut oder gar besser. Da man nicht alle Einflussgrößen kennt, die möglicherweise wichtig für den Fall sein könnten, ist stets fraglich, ob eine erarbeitete Lösung auch praktisch empfehlenswert wäre. Um dies zu entscheiden, wäre weitere Information erforderlich, die aus den Fällen nicht erhoben werden kann. Es ist aber im Rahmen von Schulungsmaßnahmen durchaus denkbar, dass der Seminarleiter entsprechende Information willkürlich gibt, um den Fall an die Interessenlage der Seminarteilnehmer anzupassen. Er kann aus diesem Grunde sogar noch weiter gehen und die Fälle in ihrer vorgegebenen Form modifizieren. (Die meisten Fälle, die in diesem Buch vorliegen, sind aus didaktischen Gründen oder der Anonymisierung wegen auch der Ausgangssituation gegenüber etwas abgewandelt worden.) Die hier vorgeschlagenen Lösungen sind also bestenfalls denkbare Möglichkeiten unter anderen, die nur brauchbar sind, wenn man bestimmte Voraussetzungen akzeptiert. Um auf die Vielfalt der Aspekte bei der Fallbearbeitung und -bewertung exemplarisch hinzuweisen, wurden die Lösungsskizzen für die Fälle XVII und XXIII etwas ausführlicher gestaltet. Diese Darstellungen lassen darüber hinaus erkennen, dass bei einer Umwandlung der Fälle in Rollenspielanweisungen nicht nur auf Sachaspekte, sondern auch auf Gesichtspunkte der Beziehung, des nonverbalen, des paraverbalen und sozialen Verhaltens zu achten ist.

Fall I: Ein Geheimnis und ein Gerücht

Die Gehaltshöhe eines Kollegen bleibt selten ganz geheim. Personalabteilung und Vorgesetzter hätten damit rechnen müssen, dass das hohe Gehalt eines neu Eingestellten sich bei dessen Kollegen herumspricht und bei ihnen ein Gefühl der Unterbezahlung hervorruft, dem Unzufriedenheit und absinkende Leistungen folgen können. Ein Anfangsgehalt für neu Eingestellte, das über dem durchschnittlichen Gehalt der anderen Mitarbeiter liegt, ist daher gefährlich, ungerecht und nicht ratsam. Die Lage auf dem Personalmarkt kann dennoch – obwohl stets überlegt werden sollte, ob es nicht eine förderungswürdige Nachwuchskraft aus den eigenen Reihen gibt – gelegentlich dazu zwingen. Ist dies der Fall, so ist jedoch vom Unternehmen zu fordern, in aktiver – nicht nur reaktiver – Gehaltspolitik die Gehälter der bisherigen Mitarbeiter zu überprüfen. Wird dies versäumt, so könnte es außer den genannten Folgen betriebstreue Mitarbeiter dazu anregen, durch den Wechsel in ein anderes Unternehmen ihr Gehalt zu verbessern.

Der Vorgesetzte handelte richtig, als er die konkrete Gehaltssumme des neu Eingestellten auf Befragen des Klageführenden verschwieg. Da ein gläsernes Gehaltskonto nicht eingeführt war, muss auch der Vorgesetzte das „Tabu der Gehälter" respektieren. Er hätte jedoch die gesamte Problemlage nicht als bloße Folge eines Gerüchts hinstellen dürfen, sondern – der Wahrheit gemäß – zugeben müssen, dass das Gehaltsgefüge gestört sei. Konsequenzen hätte er entsprechend dieser Sachlage verbindlich in Aussicht stellen müssen. Einen schweren Fehler beging der Vorgesetzte, als er den klageführenden Mitarbeiter bat, die Kollegen zu informieren und zu beruhigen. Dies ist eine Aufgabe des Vorgesetzten selbst.

Bei der gegebenen Sachlage erscheint es angemessen, anlässlich einer rasch herbeizuführenden Gehaltsüberprüfung die Gehälter der übrigen Mitarbeiter – individuell nach der Leistung differenziert, u. U. zeitlich gestreckt – an die Gehaltshöhe des neu Eingestellten anzupassen. Falls dieser in seiner Leistung wirklich so hervorragend ist, wie angenommen, erschiene es theoretisch auch denkbar, sein hohes Gehalt den Kollegen gegenüber als leistungsgerechte Entlohnung zu rechtfertigen. Da es dem Vorgesetzten jedoch bei einem neu Eingestellten kaum möglich sein dürfte, seine Leistung differenziert zu kennen und mit dieser eine deutliche Gehaltsdifferenz zu rechtfertigen, scheidet dieser Weg praktisch aus.

Fall II: Mehr Geld und wenig Freude

Die Gehaltspolitik des Unternehmens ist, wie sich in diesem konkreten Fall zeigt, falsch und damit auch die Argumentation des Bereichsleiters psychologisch unangemessen. Es gibt gute Gründe dafür, Gehaltserhöhungen nicht über ein bestimmtes Maß hinausgehen zu lassen; sie gelten jedoch nicht, wenn ein Mitarbeiter in einen anderen Aufgabenbereich aufsteigt. In einem solchen Fall wird der Aufsteigende die Höhe seines Gehalts weniger an der Höhe seines bisherigen Gehalts messen als vielmehr an der Höhe des Gehalts seiner neuen Kollegen. Daraus kann – wie in diesem Falle wahrscheinlich – das Erlebnis der Unterbezahlung erwachsen, das trotz Freude an der neuen Aufgabe und Verantwortung Unzufriedenheit nach sich ziehen und die Neigung fördern kann, die Leistung der subjektiv erlebten Gehaltshöhe anzupassen, sich also weniger einzusetzen.

Dem Unternehmen wäre zu raten, auf eine gerechte Gehaltsstruktur innerhalb der einzelnen hierarchischen Ebenen bzw. Aufgabengebiete zu achten, nicht dagegen auf die Gehaltshöhe, die bei Aufstieg aus den eigenen Reihen ein Mitarbeiter zuvor hatte. In diesem speziellen Falle wäre zugleich zu prüfen, ob der Gehaltssprung zwischen den Ebenen der Abteilungsleiter und der Hauptabteilungsleiter – bedingt durch die Einstellungsbedingungen der von außen gewonnenen Hauptabteilungsleiter – nicht zu groß geworden ist und das gesamte Gehaltsgefüge innerhalb des Unternehmens verzerrt hat.

Fall III: Folgen der Krankheit eines Vorgesetzten

Der Führungsstil des später erkrankten Vorgesetzten war offensichtlich durch einen hohen Grad an Aufgabenorientierung, jedoch durch einen geringen Grad von Mitarbeiterorientierung und eine geringe Bereitschaft, die Mitarbeiter durch Delegation und Partizipation in die Verantwortung zu ziehen, gekennzeichnet. Mitarbeiter wurden vermutlich dann von ihm als besonders tüchtig beurteilt, wenn sie fleißig das ausführten, was er anordnete, und entsprechend auf Selbstständigkeit und Initiative verzichteten.

Jene drei Mitarbeiter, die seit über zehn Jahren in der Abteilung tätig waren, hatten sich möglicherweise damit abgefunden, dass keine Eigenverantwortung von ihnen gefordert wurde, und dies schließlich sogar als bequem geschätzt. Vielleicht aber waren sie auch – bedingt durch ein autoritäres Elternhaus und eine autoritäre Schule – in ihrer Motivstruktur so geartet, dass sie direktive Führung wünschten und vor eigener Verantwortung Angst empfanden. Sie arbeiteten daher gern unter der Führung des Abteilungsleiters, da diese ihrer Motivstruktur entsprach, während andere, die Selbstständigkeit und Möglichkeiten zur Eigeninitiative wünschten, kündigten. In diesem letztgenannten Punkt dürfte auch die Ursache der hohen Fluktuationsrate in der Abteilung liegen.

Nach der Erkrankung des Vorgesetzten konnten die jüngeren Mitarbeiter, begünstigt durch die wenig enge Führung des nächsthöheren Vorgesetzten, die Initiative ergreifen und selbstständig an die Lösung der anfallenden Aufgaben gehen. Dass es dabei zu Koordinierungsschwierigkeiten und Fehlern kam, ist beinahe selbstverständlich: Die Mitarbeiter konnten so rasch die für die Aufgaben relevanten Informationen und den notwendigen Überblick nicht gewinnen, die der Vorgesetzte ihnen, sicher nicht in böser Absicht, sondern dadurch, dass er sie nicht in die Verantwortung einbezog, vorenthalten hatte. Die Neuerungen, für die sich die jungen Mitarbeiter einsetzten, bedeuteten für die älteren, dass sich die Arbeitsverhältnisse, an die sie sich gewöhnt hatten, änderten. Sie suchten diese zu verteidigen, wodurch verständlich wird, dass es zu zwei Gruppen kam, zwischen denen – der unterschiedlichen Interessenlage wegen – Spannungen herrschten.

Der Vorgesetzte wird wahrscheinlich nach seiner Genesung wieder seinen bisherigen Führungsstil zeigen. Die jüngeren Mitarbeiter werden sich dann von ihrer neu gewonnenen Selbstständigkeit trennen müssen, was sie in die Resignation oder in die Kündigung treiben dürfte. Dies sollte – durch den nächsthöheren Vorgesetzten – verhindert werden. Diesen trifft ohnehin eine Mitschuld, da er die Probleme in der Abteilung, insbesondere die hohe Fluktuation bei den jüngeren Mitarbeitern, Jahre lang übersehen hat. Hier war er seiner Führungsverantwortung nicht nachgekommen.

Da es nun aber menschlich wenig fair wäre, einen mit hohem Einsatz und bester Absicht führenden Abteilungsleiter zu entlassen, was ohnehin arbeitsrechtlich schwierig sein dürfte, angesichts seiner langjährigen Erfahrung auch sachlich ein erheblicher Verlust für das Unternehmen wäre, erscheint folgendes ratsam: Falls es in der Kultur des Unternehmens verankert ist und nicht als strafende Sanktion verstanden wird, sollte in der Abteilung, moderiert durch einen erfahrenen neutralen Coach, eine Aufwärtsbeurteilung durchgeführt werden. Die Ergebnisse sollte der Coach zunächst unter „vier Augen" mit den Vorgesetzten und danach in einem moderierten Gespräch mit der gesamten Gruppe diskutieren. Ein längeres Einzelcoaching für den Abteilungsleiter könnte sich anschließen. Dadurch sensibilisiert sollte er durch Schulungsmaßnahmen Prinzipien moderner Führung, vor allem der Delegation von Verantwortung, kennen und anzuwenden lernen. Da dies allein einen langjährig ausgeübten Führungsstil kaum nachhaltig verändern dürfte, müssten parallel mit den Schulungsmaßnahmen organisatorische Maßnahmen ergriffen werden. Zu denken wäre hier bevorzugt an präzise, auf das Delegationsprinzip zugeschnittene Tätigkeitsbeschreibungen. Darin sollten u. a. klar die Aufgaben umrissen sein, die jeder selbstständig zu bearbeiten hat, die Rechte bezeichnet sein, die ihm übertragen sind und die Verantwortung genannt sein, die er zu tragen hat.

Die Tätigkeitsbeschreibung sollte zwischen Vorgesetzten und Mitarbeitern abgesprochen, von beiden akzeptiert und unterschrieben werden, um spätere Meinungsverschiedenheiten über den Inhalt möglichst unwahrscheinlich zu machen.

Da durch diese Maßnahmen die Rollen des Abteilungsleiters sowie der jüngeren und der älteren Mitarbeiter jeweils neu definiert werden, kann es bei der künftigen Kooperation zu Spannungen, Missverständnissen und Konflikten kommen. Daher könnte sich ein Teamentwicklungstraining unter der Leitung eines gruppendynamisch erfahrenen Trainers als hilfreich erweisen, in dessen Zentrum ein wechselseitiges Rollenaushandeln und die Erarbeitung eines veränderten Selbstverständnisses der Abteilung stehen sollte.

Fall IV Ein großer Sprung nach oben

Herr Schmitz war bisher beruflich ungewöhnlich erfolgreich. Er hat im Produktionsbereich nicht nur sein hohes fachliches Wissen zielgerichtet umgesetzt, sondern auch einschlägige Projekte souverän gemanagt. Dabei konnte er sich auf sein hervorragendes Fachwissen, seine Managementfertigkeiten und seine soziale Kompetenz verlassen. Er war in der Lage, die Aufgaben eines jeden Projektmitarbeiters bis ins Detail zu beurteilen, hätte sogar nach kurzer Einarbeitung jeden von diesen ersetzen können, was es ihm ermöglichte, die „Aufgabenpakete" und die Zeitziele sachgerecht zu vereinbaren. Im menschlichen Umgang mit seinen Projektmitarbeitern aber auch mit anderen Personen in der Produktion war er sich sicher, fand für jeden den richtigen Ton und gewann so bei Mitarbeitern, Kollegen und Vorgesetzten hohe Akzeptanz.

Dies war die Basis dafür, dass ihn sein Vorgesetzter und Mentor als Leiter eines strategisch sehr wichtigen Projekts vorschlug, die Teilverlagerung der Produktion ins Ausland. Da Herr Schmitz bisher beruflich nur Erfolge hatte, traute er sich die Bewältigung dieses Auftrags, insbesondere auf Grund seiner bisher sehr guten Projekterfahrungen, durchaus zu und engagierte sich für die neue Aufgabe. Dabei vernachlässigte er, dass es sich nun um eine weitgehend neue Anforderung handelte, auf die er seine bisherigen Erfahrungen kaum übertragen konnte. Er hatte nun selbstbewusste qualifizierte Fachleute aus Gebieten zu koordinieren, von deren

Spezialwissen er selbst herzlich wenig verstand. Führung wurde für ihn zu einer Koordination von Spezialisten (Juristen, Ökonomen, Architekten, Informatiker etc.), was er bisher noch nie geleistet hatte und worauf ihn weder das Unternehmen noch sein bisheriger Vorgesetzter – etwa durch einschlägige Schulungsmaßnahmen – vorbereitet hatte.

Herr Schmitz musste also „ins kalte Wasser springen" und übertrug dabei seine guten Erfahrungen von gestern unkritisch auf die Anforderungen von heute. Konkret hieß dies, dass er trotz mangelnder Sachkenntnis den Umfang und den Zeitbedarf der Aufgaben seiner Spezialisten selbst zu beurteilen suchte und, wenn auch ein wenig verkappt, Zielvorgaben für diese formulierte. Wie er es bisher gewohnt war, wollte er alles unter Kontrolle behalten. Damit verletzte er das Selbstwertgefühl seiner Spezialisten, die sich vermutlich von einem auf ihrem Gebiet weniger qualifizierten Projektleiter nichts vorschreiben lassen wollten, und kam dabei vermutlich auch zu nicht sachgerechten Einschätzungen des notwendigen Arbeitsbedarfs.

All dies eskalierte in der Auseinandersetzung mit dem Informatiker, dem er offensichtlich ein unrealistisch enges Zeitkorsett für dessen Arbeit vorgegeben hatte. Der Informatiker hatte vermutlich äußerst engagiert bis spät in die Abende hinein gearbeitet und musste es als äußerst verletzend erleben, wenn ihm nun mangelnde fachliche Kompetenz und mangelnder Einsatz vorgeworfen wurde. Der Informatiker wird jetzt vermutlich „sauer" sein und kaum noch bereit, sich besonders zu engagieren. Im Extremfall neigt er nun gar zu Reaktanz, zu Leistungszurückhaltung und freut sich heimlich darüber, wenn der Projektleiter seine Ziele nicht erreicht. Vermutlich ist das, was in diesem konkreten Fall geschah, lediglich die Spitze des Eisbergs. Unter der Oberfläche schwelen möglicherweise ähnliche Konflikte mit den anderen Fachleuten.

Wenn Herr Schmitz nun ein Gespräch mit seinem Mentor und Vorgesetzten führt, so sollte dieser ihn nicht kritisieren, sondern coachen und unterstützen. Schließlich trägt er eine Mitschuld, da er Herrn Schmitz nicht angemessen für die weitgehend neuen Aufgaben vorbereitet und geschult hat. Er sollte ihm im Gespräch verdeutlichen,

- dass die derzeitige Projektaufgabe grundsätzlich anders als die bisherigen strukturiert ist und er also nicht seine Erfahrungen auf die neue Situation ungeprüft übertragen kann,
- dass der Konflikt mit dem Informatiker vermutlich nur die Spitze des Eisbergs ist und möglicherweise vergleichbare Konflikte latent mit anderen Spezialisten bestehen,
- dass er sich jedoch beim Informatiker glaubhaft für sein Verhalten und die ungerechtfertigten Vorwürfe entschuldigen sollte, selbst wenn ein Fehler des Informatikers darin bestanden hat, ihn nicht rechtzeitig darauf hinzuweisen, dass er mit der Arbeit nicht der Terminsetzung entsprechend fertig werden wird,
- dass er sein Führungsverhalten in dem Sinne modifizieren sollte, dass er seinen Fachleuten grundsätzlich – bis zum klaren Beweis des Gegenteils – Vertrauen entgegen bringen sollte und auf dieser Basis auf Zielvorgaben verzichten und Zielvereinbarungen treffen sollte, ganz davon abgesehen, sich in deren Fachgebiet einzuarbeiten, um die Kontrolle über die Abläufe wieder zu gewinnen.
- Er sollte seinen Fachspezialisten deutlich machen, dass es sich hier nicht um „sein" Projekt, sondern um das des ganzen Teams handle und dass sie das Projektergebnis gemeinsam dem Vorstand präsentieren werden,
- dass in diesem Erfolg eine Vision bestehen kann, die für alle befriedigend und zugleich ein Schritt auf der Karriereleiter sein werde,
- dass möglicherweise ein moderierter Teamentwicklungsworkshop innerhalb des Projektes ratsam sein könne, um mögliche Spannungen und Missverständnisse zu bearbeiten,
- dass aber grundsätzlich wegen der strategischen Bedeutung des Projekts die Zeitziele eingehalten werden müssten, aber über die Bedingungen durchaus gesprochen werden könne; z. B. könnte

er nach einer Klärung der Beziehungskrise dem Informatiker anbieten, dass er sich für einige Wochen oder Monate zusätzliche Expertise „einkaufen“ sollte, um innerhalb des Zeitplans die Aufgaben zu bewältigen. Auf keinen Fall sollte der Projektleiter ihm einen Informatiker zur Unterstützung aussuchen, weil dies sein Informatiker als Misstrauensvotum interpretieren könnte.

- Schließlich sollte der Vorgesetzte sich dafür entschuldigen, dass er seinem Projektleiter nicht rechtzeitig eine adäquate Schulung habe absolvieren lassen und dass dies mit Blick auf künftige Projekte nach erfolgreichem Abschluss des jetzt laufenden nachgeholt werden solle,
- und dass er, falls der Projektleiter dies wünsche, ihm selbstverständlich jeder Zeit mit Rat und Tat zur Verfügung stände und auch bereit sei, einen Coach für ihn zu finanzieren, von dem er sich bei Bedarf Unterstützung und Hilfe holen könne.

Fall V: Das Zeitziel

Die hoch qualifizierten Mitarbeiter fühlten sich ganz offensichtlich durch das anspruchsvolle Zeitziel in ihrer fachlichen Kompetenz herausgefordert, wollten diese unter Beweis stellen und waren in starkem Maße in ihrem Leistungsmotiv aktiviert. Darüber hinaus darf man annehmen, dass sie sich stark mit dem Unternehmen identifizieren und deshalb glaubhaft bestrebt werden, Schaden in erheblichem Ausmaß von diesem abzuwenden. Selbstverständlich waren sie überzeugt davon, dass der kommende Montag das Zeitziel war und hier keine Toleranz, kein Puffer bestand.

Ganz offensichtlich war dem Abteilungsleiter, der weder die Gruppe, noch zumindest den Gruppenleiter über den bestehenden Puffer informiert hatte, ohne Absicht und ohne dies zu bedenken ein schwerwiegender Führungsfehler unterlaufen. Vermutlich hatte er durch seine längere Abwesenheit im Ausland das unter Zeitdruck geratende Projekt nicht bedacht und daher schlicht vergessen, sich elektronisch mit seinem Gruppenleiter in Verbindung zu setzen.

Die Intensität der Leistungsmotivation, die in der Gruppe bestand, lässt sich am hohen Engagement ablesen, das dazu führte, dass die Mitarbeiter in der Nacht zum Freitag und zum Samstag durcharbeiteten und darüber hinaus auch den Samstag weitgehend der zu erledigenden Aufgabe widmeten. Erkennbar wird die Höhe der Motivation auch daran, dass nach Fertigstellung der Aufgabe alle stolz und zufrieden das fertig gestellte Produkt ihrem Abteilungsleiter vorstellten, dessen Lob und Anerkennung freudig annahmen und die pünktliche Auslieferung des Geräts erwarteten. Geradezu schockhaft mussten sie die Mitteilung erleben, dass noch eine volle Woche Zeit für die Fertigstellung der Arbeit vorhanden gewesen wäre. Dies lässt in ihrem Erleben ihr hohes Engagement zum unnötigen Aufwand, zur Farce werden, bis hin zu dem Gefühl „verarscht" worden zu sein. Das Vertrauen zum Abteilungsleiter dürfte damit zutiefst erschüttert worden sein, außerdem ist damit zu rechnen, dass über lange Zeit Ziele für die Mitglieder der Gruppe ihre aktivierende Wirkung verlieren werden und schlicht nicht als glaubhaft, sondern als „Mondziele" gelten müssen.

Angesichts der Dramatik der Situation und der massiven Vertrauensgefährdung hätte es für den Abteilungsleiter nach seiner Rückkehr aus dem Ausland nahe gelegen, zu einer „Notlüge" zu greifen, der Gruppe mit anerkennenden Worten zu danken und das Geräte sofort – und damit vor der Zeit – an den Kunden auszuliefern. Da aber, ganz abgesehen von ethischen und moralischen Bedenken, Lügen häufig „kurze Beine" haben, bleibt dem Vorgesetzten wohl nur der Weg, sich unter der Leitung eines akzeptierten und vertrauenswürdigen Moderators mit der Gruppe zusammenzusetzen, sich „zerknirscht" zu entschuldigen, auf die Schwierigkeit zu verweisen, die er aktuell hatte, sich rechtzeitig mit der Gruppe in Verbindung zu setzen und die Notwendigkeit von Sicherheitspuffern für das Unternehmen zu erläutern. Er müsste zum Ausdruck bringen, wie verständlich für ihn die Enttäuschung, ja die Wut der Teammitglieder sei und müsste dann alle darum bitten, ihm – nach entsprechender Bewährungszeit – ihr Vertrauen wieder zu schenken. Zudem sollte klar vereinbart werden, wie künftig die Problematik der Zeitziele und die vom Unternehmen gelegentlich gesetzten Zeitpuffer kommunikativ gehandhabt werden sollten. Es steht angesichts der Gewichtigkeit des Falles jedoch außer Frage, dass es für den Abteilungsleiter nicht leicht sein dürfte, die gute Beziehung zu den Gruppenmitgliedern wieder herzustellen und ihr Vertrauen erneut zu gewinnen.

Generell soll an dieser Stelle darauf verwiesen werden, dass es sich wirklich um einen gewichtigen, geradezu dramatischen Fall handelte, der aber im Alltag in abgeschwächter Form ausgesprochen häufig ist. Wie oft heißt es, dass eine Vorlage, ein Bericht, eine Datenzusammenstellung etc. bis spätestens z. B. zum 31. Juli in der Abteilung C vorliegen müsse. Der betroffene Mitarbeiter, bzw. die betroffene Gruppe engagieren sich, machen Überstunden, nehmen Arbeit mit nach Hause und liefern den Bericht pünktlich in der Abteilung C ab. Dann betritt eine Woche später der betroffene Mitarbeiter oder ein Mitglied der Gruppe das Sekretariat der Abteilung C. Dort liegt ungeöffnet der mit so viel Aufwand pünktlich erstellte Bericht. Die Anreizwirkung von Zielen und das Vertrauen von Mitarbeiten in die Führung und in das Unternehmen werden auf diese Weise untergraben.

Fall VI: Nur ein Missverständnis?

Der Meister bemüht sich offensichtlich grundsätzlich um eine angemessene und positive Führung seiner Mitarbeiter. Dies wird daran deutlich, dass er regelmäßig Arbeitsgespräche mit ihnen führt und auch bereit ist, dabei für Leistungsfortschritte und gute Ergebnisse Anerkennung auszusprechen. Auch sein Versuch, seinen Mitarbeitern Ziele vorzugeben, ist grundsätzlich zu akzeptieren, wobei es - insbesondere mit Blick auf eine Akzeptanz der Ziele durch die Mitarbeiter - günstiger wäre, wenn er sich dabei um Zielvereinbarungen bemühen würde.

Ohne Frage aber hat er bei der Formulierung der Ziele die Forderung nicht berücksichtigt, dass Ziele präzise und spezifisch zu formulieren seien. Da in der hier gegebenen Situation vermutlich ein Zielkonflikt zwischen dem Qualitäts- und dem Quantitätsziel besteht, hätte es deutlich machen müssen, was in diesem Fall die Priorität hat und worauf der Mitarbeiter ganz konkret zu achten habe.

Da er zuvor immer wieder die Bedeutung der Qualität betont hat, ist es nahe liegend, dass der Mitarbeiter angesichts der unpräzisen Aussage vermutet hatte, dass Qualität und Fehlerfreiheit im Vordergrund stehen. Die Forderung, der Mitarbeiter solle sich mehr anstrengen, ist weitgehend vage und unspezifisch im Sinne der Formulierung „Tu Dein Bestes!“ und legt weder die inhaltliche Dimension der geforderten Leistung noch deren präzise Höhe fest. Zu kritisieren ist, dass der Meister die offensichtliche Qualitätsverbesserung und die darin sichtbar werdende Anstrengung seines Mitarbeiters nicht anerkannt, sondern als selbstverständlich abwertet. Offensichtlich fehlt ihm auch die Einsicht in die Fehlerhaftigkeit seiner Argumentation bzw. die Bereitschaft, seinen Führungsfehler einzugestehen. In dieser Situation wäre es angemessen, wenn der Meister versuchen würde, die Basis des Missverständnisses seines Gesprächs mit dem Mitarbeiter aufzuhellen, sich bei ihm dafür zu entschuldigen, dass er offensichtlich seine Vorstellung nicht präzisiert hat und mit dem Mitarbeiter zur vereinbaren, dass dieser künftig das vorgegebenen oder besser vereinbarte Ziel mit eigenen Worten noch einmal wiederholen sollte, um damit Missverständnisse unwahrscheinlich zu machen.

Generell erscheint es ratsam, dass der Meister im Rahmen einer entsprechenden Schulung noch einmal auf dem Feld der Führung mit Zielen und der Formulierung angemessener Ziele trainiert wird.

Fall VII: Der Traum von Brasilien

Der junge Mann hat – das zeigt die Bindung an diesen Traum über die vielen Jahre seit der Jugend – das große Ziel, als Ingenieur in Brasilien zu arbeiten. Dafür engagiert er sich, das ist ausschlaggebend für seine Entscheidung für ein bestimmtes Unternehmen, das einen Standort in Brasilien aufbaut. In seinen Hoffnungen und Erwartungen wird er immer wieder gestützt. Er glaubt sich durch seinen Chef und die Personalabteilung gut darauf vorbereitet, bald in seinem Traumland mit der Arbeit beginnen zu können. Generell weiß er sich wertgeschätzt und unterstützt und sieht dafür Hinweise in den erheblichen Investitionen in seine Person und Qualifikation. Es freut ihn, dass er auf fachlichem und persönlichem Gebiet vom Unternehmen entwickelt wird und investiert daher gern auch selbst in seinen portugiesischen Sprachunterricht.

Umso größer ist seine Enttäuschung, als nicht er, sondern zwei seiner Kollegen, von denen einer in seinen Augen dazu deutlich weniger als er selbst geeignet ist, nach Brasilien versetzt werden. Die schmeichelnden und anerkennenden Worte seines Vorgesetzten, sowie die erhebliche Verbesserung seiner Bezüge erscheinen ihm angesichts der Situation geradezu als Hohn und treffen das, was er sich erwartet hat, in keiner Weise. Das Unternehmen hat ihn nicht glaubhaft über seine berufliche Zukunft informiert, hat seine immer wieder unterstrichenen zentralen persönlichen beruflichen Ziele nicht berücksichtigt und ihm entsprechend nicht das geboten, was ihm wirklich wichtig war. Er kündigt, offensichtlich erzürnt und tief enttäuscht, ohne ein weiteres Gespräch und ohne lange Überlegung sofort.

Dieser Vorfall sollte für das Unternehmen Anlass sein, seine Nachwuchsarbeit noch einmal vertieft zu reflektieren. Hohe Investitionen in Maßnahmen der Personalentwicklung, Zeitinvestitionen in regelmäßige Gespräche mit den qualifizierten Mitarbeitern, sowie eine möglicherweise deutlich über dem Durchschnitt liegende Entlohnung werden kaum jene Bindung und Loyalität der Mitarbeiter zur Folge haben, die das Unternehmen offensichtlich anstrebt. So gilt es, systematisch die glaubhaften Vornahmen und persönlichen beruflichen Ziele der Mitarbeiter zu erkunden und die mittel- und langfristige Personalplanung wesentlich dadurch bestimmen zu lassen. Dabei wird sicherlich nicht alles realisiert werden können, was die Mitarbeiter sich erhoffen. Dann aber sollten rechtzeitig und mit überzeugenden Begründungen die Führenden ihre Mitarbeiter darüber informieren und ihr Verständnis zu gewinnen suchen. Wenn wider besseres Wissen Hoffnungen aufrecht erhalten und unwahr über die Zukunft informiert wird, dann kann das Ganze bei den Mitarbeitern nur zur menschlichen Enttäuschung und beim Unternehmen zu Fehlinvestitionen in der Personalarbeit führen.

Fall VIII: Die Professionalisierung der Personalarbeit

Der Unternehmer tat gut daran, die Personalarbeit in fachkundige Hände zu legen. Wie auf vielen Gebieten, die durch steigende Komplexität und zunehmende Verwissenschaftlichung zu Spezialistengebieten werden, reicht für deren Bewältigung die Praxiserfahrung von gestern allein nicht aus. Allerdings hat ihm der Headhunter ganz offensichtlich nicht einen besonders geeigneten Kandidaten empfohlen. Der Bewerber dürfte in zwar hohem Grad fachlich kompetent sein und über beachtliches und theoretisches Wissen verfügen. Die Art seines Auftretens und die Schwerpunkte seines Studiums zeigen aber, dass er sich all zu sehr auf ausschließlich rationale Konzepte verlässt. Dies zeigt sich zwar positiv darin, dass er einen ausgewiesenen Fachmann für eine psychologisch begründete Personalauswahl und -entwicklung als Berater heranzieht, es zeigt sich aber nachteilig darin, dass er ohne Rücksprache mit den jeweils Betroffenen deren Werdegang plant und dann, selbst wenn er auf Widerspruch stößt, relativ starr an seinen Konzepten fest hält. Er vergisst, dass zum beruflichen Erfolg neben dem Können auch das Wollen, also das Anstreben ganz bestimmter Tätigkeiten und Berufswege, gehören. Dies vernachlässigt er ganz. Die qualifizierten Mitarbeiter des Unternehmens können unter diesen Bedingungen ihre persönlichen berufliche Ziele nicht realisieren, so dass es kaum verwundert, dass viele unzufrieden sind, sich nicht besonders engagieren und einige das Unternehmen nach relativ kurzer Zeit verlassen. Insgesamt steht ein beachtlicher Aufwand einem relativ mageren Ergebnis gegenüber.

Der Arbeitsstil des Personalleiters müsste auf diesem Feld grundsätzlich verändert werden. Dazu gehört zum einen, dass er sein fachliches Wissen in Schulungen insoweit modifiziert, dass die Führungskräfte allein mit ihren Mitarbeitern die Jahresgespräche führen und deren Entwicklung verantworten. In den Gesprächen, die er selbst und die seine Führungskräfte mit den Mitarbeitern führen, sollte zudem systematisch darauf geachtet werden, dass deren Selbstbild, deren Bild von der eigenen Zukunft, deren kurz-, mittel- und langfristigen beruflichen Ziele sehr ernst genommen werden und man dann gemeinsam einen Abgleich zwischen diesen Vorstellungen, den im Unternehmen bestehenden Möglichkeiten und der fachlichen Einschätzung dieser Personen zu finden sucht. Damit würde nicht nur mittelfristig der Zufriedenheit der Einzelnen und ihrer längerfristigen Bindung an das Unternehmen gedient, sondern sie würden darüber hinaus in der Kompetenz gefördert, sich selbst eigenverantwortlich zu entwickeln und – unterstützt durch ihre jeweiligen Führungskräfte und das Unternehmen – eigenverantwortlich ihre Laufbahn zu planen.

Fall IX: Zusammenarbeit zwischen zwei Abteilungen

Es kann bei gegebener Sachlage kaum überraschen, dass die mit der Sonderaufgabe betraute Gruppe nicht erfolgreich arbeitete und sich Spannungen entwickelten. Es war angemessen, dass der Hauptabteilungsleiter im Gespräch mit seinen fünf Abteilungsleitern bei wechselseitiger Kommunikation das Problem besprach und gemeinsam jene Abteilungen benannt wurden, die von ihrem Fachwissen her zur Lösung besonders geeignet erschienen. Bereits jetzt hätte festgelegt werden müssen, ob der Hauptabteilungsleiter selbst – was besonders ratsam erschiene, um zu vermeiden, dass sich die Mitglieder der einen Abteilung als „Wasserträger“ der anderen Abteilung fühlen – oder einer der Abteilungsleiter als Leiter der Projektgruppe gilt bzw. einen ernennt. Ein ernannter Projektleiter hätte – nach Einholung entsprechender Informationen – die Mitglieder der Projektgruppe nach den Gesichtspunkten fachlicher und sozialer Kompetenz sowie persönlichen Zueinanderpassens und erhöhter Motivation für Teamarbeit zusammenstellen müssen, wobei die Überlegung ratsam gewesen wäre, ob nicht beide Abteilungen eine gleiche Zahl von Mitarbeitern, zwei oder drei, für die Projektgruppe abstellen sollten. Der Vorgesetzte der Projektgruppe hätte dann alle Mitglieder gemeinsam über die Aufgabe informieren sollen, um etwa einen Tag später, wenn sich die Gruppe mit der Aufgabe etwas vertraut gemacht hat, den Zeitbedarf mit ihr abzusprechen. Außerdem hätten die Probleme besprochen werden müssen, die sich daraus ergeben, dass die Mitarbeiter kurzfristig aus ihren bisherigen Arbeitsgruppen und Projekten herausgerissen werden.

Die getrennte Information an Teile der Gruppe durch die beiden Abteilungsleiter war ein schwerer Fehler, der Missverständnisse innerhalb der Gruppe bedingte. Die zeitliche Vorgabe ohne Absprache mit den betroffenen Fachleuten führte vermutlich Verstimmung herbei. Da es dem Leiter der Projektgruppe, der günstigsten Falles der Hauptabteilungsleiter hätte sein können, wahrscheinlich nicht möglich gewesen wäre, in der Gruppe mitzuarbeiten, hätte er an ein Gruppenmitglied die Koordinierungsaufgaben mit den entsprechenden Rechten und Verantwortungen delegieren und es verpflichten müssen, ihn in bestimmten zeitlichen Abständen über die Arbeit in der Gruppe zu informieren. Gegen den Besuch des Hauptabteilungsleiters bei der Projektgruppe ist wenig einzuwenden – er hätte jedoch weniger als Kontrolle gewirkt, wenn er offiziell Leiter der Projektgruppe gewesen wäre und deren Mitglieder über die Aufgabe informiert hätte.

Der Hauptabteilungsleiter sollte sich bei der jetzt gegebenen Situation mit den Abteilungsleitern absprechen, dann ein grundsätzliches Gespräch mit der Projektgruppe führen, die Aufgabe eingehend mit ihr diskutieren, den Zeitbedarf gemeinsam festlegen, ein Mitglied mit der Koordination betrauen und dieses Mitglied zur regelmäßigen Information ihm gegenüber verpflichten.

Fall X: Ein Gespräch, das verstimmt

Die Organisation der Kommunikation über die Leistungen der Abteilungsleiter ist in dem genannten Kaufhaus nicht unproblematisch. Dem Vertreter der Verkaufsleitung wird es oft schwer möglich sein, sich lediglich zu informieren, die Wertung aber dem Geschäftsführer als Disziplinarvorgesetztem zu überlassen.

Im genannten Fall hat der Geschäftsführer sich in vielerlei Hinsicht falsch verhalten. Er führte keine echte Gelegenheit zum wechselseitigen Gespräch herbei, wählte einen Tonfall, der für ein Mitarbeitergespräch – selbst wenn schwerwiegende Gründe für Kritik vorliegen – gänzlich ungeeignet ist und übte in unangemessener Weise nur Kritik, ohne Anerkennung auszusprechen, so dass die Gesamtbewertung der Leistung des Abteilungsleiters völlig verzerrt ist und diesem ungerecht erscheinen muss.

Es ist angemessen, dass der Vertreter der Verkaufsleitung bei einem so eklatanten Fall falscher und ungerechter Gesprächsführung in das Gespräch einzugreifen sucht. Er sollte, nachdem der Abteilungsleiter den Raum verlassen hat, den Geschäftsführer auf sein Fehlverhalten hinweisen, ihm sagen, dass er seinen Eindruck von dem Gespräch in den Bericht an die Verkaufsleitung aufnehmen werde, und seine Bereitschaft erklären, als Zeuge aufzutreten, falls der Abteilungsleiter bei der Verkaufsleitung Beschwerde führt. Der Vertreter der Verkaufsleitung sollte den sicherlich stark frustrierten Abteilungsleiter, der vermutlich mit Kündigungsgedanken spielt, noch einmal aufsuchen, ihm sagen, dass er die Art, wie er das Gespräch beendet habe, zwar nicht billige, jedoch angesichts der Situation Verständnis dafür habe. Er lege ihm nahe – falls der Geschäftsführer nicht von sich aus die Angelegenheit ins Reine bringe –, den Beschwerdeweg zu wählen und ihn in diesem Fall als Zeugen zu benennen.

Die Verkaufsleitung sollte mit dem Geschäftsführer ein Gespräch über den Vorfall suchen, prüfen, ob es sich um einen Einzelfall handelt, und sich andernfalls überlegen, ob der Geschäftsführer einer intensiven Schulung bedarf oder gar in seiner Position weiterhin tragbar ist.

Fall XI: Spannungen in der Werbeabteilung

Die harmonischen Beziehungen innerhalb der Abteilung nach Eintritt des jungen Fotografen beruhen vermutlich auf einem labilen Gleichgewicht. Unterschwellig ist wahrscheinlich bei einigen der weiblichen Mitarbeiter eine gewisse Frustration darüber gegeben, dass sich der offensichtlich charmante junge Mann ihnen nicht bevorzugt zuwendet. Man darf vermutlich von einem latenten, den Mitarbeiterinnen möglicherweise gar nicht bewussten Konflikt ausgehen.

Gelegentlich wird wohl auch – überspitzt gesagt – eine gewisse Eifersucht ohne wirklichen Anlass in der Abteilung geherrscht haben. Das labile Gleichgewicht konnte bislang durch das geschickte Verhalten des Fotografen aufrechterhalten werden, wurde aber durch einen geringfügigen Anlass gestört. Der Abteilungsleiter sollte in einem Gespräch mit dem Fotografen diesen darauf hinweisen, dass seine Bemerkung ein Fehler war, jedoch zugestehen, dass die Reaktionen der Damen dem Anlass nicht entsprachen. Er sollte dem jungen Mann aber zugleich zeigen, dass diese Reaktionen ja für ihn eigentlich schmeichelhaft seien; er solle sich einen Ruck geben, trotz der unangemessenen Reaktionen der Kolleginnen von sich aus ritterlich die Versöhnung einleiten, sich entschuldigen und vielleicht sogar eine Flasche Wein mitbringen, um auf den wiederhergestellten Frieden anzustoßen. Es ist übrigens zu erwarten, dass aus dem labilen Gleichgewicht in dem Maße ein stabiles wird, wie die Damen merken, dass der junge Mann für jede von ihnen nur ein guter Kollege ist und bleiben wird.

Fall XII: Warum sinkt die Leistung ab?

Zwischen der Vorgesetzten und der schlecht arbeitenden Gruppe herrscht offensichtlich kein Vertrauensverhältnis. Dies zeigt sich auch darin, dass sie ein Gespräch über ein schwerwiegendes Thema mit der Gruppe nicht allein zu führen wagt, sondern ihren Vorgesetzten mit hinzuzieht. Das gestörte Vertrauensverhältnis ist jedoch wahrscheinlich nicht durch den Führungsstil der Vorgesetzten allein bedingt, da sie mit den anderen Gruppen gut auskommt und diese erfolgreich führt. Die geringe Leistungsnorm und die daraus folgende Leistungsrestriktion dieser Gruppe sind – falls nicht tatsächlich Entlassungen oder andere tief greifende Maßnahmen von der Unternehmensführung her geplant sind – entweder Folgen eines Gerüchts, das sich in dieser Gruppe hält, oder durch eine „Rädelsführerin“ bedingt.

Die ansteigende Leistung der neuen Arbeitskraft nach der Einarbeitungszeit beweist ihre Leistungsfähigkeit und die Wirkung des Akkordlohnes als Anreiz auf sie. Die plötzlich absinkenden Leistungen können darin liegen, dass sie durch Anpassung an die Leistungsnorm zu vermeiden suchte eine Außenseiterin zu werden, oder aber, dass die Gruppe sie bei der Arbeit behinderte und so zu niedriger Leistung zwang. Dieser letzte Fall ist wahrscheinlicher, da die Leistung sogar bis unter die Gruppennorm abfiel.

Die Vorgesetzte sollte durch ein Gespräch mit der neuen Arbeitskraft die Gründe genau zu erfahren suchen, im Falle umlaufender Gerüchte ein intensives klärendes Gespräch mit der Gruppe führen oder im anderen Fall mit der Rädelsführerin sprechen.

Sollte dies nichts helfen, so muss die Gruppe aufgelöst werden. Ihre Mitglieder sollten dann auf andere Arbeitsgruppen verteilt werden. Man wird außerdem gegebenen Falles nicht vermeiden können, der Rädelsführerin gegenüber eine Abmahnung auszusprechen und dies in der Personalakte zu vermerken.

Fall XIII: Arbeitsbeginn in einer anderen Abteilung

Die Vorbereitung des jungen Mannes auf die neue Position war falsch. Das entscheidende Gespräch hätte nicht der höhere Vorgesetzte, sondern der vorgesehene direkte Vorgesetzte – der Abteilungsleiter – führen müssen, den man nicht vor praktisch vollendete Tatsachen hätte stellen dürfen. Seine Autorität wurde durch den höheren Vorgesetzten – vermutlich unbeabsichtigt – untergraben. Seine Aufgabe wäre es gewesen, entscheidend mitzubestimmen, ob der junge Mann in seiner Abteilung arbeitet oder nicht. Jetzt ist Reaktanz, Widerstand gegen die ihm aufgezwungene Entscheidung wahrscheinlich, durch die die Beziehung zwischen dem Abteilungsleiter und seinem neuen Mitarbeiter von vornherein belastet ist.

Der Abteilungsleiter selbst zeigt einen Führungsstil, der den Erwartungen der in der Abteilung verbliebenen älteren Mitarbeiter vielleicht entgegenkommt, denen der jüngeren Mitarbeiter jedoch kaum entspricht. Die hohe Fluktuationsrate gerade der jungen Leute, im Sinne einer sich selbst erfüllenden Prophezeiung, zeigt das. Sie dürfte aber auch dadurch bedingt sein, dass der Abteilungsleiter negative Vorurteile jungen Menschen gegenüber hat und keine brauchbaren Leistungen von ihnen erwartet. Entsprechend wird er ihnen weniger qualifizierte Aufgaben zuweisen, die kaum einen Anreiz bieten und keine Chance darstellen, sich zu bewähren. Die Folge ist, dass die jungen Leute so werden, wie man es von ihnen erwartet. Sie leisten wenig, fordern andere Aufgaben, sind unzufrieden und kündigen schließlich. Der Abteilungsleiter sieht sich in seinem Urteil durch fremdes Verhalten, das er selbst provoziert hat, bestätigt.

Trotz der Gehaltsaufbesserung ist der junge Mann denkbar schlecht motiviert worden. Er kommt in eine Abteilung, deren Image schlecht ist, mit der er identifiziert und so in seinem Bedürfnis nach Anerkennung frustriert wird. Der höhere Vorgesetzte stellt ihm die Arbeit als wenig reizvoll dar, so dass der junge Mann kaum glauben kann, hier Fähigkeiten, die geschätzt werden, unter Beweis zu stellen. Da ihm gegenüber angedeutet wurde, dass er die Stellung nur als Durchgangsposition zu betrachten habe, wird er sich kaum an die Aufgabe binden, sondern „nach oben schielen". Die Unzufriedenheit des jungen Mannes wird zudem noch dadurch gesteigert, dass er in einer Abteilung arbeitet, die wegen bevorstehender Veränderungen in Unruhe versetzt wurde. Auch die zu vermutende Bevorzugung älterer Mitarbeiter durch den Vorgesetzten und seine geringe Bereitschaft, auf die jüngeren einzugehen, dürften ein schlechtes Betriebsklima in der Gruppe erzeugen und den Unmut des jungen Mannes steigern.

Da der höhere Vorgesetzte in diesem Falle für die Einweisung des jungen Mannes verantwortlich war, sollte er nach entsprechender Information des Abteilungsleiters durch ein Gespräch die Richtigkeit des Kündigungsgerüchts prüfen und einem anderen Abteilungsleiter vorschlagen, den von ihm Geförderten zu übernehmen. Dieser andere Abteilungsleiter – von dem zu fordern wäre, dass er weniger von Vorurteilen belastet ist – sollte dann das entscheidende Umsetzungsgespräch mit dem jungen Mann führen. Ihm sollte somit die Möglichkeit gegeben werden, sich innerhalb der bisherigen Organisation zu verändern.

Es dürfte wenig Erfolg versprechend sein, den jungen Mann in der bisherigen Abteilung noch zufrieden stellen zu wollen. Generell sollte der höhere Vorgesetzte langfristig – etwa zum Zeitpunkt der Umstellung auf modernere EDV – Änderungen in dieser Abteilung vorsehen. Zu denken wäre an ein intensives Coaching und Führungsgespräche mit dem nächsthöheren Vorgesetzten, um die Einstellungen und Vorurteile des Abteilungsleiters zu ändern.

Es ist fraglich, ob dies gelingt. Es wird daher vermutlich angebracht sein, ihn für eine andere – weniger durch die Führung junger Leute bestimmte – Aufgabe vorzusehen, wenn die Einführung einer neuen Technologie in der Abteilung ohnehin einen anderen Vorgesetzten empfehlenswert macht.

Fall X: Schwierigkeiten beim Verkauf

Es ist nichts dagegen einzuwenden, wenn in Ausnahmefällen die Abteilungsleiterin helfend eingreift, insbesondere wenn Schwierigkeiten beim Verkauf vermutlich durch die große Altersdifferenz zwischen Verkäuferin und Kundin mitbedingt sind. Die Abteilungsleiterin hätte jedoch die Verkäuferin – bei Wahrung aller Freundlichkeit der Kundin gegenüber, vielleicht auch nur durch nonverbale Signale, welche die Kundin nicht bemerkt – in Schutz nehmen müssen. Auf keinen Fall hätte sie die Verkäuferin – wenn auch in noch so leichter Form – vor Kunden kritisieren dürfen. Wenn ihr Kritik erforderlich erschien, hätte sie zu gegebener Zeit ein Mitarbeitergespräch unter vier Augen herbeiführen sollen, in dem die Kritik nicht allein stehen dürfte, sondern das auch Anerkennung ausdrücken und zu einem positiven Abschluss führen sollte. Die Verkäuferin hätte – auch wenn es schwer fällt – ihre anfangs gezeigte Freundlichkeit der schwierigen Kundin gegenüber bewahren sollen. Sie hätte weiterhin auf keinen Fall einer Kundin gegenüber Kritik an der Abteilungsleiterin üben dürfen. Kritik, die in diesem Fall durchaus verständlich erscheint, hätte sie in einem Gespräch mit der Abteilungsleiterin vortragen sollen.

Fall XV: Unzufriedenheit im Zweigwerk

Mehrere Gründe können zur Erklärung der unterschiedlichen Bewertung der Schichtarbeit im Stammwerk und im Zweigwerk herangezogen werden. Der Standort des Stammwerks bietet wenig zeitlich fixierte Gelegenheit, Freizeitinteressen zu befriedigen; die Schichtarbeit kollidiert also wenig mit den Freizeitinteressen der Arbeiter. Das Stammwerk arbeitet schon lange in Schichtarbeit; die Schichtarbeit ist dadurch zur Norm, zur Selbstverständlichkeit geworden. Diese Selbstverständlichkeit bleibt weitgehend ungefährdet, wenn in unmittelbarer Nähe des Werkes keine weiteren Produktionsbetriebe mit anderer Zeitregelung sind. Der unmittelbare Vergleich oder gar die berufliche Alternative entfallen damit weitgehend.

Im Zweigwerk dagegen besteht die Vielzahl zeitlich fixierter Freizeitangebote der Großstadt, die neu gewonnenen Arbeiter sind von ihren früheren Arbeitgebern meist andere Arbeitszeitregelungen gewohnt, sehen also in der Schichtarbeit nichts Selbstverständliches und haben schließlich unmittelbare Vergleichsmöglichkeiten und berufliche Alternativen ohne Schichtarbeit.

Man sollte sich bemühen, die Unzufriedenheit der Arbeiter mit der Schichtarbeit im Zweigwerk zu mildern. Zunächst sollte geprüft werden, ob die Schichtarbeit aus wirtschaftlichen Gründen wirklich erforderlich ist. Ist das der Fall, so sollte durch eine gezielte Befragung ermittelt werden, was an der Schichtarbeit missfällt, welche Zeiten für den Schichtwechsel bevorzugt werden und in welcher Schicht die einzelnen Arbeiter am liebsten arbeiten würden.

Als Konsequenz könnte sich möglicherweise ergeben, dass man zum einen die Schichtwechselzeiten verschiebt, da der Wechsel um 22 Uhr für jeweils zwei Gruppen den Abend, der in der Großstadt besonders viele Freizeitmöglichkeiten bietet, entscheidend stört, zum anderen, dass nicht alle Arbeiter in ihren Schichtzeiten jeweils wechseln müssen, da vielleicht einige bestimmte Zeiten bevorzugen. Falls sich nicht alle Wünsche auf eine bestimmte Schicht konzentrieren, erschiene es denkbar, dass ein Teil der Arbeiter beständig in einer der Schichten arbeitet.

Fall XVI: Klagen über die Arbeitszeit

Die Arbeitszeitregelung des Einzelhandelsunternehmens ist fraglos fortschrittlich, und der Geschäftsführer hat – falls er an deren Einführung entscheidend mitwirkte – guten Grund, stolz zu sein. So ist verständlich, dass er auf Klagen über die Arbeitszeitregelung verstimmt, ja, beinahe beleidigt reagiert. Es ist jedoch sachlich beurteilt ein falsches Führungsverhalten, das geeignet ist, die vertrauensvolle Grundlage für künftige Mitarbeitergespräche zu stören. Zudem kann auch Gutes noch verbessert werden, und darüber hätte der Vorgesetzte mit den Mitarbeitern sachlich sprechen können, als sie mit ihrer Bitte zu ihm kamen.

Der Grund dafür, dass die Mitarbeiter eine Verbesserung der Arbeitszeitregelung, spezifisch die gleitende Arbeitszeit, wünschten, dürfte darin liegen, dass sie von der Einführung der gleitenden Arbeitszeit in anderen Betrieben hörten und ihr Anspruchsniveau auf diesem Gebiet sich dadurch erhöhte.

Die Argumente des Vorgesetzten haben durchaus Gewicht, machen aber eine gewisse freie Verfügung der Mitarbeiter über ihre Arbeitszeit nicht unmöglich. Man könnte die Kern- oder Kommunikationszeiten der einzelnen Gruppen so legen, dass alle Mitarbeiter der jeweils tätigen Gruppen zu den Zeiten starken Kundenandrangs am Arbeitsplatz sind. Außerdem erschiene denkbar, dass Mitglieder der verschiedenen Gruppen selbstständig ihre freien Tage jeweils austauschen, wobei man die endgültige Einführung dieser letztgenannten Regelung davon abhängig machen sollte, ob sie während einer Probezeit reibungslos funktioniert.

Fall XVII: Gefahr einer Kündigung

Wenn im Nachfolgenden eine ausführliche Skizze einer Fall-Lösung angeboten wird, so ist damit nicht gesagt, dass von dieser abweichende Lösungen falsch oder auch nur weniger gut sein müssen. Insbesondere muss bedacht werden, dass je nach gegebener und im Fall nicht näher bestimmter Situation (z. B. Arbeitsmarktlage) andere Lösungsstrategien erforderlich sein können. Dennoch sollte die hier angebotene Skizze als ernsthaft zu erwägende Möglichkeit im Regelfall diskutiert werden können. Die Lösungsskizze geht dabei davon aus, dass der Versuch der Lösung als Rollenspiel – eines Gesprächs zwischen Vorgesetztem und Mitarbeiter – erprobt wurde. Die Analyse des Gesprächs sollte unter zwei Aspekten erfolgen, einem beziehungsorientierten und einem inhaltlichen.

Der beziehungsorientierte Aspekt soll hier nicht weiter vertieft werden. Berücksichtigt werden sollten etwa Gesichtspunkte wie:

- Hat der Vorgesetzte eine Situation geschaffen, die ein Gespräch ermöglicht und erleichtert? Hat er „gleichberechtigte" Sitzgelegenheiten bereitgestellt, gegebenenfalls ein Glas Wasser oder Kaffee angeboten, dafür gesorgt, dass es zu keinen Störungen kommt (Anweisung an die Sekretärin)?
- Hat der Vorgesetzte versucht, den Mitarbeiter „kommen" zu lassen, hat er ihn ausreden lassen, hat er das Mittel der Frage eingesetzt? Wie waren die Fragen, suggestiv, in der Folge logisch und zielgerichtet? Hat er mit Manipulationstricks gearbeitet? Versuchte er, den Mitarbeiter einzuschüchtern?
- Ließen sich die Partner ausreden, oder fielen sie sich beständig ins Wort? Wurde monologisiert? Hörten sie sich überhaupt gegenseitig zu?
- Waren die Argumentationen konsistent, oder widersprach man sich selbst?
- Wurden Worte verwandt, die für den Partner angst- oder aggressionsauslösend sind? Wurde mit doppeldeutigen oder missverständlichen Worten gearbeitet und der Partner dadurch unbeabsichtigt und unnötig gereizt? Wie war das Gespräch „ohne Worte", also Mimik, Gestik, Pauseneinsatz etc.?
- Wurde ein positiver und eindeutiger Abschluss angestrebt und erreicht, oder blieb alles vage? Hatten beide am Schluss einen gleichen Interpretationsstand oder war das Ergebnis des Gesprächs am Ende unterschiedlich interpretierbar und somit denkbarer Keim neuer Konflikte?

Von den inhaltlichen Aspekten sollten folgende besonders berücksichtigt werden, wobei hier die Rolle des Vorgesetzten im Vordergrund steht:

Hat der Vorgesetzte sich um eine adäquate Motivationsanalyse des Mitarbeiters bemüht? Der Mitarbeiter nennt vor allem finanzielle Enttäuschung; der Vorgesetzte sollte sich noch daran erinnern, dass die Wünsche nach Anerkennung, Weiterbildung, interessanterer Arbeit und Aufstieg dominierender waren und vermutlich noch sind. Ein Hinweis darauf, dass nicht durch Wandel der Motivstruktur die finanziellen Aspekte wichtiger geworden sind, ist etwa darin zu sehen, dass die tarifliche Erhöhung den Mitarbeiter nicht befriedigte. Er sucht die außertarifliche, die er als Anerkennung der eigenen Leistung interpretieren kann.

Hat der Vorgesetzte im Gespräch die eigenen Fehler erkannt und eingestanden? Diese Fehler liegen nicht so sehr in den wenig konkreten Formen der Zusagen bei der Einstellung. Das kann sogar sinnvoll sein, wenn der Mitarbeiter die neue Organisation noch wenig kennt. Eine zu detaillierte Schilderung würde zur Informationsüberlastung führen und könnte Verwirrung nach sich ziehen. Es empfiehlt sich dann ein weiteres präzisierendes Gespräch, wenn der Mitarbeiter seine neue Arbeitssituation konkret kennen gelernt hat. Die Fehler liegen vielmehr darin, dass der Mitarbeiter von Seiten des Vorgesetzten keine verbale Anerkennung bekam und dass der Vorgesetzte sich nicht bemüht hatte, mit dem Mitarbeiter einen mittelfristigen Karriereplan zu erarbeiten. Anerkennende Gespräche wären im Zuge der raschen Einarbeitung im Hinblick auf die guten Leistungen und die soziale Eingliederung empfehlenswert gewesen, aber auch – und dies vor allem – nach Ablauf der Probezeit und bei der tariflichen Gehaltserhöhung. Zu diesem letztgenannten Zeitpunkt hätte Anerkennung weitergeholfen, weil der Vorgesetzte darauf hätte hinweisen können, dass er derzeit aus verständlichen Gründen keine Gehaltserhöhung beantragen könne – es entspreche nicht dem Stil des Hauses, im Vorfeld von Tarifverhandlungen außertarifliche Erhöhungen zu gewähren, obwohl er sie ihm gern als Anerkennung seiner Leistungen zukommen lassen würde und auch künftig daran denken werde. Auf keinen Fall sollte er jedoch die Personalabteilung zum Sündenbock machen und nicht die Fach- gegen die Stabsabteilung ausspielen. Im Übrigen wären dem Vorgesetzten lobende Bemerkungen jederzeit möglich gewesen. Die im Fall genannte Krisensituation hätte bei rechtzeitiger Anerkennung vermieden werden können. Neben einem solchen Lob sollte aber auch ein Zukunftsplanungsgespräch zwischen Vorgesetztem und Mitarbeiter nach Ablauf der Probezeit, spätestens aber nach einem halben Jahr, stattgefunden haben. Dabei hätten mittelfristig, den Interessen des Mitarbeiters entsprechend, Weiterbildungsmaßnahmen und denkbare zukünftige Alternativen im Sinne eines Karriereplans konkret besprochen werden sollen.

Der Vorgesetzte sollte durchaus im Gespräch zugestehen, dass er hier einen Fehler gemacht und entsprechende Mitarbeitergespräche versäumt hat, denn

- er hätte damit fair gehandelt; schließlich verlangt er auch von seinen Mitarbeitern, dass sie ihre Fehler eingestehen;
- er würde dem Mitarbeiter Wind aus den Segeln nehmen, d. h., ihm die Möglichkeit nehmen, diesen Punkt von sich aus aggressiv ins Gespräch zu bringen („Selbstkritik hat viel für sich..."');
- er würde dadurch die Möglichkeit gewinnen, nun auch auf Fehlverhalten des Mitarbeiters zu sprechen zu kommen.

Geht der Vorgesetzte auf das Fehlverhalten des Mitarbeiters ein? Als das Verhalten des Mitarbeiters im Leistungs- und Sozialbereich vom Erwünschten abwich, wäre sofort ein nach den Ursachen forschendes und kritisierendes Mitarbeitergespräch erforderlich gewesen. Der Vorgesetzte ist dafür verantwortlich, dass das Leistungs- und Sozialverhalten des Mitarbeiters den Anforderungen soweit wie möglich entspricht, ganz gleich, was die Ursachen der Normabweichung auch sein mögen. Es geht zudem nicht an, dass er ein höchst unsicheres Zeichen (Telefonieren) zur Ursache einer konkreten Vermutung (private Schwierigkeiten mit der Freundin) nimmt, ohne das durch Nachfragen abzusichern. Selbst wenn die Vermutung hinsichtlich privater Schwierigkeiten stimmen sollte, ist das kein Grund, dem Gespräch auszuweichen. Dies gilt unter dem Aspekt der Leistungsorientierung: die Ursache der Verhaltensstörung sollte beseitigt werden. Es gilt auch unter dem Aspekt der Mitarbeiterorientierung: dem Mitarbeiter sollte geholfen werden (vielleicht erwartet die Freundin des Mitarbeiters ein Kind, oder er möchte heiraten? Die Firma könnte bei der Wohnungssuche behilflich sein, eine Werkswohnung stellen, einen Gehaltsvorschuss geben). Kritik wäre jetzt im Gespräch noch immer angebracht, selbst wenn das Fehlverhalten weitgehend eine Reaktion auf die Unterlassungssünden des Vorgesetzten ist, was wahrscheinlich sein dürfte. Der Vorgesetzte sollte darauf verweisen, dass fremdes Fehlverhalten keinesfalls als Anlass für eigenes Fehlverhalten gesehen werden darf. Dies sei insbesondere bei einem Mann zu fordern, der eine führende Position anstrebe. Er, der Vorgesetzte, würde von dem Mitarbeiter in einem solchen Fall erwarten, dass dieser von sich aus in aller Ruhe um ein Gespräch mit dem Vorgesetzten nachsucht, statt trotzig in den „passiven Widerstand" zu treten.

Lässt der Vorgesetzte sich erpressen? Auf keinen Fall sollte der Vorgesetzte auf die Gehaltsforderung des Mitarbeiters ohne Vorbehalt eingehen. Zum einen ist die Gehaltserhöhung nach einer Phase des Fehlverhaltens nicht verdient. Zum anderen müsste der Mitarbeiter den Eindruck gewinnen, dass gute Leistung in dieser Firma, zumindest aber bei seinem Vorgesetzten, keine Anerkennung findet, sondern dass eine Kündigungsdrohung die Sprache ist, die hier verstanden wird. Zum Dritten sollte der Vorgesetzte sehen, dass seine übrigen Mitarbeiter, sollte er jetzt nachgeben, an diesem Beispiel lernen; er müsste damit rechnen, dass diese bald mit ähnlichen Methoden zu einer Gehaltserhöhung kommen wollen. Angebracht wäre es stattdessen, den Schwerpunkt der Gesprächsthematik von den finanziellen Fragen weg zu mittelfristigen Weiterbildungs- und Aufstiegsthemen hinzulenken. In diesem Zusammenhang sollte für die nächste Zukunft ein Gesprächstermin vereinbart werden, bei dem diese Fragen in Ruhe konkret besprochen werden können. Wenn dadurch die Kündigungsdrohung weitgehend vom Tisch sein sollte, erschiene es ratsam, dass der Vorgesetzte sich für eine Gehaltsverbesserung des Mitarbeiters zu einem nahen Zeitpunkt einsetzt, wenn dessen Leistungen wieder der ursprünglichen Qualität entsprechen. Dem Vorgesetzten sollte klar sein, dass die tarifliche Gehaltserhöhung in keiner Weise als motivational bedeutsam erlebt wird – sie ist zwar ein Hygienefaktor aber keine Motivator – und somit auch nicht als Erfüllung der Zusage einer positiven Gehaltsentwicklung, schon gar nicht aber im Sinne der Anerkennung, interpretierbar ist.

Lässt der Vorgesetzte unrichtige Behauptungen unwidersprochen stehen? Faktisch hat der Vorgesetzte keine konkreten Zusagen gemacht – weder in Bezug auf Gehaltsentwicklung noch in Bezug auf Aufstieg oder Weiterbildung. Wenn der Mitarbeiter Derartiges behauptet, sollte der Vorgesetzte ihm widersprechen. Wenn nach allgemein gehaltenen Zusagen nach etwa einem Jahr noch nichts geschehen ist, so berechtigt dies nicht dazu, vom „gebrochenen Versprechen" zu reden. Der Fehler des Vorgesetzten liegt darin, dass er die allgemeinen Zusagen des Einstellungsgesprächs im Laufe eines Jahres nicht konkretisierte, jedoch nicht darin, dass Aufstieg oder Gehaltserhöhung noch nicht erfolgten.

Sieht der Vorgesetzte die Bedeutung des Ereignisses über den Einzelfall hinaus? Wird ihm klar, dass ein Nachgeben in der genannten Situation auch die übrigen Mitarbeiter zu ähnlichen Erpressungsversuchen animieren würde? Wird ihm klar, dass er generell zu wenig Anerkennung ausspricht und sich bemühen muss, Mitarbeitergespräche, die ihm offensichtlich schwer fallen, häufiger zu führen und intensiver über die Motivation und die Entwicklung seiner Mitarbeiter nachzudenken?

Fall XVIII: Ein ehrgeiziger junger Mann

An den fachlichen Qualitäten des jungen Mannes kann angesichts der von ihm gezeigten Leistungen kein Zweifel bestehen. Für eine Führungsposition ist er jedoch beim derzeitigen Stand seiner Entwicklung ungeeignet: Er ist derart ehrgeizig, dass er dabei rücksichtslos innerbetriebliche Normen und andere Menschen übergeht. Er denkt nur an sich, kaum an andere und neigt dazu, sich entschieden zu überschätzen.

Der Abteilungsleiter hätte ihn im Gespräch klar dafür rügen müssen, dass er seinen unmittelbaren Vorgesetzten, den Unterabteilungsleiter, umgangen hat. Er hätte außerdem sehen müssen, dass der junge Mann für die Position eines Unterabteilungsleiters, der zudem ältere Mitarbeiter zu führen hat, ungeeignet ist. Vermutlich sah er das auch. Dann aber hätte er unbedingt vermeiden müssen, dass der junge Mann mit hoffnungsvollen Erwartungen den Raum verlässt, wie es offensichtlich der Fall war. Er hätte zwar in diesem Gespräch, auf das er sich nicht vorbereiten konnte, keine endgültige Entscheidung treffen müssen, hätte jedoch sagen können, dass die Position des Unterabteilungsleiters für ihn wohl nicht das Geeignete sei, dass er sich aber gemeinsam mit seinem direkten Vorgesetzten Gedanken über seine Zukunft machen werde, um eine Position für ihn zu finden, die seiner Leistungsfähigkeit Rechnung trägt. Mit der Nennung eines verbindlichen weiteren Besprechungstermins hätte er ihn dann verabschieden sollen. Dem jungen Mann sollte im Beisein seines direkten Vorgesetzten eine qualifizierte und seinen Leistungen angemessene Stellung oder Perspektive angeboten werden, die mit entsprechender finanzieller Verbesserung für ihn einhergehen sollte. Der Arbeitsinhalt der Position sollte seinen Schwerpunkt jedoch nicht in Führungsaufgaben, sondern in fachlich anspruchsvoller Tätigkeit haben.

Fall XIX: Zweifel an der Produktpalette

Gerade Naturwissenschaftler erleben ihr berufliches Tun häufig ambivalent und zwiespältig. Auf der einen Seite sind sie froh darüber, ein für ihr berufliches Können angemessenes Umfeld zu finden, z. B. Kollegen, mit denen sie im Team einer Forschungsfrage nachgehen können, und finanzielle Ressourcen, durch die sie ihre Ideen umsetzen können. Auf der anderen Seite denken sie gelegentlich mit etwas „schlechtem Gewissen" daran, dass sie sich von den Idealen einer Erkenntnis um ihrer selbst willen entfernt haben und ihre Forschungsaktivitäten fast ausschließlich an den Erfordernissen des Marktes und damit an den Gewinnzielen des Unternehmens orientieren. Angesichts dieses Zwiespaltes sind sie besonders empfindlich, wenn Außenstehende ihre Arbeit in Zweifel ziehen oder wenn gar unterstellt wird, dass die von ihnen mitentwickelten Angebote für die Gesellschaft, für Teile dieser Gesellschaft oder für das Ökosystem schädlich sind.

Über derartige Konflikte spricht man jedoch nicht gerne, weil man ähnliche Zweifel beim Kollegen kaum vermutet, sondern annimmt, man sei der Einzige, der sich mit derartigen Fragen quält.

In der im Fall geschilderten Situation darf es daher als positiv gewertet werden, dass die Zweifel artikuliert wurden und darüber hinaus der Moderator bevollmächtigt wurde, mit dem Bereichsleiter über diese Zweifel zu sprechen.

Der Bereichsleiter sollte dies als Angebot interpretieren, dessen Wahrnehmung ihm helfen könnte, die Motivation der Mitarbeiter zu stärken. Er sollte sich – unterstützt durch den Moderator – rasch mit den Teilnehmern der abendlichen Diskussionsrunde zusammensetzen, wobei die Sammlung der beschrifteten Kärtchen, die den Ausgangspunkt der aktuellen Diskussion bildeten, im Raum bereitstehen sollte. Der Bereichsleiter sollte sich dafür bedanken, dass so intensiv über Sinn oder Unsinn der Angebote des eigenen Hauses diskutiert wurde, aber auch dafür, dass man ihn ins Vertrauen ziehen wolle. Er sollte authentisch zum Ausdruck bringen, dass er die geäußerten Zweifel ernst nehme und dass niemand wegen dieser Zweifel Sanktionen befürchten brauche. Falls er selbst als Bereichsleiter dem einen oder anderen Angebot skeptisch gegenüber steht, sollte er dies aussprechen, um auf diese Weise zu verdeutlichen, dass auch er entsprechende Konfliktsituationen kennt.

Im weiteren Verlauf der Sitzung und im Rahmen vermutlich notwendiger Folgesitzungen sollte nun das Gespräch des ersten Abends intensiviert und differenziert werden. Es sollte klar herausgearbeitet werden, welche Produkte oder Marktstrategien die Zweifel entstehen lassen, bei welchen dagegen keine Bedenken aufgetaucht sind. Mit den „Problemfällen" sollte man sich nun intensiver beschäftigen. Hier könnten kleine kompetente Projektgruppen gebildet werden, die sich intensiv mit den kritischen aufgeworfenen Fragen auseinandersetzen. In diesem Zusammenhang sollte eine Inhaltsanalyse veröffentlichter Meinungen vorgenommen werden; es könnten dabei kritische Stimmen der Fachöffentlichkeit gewichtet und das Pro und Kontra gegeneinander abgewogen werden. Die Projektgruppen sollten sodann im Plenum die Ergebnisse ihres Nachdenkens und Nachforschens präsentieren, wobei drei Aspekte in den Vordergrund zu rücken sind:

- Welche Probleme und Gefahren sind mit den Angeboten objektiv, d. h. nach der Auffassung kundiger Experten, verbunden?
- Welche Veränderungen bei den Produkten selbst oder bei den Vermarktungsstrategien erscheinen erforderlich, um diese Probleme zu relativieren oder zu bannen? Die Ergebnisse dieser Analyse sollten dann als Aufträge an die Forschungsgruppe selbst oder an die Marketingabteilung gehen, um hier für Besserung zu sorgen.
- Welche der geäußerten Zweifel und Bedenken beruhen auf Missverständnissen oder Fehlinformationen?

Hier sollen fachkundig die zentralen Argumente erarbeitet werden, die zum Abbau der Vorurteile und Missverständnisse beitragen können. Die Mitglieder der einschlägigen Projektgruppe sollten sodann eng mit jenen Stellen im Unternehmen zusammenarbeiten, die für die innerbetrieblichen Informationen zuständig sind, um bei den Mitarbeitern für Aufklärung zu sorgen. In entsprechender Weise sollte wiederum der Kontakt mit der Marketingabteilung vertieft werden, um die Marktkommunikation insgesamt und die Werbung spezifisch so auszurichten, dass auch die Öffentlichkeit ein angemessenes Bild von dem Angebot gewinnt.

Jene Forschungsmitglieder, die in den Projekten mitgewirkt haben, in die Produktveränderungen und bzw. oder die Kommunikationsstrategien einzubinden erscheint besonders wichtig, um ihnen auf diese Weise die Überzeugung zu vermitteln, dass ihre Zweifel ernst genommen wurden und zu Konsequenzen führen und um ihnen die subjektive Sicherheit zu vermitteln, dass die Maßnahmen wesentlich auch „ihre Kinder" sind und nicht Augenwischerei oder gar Manipulation.

Fall XXI: Der umgestürzte Farbkübel

Von Führungskräften wird erwartet, dass sie sich mit dem Unternehmen identifizieren und dessen Ziele engagiert nach innen und außen vertreten. Tatsächlich fühlen sich Führungskräfte auch mehrheitlich als Vertreter der Interessen des Unternehmens und nicht so sehr als besser bezahlte Arbeitnehmer. Entsprechend entwickeln sie auch meist stärkere Sympathie für den Arbeitgeberverband und das Management als für die Gewerkschaften und den Betriebsrat. In diesem geschilderten Fall aus der chemischen Industrie ist die enge Bindung der Führungskräfte an das Unternehmen in jüngerer Zeit mehrfach auf eine harte Probe gestellt worden. Führungskräfte, als akademisch geschulte Spezialisten, die darüber hinaus durch und für ihre neuen Aufgaben soziale Kompetenz entwickeln mussten, sind sich der ökologischen Problematik industriellen Handelns bewusst. Durch Gespräche mit der Lebenspartnerin und gegebenenfalls mit den heranwachsenden Kindern sind sie zusätzlich für derartige Probleme sensibilisiert worden. Ihr Unternehmen hatte in jüngerer Zeit mehrfach „gesündigt"; sie haben – möglicherweise gelegentlich ohne innere Überzeugung – die Sicht des Unternehmens gegen kritische oder gar aggressive Argumente nach innen und außen verteidigen müssen. Die Führungskräfte sind verunsichert, möglicherweise sogar reizbar, aggressionsgeneigt gegen alles, was sie in dieser Situation irritiert. Nun ist wieder etwas vorgefallen; der Farbeimer ist umgestürzt und hat den vorbeiströmenden Fluss sichtbar gefärbt. Die Farbe allerdings ist umweltverträglich, dennoch „stürzen" sich die Medien mit Vehemenz auf diesen Vorfall und stellen ihn in die Reihe der Problemsituationen der jüngsten Vergangenheit.

Die irritierten Führungskräfte erleben dies als ungerecht, ärgern sich über die unsachlichen, verzerrenden Argumente der Presse und der öffentlichen Meinung, fühlen sich beleidigt und verletzt dadurch, dass man ihren sachlich zutreffenden Argumenten keinen Glauben schenkt, und sie sind bedrückt und enttäuscht darüber, dass selbst die eigene Familie keine Unterstützung bietet, sondern in den Chor derer, die Vorwürfe machen, mit einstimmt. Arbeitsmotivation und Loyalität der Führungskräfte sind in dieser Situation fraglos gefährdet; Handlungsbedarf ist gegeben.

Zwei Ansatzpunkte für das Unternehmen sind primär denkbar. Zum einen sollte den Führungskräften die Überzeugung vermittelt werden, dass sie eine sinnvolle Arbeit verrichten, auch wenn diese mit Fehlern und Irrungen verbunden ist. Zum anderen sollte sich das Unternehmen mit dafür verantwortlich fühlen, dass die Führungskräfte nicht die Unterstützung ihrer Familien verlieren. Entsprechend sind zwei miteinander vernetzte Maßnahmen zu empfehlen:

- Kamingespräche über die aktuelle Problematik unter der Leitung eines kompetenten und verständnisvollen Coaches. Dabei ist die Unternehmensleitung insofern einzubinden, als diese tatsächliche Fehler eingesteht und damit den Führungskräften den Weg dafür frei macht, selbst von Fehlern des Unternehmens zu sprechen. Dies eröffnet die Möglichkeit dort zu differenzieren, wo keine gravierenden Probleme entstanden sind. Allerdings sollten die Vorgesetzten im Rahmen dieser Kamingespräche Verständnis dafür gewinnen, dass eine soziale Wirklichkeit das ist, was wirkt. Sie müssen damit rechnen, dass die Öffentlichkeit von einem oder zwei Fehlern verallgemeinert und alles für gravierend hält, was an Störungen im Unternehmen geschieht. Zweifel an sachlichen Argumenten sollten nicht als persönliche Beleidigung interpretiert werden sollten, sondern als verständliche Reaktion der Öffentlichkeit. Im Rahmen der Kamingespräche sollte eine enge Vernetzung der durch derartige Vorfälle betroffenen Führungskräfte gesichert werden, die sich regelmäßig nach Pressekonferenzen und Auftritten in der Öffentlichkeit treffen, um sich untereinander zu beraten, Erfahrungen auszutauschen und sich emotional Unterstützung zu geben.
- Der zweite ergänzende Weg besteht darin, Veranstaltungen der Führungskräfte mit Angehörigen ihrer Familien durchzuführen, innerhalb derer das Grundproblem dargestellt wird. Fallstudien zu ganz ähnlichen Problemen, wie sie in jüngster Zeit aktuell vorkamen, sollten von Teilgruppen bearbeitet werden,

wobei dafür zu sorgen ist, dass sich niemals Angehörige einer Familie gemeinsam in einer Teilgruppe befinden. Die Lösungsvorschläge der verschiedenen Teilgruppen sollten dann im Plenum vorgestellt werden. Durch die Diskussion mit Fremden in den Teilgruppen und die Präsentation der verschiedenen Teilergebnisse wird für alle erkennbar, dass es hier nicht um individuelle Fehler und persönliche Schwächen geht, sondern um Strukturprobleme. Dies erhöht die Chance, sich „gemeinsam in einem Boot" zu erleben und senkt die Neigung kritischer oder verunsicherter Familienangehöriger, die Fehler im Unternehmen dem eigenen dort beschäftigten Familienmitglied zuzuschreiben. Soziale Unterstützung in belastenden Zeiten durch die Familie könnte auf diese Weise wieder wahrscheinlicher werden, was selbstverständlich voraussetzt, dass die Familienangehörigen zur Teilnahme an derartigen Veranstaltungen bereit sind. Freiwilligkeit ist hier oberstes Gebot.

Fall XXI: Die Nachfolgerin

Der starke, patriarchalische Vater hat das Unternehmen nach seinem Bilde geformt. Er hat Mitarbeiter eingestellt und gefördert, die seinen Zielvorstellungen entsprechen, hat andere nach den Grundsätzen seiner Unternehmensführung geprägt; vermutlich sind jene, denen dieser Stil nicht entsprach, längst gegangen. Die meisten Mitarbeiter des Unternehmens sind zu einer verschworenen Gemeinschaft geworden, die auch die Strukturen des Unternehmens entsprechend geformt haben. Selbst wenn im Umfeld des Unternehmens – z. B. bei Mitbewerbern – andere, moderner erscheinende Prinzipien gelten, ändert dies nichts daran, dass sich das Unternehmen des Vaters wie ein Fels in der Brandung des Wandels behauptet und durch wirtschaftliche Erfolge dabei bestätigt wird.

Die Tochter irrt sich, wenn sie glaubt, mit ihren partizipativen und kooperativen Grundsätzen im Unternehmen begeistert als Befreierin empfangen zu werden. Ihre starken Emotionen in dieser Situation könnten ein Hinweis darauf sein, dass es ihr keineswegs nur um die Sache, sondern auch um die Weiterführung des Generationskonfliktes in der Familie geht. Die emotionale Verletzung wird dadurch noch intensiviert, dass in der männlich geprägten Kultur eine Frau als Unternehmerin abgelehnt wird. Es wäre menschlich eine Schwäche und sachlich kaum im Sinne des Unternehmens, wenn die junge Frau in einem „Gewaltakt" die erfahrenen Führungskräfte, auf deren Kenntnisse sie künftig noch über eine längere Zeit angewiesen sein wird, durch jüngere Leute ihrer Denkweise ersetzen würde. Nicht Revolution, sondern Evolution muss die Parole heißen. Es erscheint daher vernünftig, einen externen Berater für die Übergangsphase als Helfer zu gewinnen, doch sollte sorgfältig überprüft werden, ob dieser Berater, immerhin Lehrbeauftragter an jener Universität, an der die Tochter studierte, von den Mitarbeitern als neutral akzeptiert oder als voreingenommen abgelehnt wird. Sollte das letzte der Fall sein, so wäre die Suche nach einem anderen Berater zu empfehlen.

Folgeschritte könnten nun so aussehen, dass die junge Frau mit den erfahrenen Führungskräften, die sie ja seit langem kennt, Vier-Augen-Gespräche führt, auf die sie durch den Berater als Coach vorbereitet wird. Sie sollte dabei zuhören, versuchen Bedenken und Vorbehalte gegen neue Wege zu verstehen und den Gesprächspartnern die Sicherheit geben, dass keineswegs eine Revolution geplant sei, und die Führungskräfte um Hilfe und Unterstützung bei den so wichtigen Schritten in eine neue Phase des Unternehmens bitten. Dabei sollte sie nicht zu stark den Umbruch, sondern die Kontinuität im Wandel betonen, um die Loyalität der Führungskräfte dem Vater gegenüber auch für sie als Tochter zu sichern.

In einem nachfolgenden „Take-Off-Workshop" unter der Leitung des Beraters in der Rolle eines Moderators sollten dann die Führungskräfte gemeinsam Erwartungen und Befürchtungen formulieren, während die junge Unternehmerin ihrerseits das offen ansprechen sollte, was ihr wünschenswert erscheint und in welchen Punkten sie insbesondere Änderungen anstrebt. Danach sollte es Gespräche geben, die zum Teil in der Gesamtgruppe, zum Teil in Kleingruppen zu führen sind, in denen es zum „Rollenverhandeln" kommt, zu Kompromissen und zu konkreten Entscheidungen über Handlungsschritte dort, wo man sich einig wird. Der Berater sollte dabei im Auge behalten, dass die sachlich erforderlichen Schritte nicht auf Kosten der zwischenmenschlichen Beziehungen in Angriff genommen werden, um die für ein Familienunternehmen kennzeichnende Kultur der menschlichen Zusammengehörigkeit nicht nachhaltig zu stören. Entsprechend sollte auch der Abschluss dieses Prozesses, die Entscheidung darüber, was an Veränderungen in nächster Zeit notwendig ist und was nicht, mit einem „Familienfest" gefeiert werden, das symbolisieren kann, dass man sich auch in einer Familie einmal streitet, sich aber dann doch wieder versöhnt.

Fall XXII: Die Übernahme

Die Gefahr ist groß, dass die kreativen Forscher und Entwickler des verkauften kleineren Unternehmens sich als Verlierer fühlen, die zudem nach ihrer Überzeugung ungerecht behandelt wurden, denn sie waren ja erfolgreich. Nur die ökonomische Leitung ihres Betriebes, für die ja nicht sie verantwortlich sind, war es nicht. Ein derartiges Erlebnis der Frustration kann zur Folge haben, dass die Besten aus der übernommenen Forschungsabteilung zu den Mitbewerbern gehen und die anderen resignieren oder innerlich kündigen. Dies kann nicht im Interesse des größeren Unternehmens liegen, das ja insbesondere die Kreativität des kleineren Mitbewerbers „einkaufen" wollte. In den Workshops muss also vermieden werden, dass es Sieger und Besiegte gibt.

Das gemeinsame Suchen nach Ideen innerhalb der Workshops erscheint zielführend, denn es enthält durch die vielfältigen Kontakte die Chance, dass man sich auch menschlich näher kommt. Man sollte darüber hinaus gemischte Teilgruppen an speziellen Fragen arbeiten lassen, die diese dann gemeinsam im Plenum präsentieren und gegen kritische Fragen der anderen verteidigen sollten, um so Erfolge oder auch Niederlagen zu erleben, die gemeinsam, also im gemischten Team, zu feiern oder zu verarbeiten sind.

Die so unterschiedlichen Kulturen sollten beiden Seiten bewusst gemacht und die für den langfristigen Unternehmenserfolg benennbaren Stärken und Schwächen beider Kulturen herausgearbeitet und mithilfe von Visualisierungen einander gegenübergestellt werden. Analogien zum individuellen Denken und Handeln bieten sich an. Beim Einzelnen ist ja Neues fast nur auf der Grundlage von Primärprozessen, von spontanem, kreativem, divergentem Denken möglich. Die Umsetzung der Ideen in praktisches Handeln bedarf allerdings der kritischen Überprüfung, des sekundär-prozesshaften Abwägens, des konvergenten Denkens im Sinne eines Kontrollbewusstseins. Dieses sollte nicht durch übersteigerte Vorsicht jeden neuen Gedanken abtöten. Als Zeichen der Hoffnung aus der Sicht des Gesamtunternehmens, als Akt symbolischer Führung sollten gerade in der Anfangsphase einige der innovativen, zur bisherigen Kultur quer stehenden Vorschläge übernommen und rasch umgesetzt werden, damit glaubhaft wird, dass wirklich eine Integration beider Kulturen angestrebt wird, dass es lohnt, neue Ideen einzubringen und man konkret erlebt, dass es nicht angemessen ist, sich resignativ zurückzuziehen.

Fall XXIII: Auf dem Weg zur Matrix

Die geschilderte Problemlage lässt Handlungsbedarf erkennen, der sowohl auf der Sach- als auf der Beziehungsebene liegt. Auf der Sachebene ist es unmittelbar einleuchtend, dass es nicht langfristig angemessen erscheint, dass die in Warenfragen fachkundigsten Mitarbeiter des Unternehmens, die Bereichsleiter, ausschließlich beratende Funktionen übernehmen und vom Entscheidungsprozess ausgeschlossen sind. Hier sollte – wie vom Vorstand angestrebt – das Ziel verfolgt werden, sie in sachdienlicher Weise in die Entscheidungsprozesse einzubinden oder ihnen bestimmte Entscheidungsbereiche zu delegieren. Für die Geschäftsführer, insbesondere für jenen, die für die großen gewinnträchtigen Häuser zuständig sind, ist damit die Gefahr einer narzisstischen Kränkung verbunden. Sie durften, zumindest formal, bisher weitgehend autonom alle Entscheidungen in ihren Häusern alleine fällen; sie hatten auch mit Blick auf ihre meist attraktiven Abteilungsleiterinnen keine „Nebenbuhler" zu fürchten; sie waren ohnehin nahezu „eifersüchtig" auf die Bereichsleiter, weil diese in der Zentrale unter einem Dach mit dem allseits geschätzten Vorstand arbeiteten, während sie, die sich ja als die „Gewinngaranten und Frontkämpfer" des Unternehmens erleben, nur gelegentlich von Mitgliedern des Vorstands in der Region besucht wurden. Darüber hinaus dürfte die Vorstellung sie beunruhigen, dass sie zwar weiterhin dem Vorstand gegenüber ergebnisverantwortlich sein sollten, obwohl ihnen bestimmte, für das Ergebnis wichtige Entscheidungen weggenommen und an die Bereichsleiter delegiert werden sollten.

Allerdings darf man annehmen, dass nicht alle Geschäftsführer in gleicher Weise dachten. Während das soeben Gesagte sicherlich für jene, die für die großen Häuser verantwortlich zeichneten, gelten dürfte, kann angenommen werden, dass die Geschäftsführer der mittleren, insbesondere aber der kleinen Häuser, die sich ja ohnehin – verglichen mit ihren Kollegen aus den großen Häusern – ein wenig zurück gesetzt fühlten, in den fachkompetenten Bereichsleitern eine Unterstützung ihrer Arbeit erhoffen konnten, wodurch ihr Geschäftsergebnis und damit ihre Tantieme verbessert und der Erhalt ihres Hauses und ihrer Position im Unternehmen gesichert werden könnte.

Der angedachte Workshop sollte z. B. so aussehen, dass zunächst der Vorstand insgesamt oder repräsentiert durch seinen Sprecher die Notwendigkeit der organisatorischen Veränderungen erläutert, u. a. mit Hinweis darauf, dass auf Grund der veränderten Medienlandschaft sich alle Häuser ein für das Unternehmen kennzeichnendes gemeinsames Image geben müssten, dass angesichts der Komplexität der Modebranche und der zunehmenden Notwendigkeit, Waren aus Osteuropa und aus Südostasien zu importieren, die differenzierte Fachkompetenz der Bereichsleiter eingebunden werden müsse und dass dadurch letztlich ja nur das formalisiert werde, was ja informell ohnehin gegeben sei. Der wohlbegründete Rat der Bereichsleiter sei ja in den Häusern für die Abteilungsleiterinnen fast eine Weisung, dies um so mehr, als ja auf diesen Warengebieten die Geschäftsführer nur ausnahmsweise spezialisierte Fachkompetenz besäßen.

Mit Verweis darauf sollte der Vorstand sowohl den Geschäftsführern als auch den Bereichsleitern authentisch und herzlich seinen Dank aussprechen, den Geschäftsführern dafür, dass sie mit hoher Kenntnis ihrer Region und der Besonderheiten des lokalen Marktes sowie durch gute Führung des Hauses wesentlich zum Erfolg beigetragen hätten und den Bereichsleitern dafür, dass ihre Warenkenntnis, ihr aufmerksamer Besuch von Modemessen und ihre wertvollen Ratschläge für die Häuser diesen die Basis für den Erfolg gesichert haben.

Schließlich sollte der Vorstand betonen, dass er sich der Tradition und der Kultur des Unternehmens voll verpflichtet fühle und daher die Autonomie und Ergebnisverantwortlichkeit der Geschäftsführer für ihn unantastbare Werte seien, dass aber andererseits die Sachkenntnis dort, wo sie besonders hoch sei, nämlich auf dem Warengebiet bei den Bereichsleitern, über die reine Beratungsfunktion hinaus in die Entscheidungsprozesse eingebunden werden müsse. Dies sei vom Vorstand fest entschieden und daran könne nicht gerüttelt werden. Wie aber die Prozesse im Einzelnen gestaltet werden sollten, darüber könnten jene, die Detailkenntnis vor Ort haben, besser entscheiden, als der Vorstand, und dies solle in gemeinsamen Diskussionen zwischen den Geschäftsführern und den Bereichsleitern ausgearbeitet werden.

Im Rahmen der dann durch externe Moderatoren zu leitenden Gruppenarbeit erscheint es ratsam, zunächst „homogene Gruppen“ zu bilden, also solche Gruppen, die sich über die Vorschläge des Vorstands in einer Startphase nur im Kreis von Geschäftsführern einerseits und von Bereichsleitern andererseits ihrer Gedanken machen und ihre Vorschläge zu Papier (z. B. auf Moderationskarten) bringen. Der Vorteil derartiger homogener Gruppen dürfte darin bestehen, dass relativ offen (der „Feind“ hört ja nicht mit) über alle Vorschläge und Alternativen dazu gesprochen werden kann. Beispielsweise könnte im Kreis der Geschäftsführer einer von ihnen durchaus zugestehen, dass bestimmte Warenentscheidungen – etwa über künftige modische Linien – sinnvoller Weise von den Bereichsleitern gefällt werden sollten. Er würde damit ja den übrigen Geschäftsführern nicht als „Verräter“ in den Rücken fallen, da kein Bereichsleiter zugegen ist.

Die Vorschläge der homogenen Gruppen sollten dann im Plenum – und nun im Beisein des Vorstands – präsentiert und diskutiert werden, was zugleich erkennen lassen könnte, welche Chancen und Bedenken von der Geschäftsführern und welche von den Bereichsleitern gesehen werden. Danach sollte die Arbeit in mehreren heterogenen Gruppen, also zusammengesetzt aus Geschäftsführern großer, mittlerer und kleiner Häuser sowie Bereichsleitern fortgesetzt werden, um im Detail Regeln für die einzelnen Geschäftsprozesse zu erarbeiten. Dabei sollte von den Moderatoren darauf geachtet werden, dass nicht gerade jene Personen, zwischen denen erfahrungsgemäß eine besonders intensive Beziehungsspannung besteht (z. B. dem „Alpha“ der Geschäftsführer und dem „Alpha“ der Bereichsleiter), innerhalb einer heterogenen Gruppe arbeiten. Die Diskussion innerhalb der heterogenen Gruppen sollte von den Moderatoren in der Weise gesteuert werden, dass bestehende Spannungen im Sinne von Störungen thematisiert und so weit bearbeitet werden, dass danach der Weg frei wird für sachdienliche Problemlösungen und Kompromisse. Die Ergebnisse der heterogenen Gruppen gilt es nun wiederum im Plenum vorzustellen, was mit der Hoffnung verbunden sein kann, dass – unterschiedliche Lösungsvorschläge vorausgesetzt – nun nicht mehr die Front zwischen Geschäftsführen und Bereichsleitern liegt, sondern zwischen den heterogenen Gruppen 1, 2, 3, etc. In weiteren Arbeitssitzungen könnte dann der Versuch innerhalb der heterogenen Gruppen unternommen werden, zwischen deren verschiedenen Lösungsansätzen sachdienliche Kompromisse zu finden. Im abschließenden Plenum sollte dann der Vorstand das erarbeitete Konzept, soweit es den grundsätzlich vorgegebenen Rahmenbedingungen entspricht, verabschieden, wobei es empfehlenswert sein dürfte, hier zunächst eine „Probezeit“ von einem oder zwei Jahren zu vereinbaren, um in Anschluss daran zu prüfen, ob und in wie weit sich die Vorschläge bewährt haben und in wie weit nachgebessert werden sollte.

Inhaltlich könnten die Vorschläge so ausgerichtet sein, dass selbstverständlich den Geschäftsführern die alleinige Verantwortung für Organisations- und Personalfragen in den Häusern bleibt, sie auch lokale Sonderaktionen allein entscheiden und auf dem Warengebiet für die Mengenentscheidungen zuständig sind, während die Bereichsleiter im Rahmen der Vorgaben des Vorstands über Lieferanten, modische Linien, zentrale Werbe- und Marketingkonzeptionen zu entscheiden hätten. Die Verantwortung beider Gruppen für das Ergebnis könnte daran geknüpft werden, dass die Tantiemen der Geschäftsführer vom Ergebnis ihres Hauses, diejenige der Bereichsleiter von der Entwicklung ihrer Warengruppe abhängig gemacht werden. Im Sinne der symbolischen Führung müsste deutlich werden, dass die Bereichsleiter durch das neue Konzept in den Rang von Führungskräften aufgestiegen sind, also z. B. einen Dienstwagen erhalten, wie ihn auch die Geschäftsführer der kleineren Häuser fahren.

Fall XXIV: Wachstumsschmerzen

Der Vorstand und sein Sprecher haben, vermutlich stark beeinflusst durch die externen Inhaltsberater, eine typische „Strategie des Bombenwurfs" gewählt. Da sie selbst von der geplanten Organisationsstruktur voll überzeugt waren, gingen sie vergleichsweise unreflektiert davon aus, dass das Konzept auch für die gesamte Führungsmannschaft attraktiv und zukunftsweisend erscheinen müsse. Davon waren sie um so mehr überzeugt, als ja für alle die Sicherheit des Arbeitsplatzes gewahrt und durch das angestrebte Wachstum weitere Entwicklungschancen wahrscheinlich seien. Nicht darüber nachgedacht hatte der Vorstand offensichtlich, dass die Führungskräfte, die ja Autonomie und relativ selbstständige Planung gewohnt waren, sich nun vor vollendete Tatsachen gestellt sahen und einen nachhaltigen Kontrollverlust erleben mussten. Außerdem war es für sie ja bislang eine Frage ihres Status und ihrer Selbstachtung, dass sie unmittelbar dem Vorstand unterstellt waren, also gewissermaßen – man denke wiederum an die Familientradition – nah beim „Vater". Nun galt das lediglich für jene vier

Geschäftsführer, die nun Leiter von Hauptfilialen werden sollten. Außerdem wurde, dies ist sicherlich ganz besonders schmerzlich, die zumindest formale Gleichstellung aller Geschäftsführer aufgegeben und stattdessen ein „Drei-Klassen-System" eingeführt, bei dem sich – verglichen mit den Hauptfilialleitern – die Filialleiter und erst recht die Zweigstellenleiter als degradiert und herabgestuft empfinden mussten. Dies birgt die Gefahr in sich, dass die bislang engagierten Führungskräfte in Resignation oder gar in innerer Kündigung versinken oder sich vom Unternehmen trennen. Außerdem ist es nicht ausgeschlossen, dass auch die Mitarbeiter der künftigen Filialen und Zweigstellen sich als abgewertet und vom Vorstand als weniger wertgeschätzt erleben könnten.

Dem Vorstand sollte geraten werden, dass er sein Konzept innerhalb des Treffens der Führungskräfte als herausfordernde, aber zu diskutierende Idee vorstellt, über die er mit dem Führungskreis reden möchte. Er sollte betonen, dass der Vorstand die letzte Entscheidung noch nicht getroffen habe, sondern davor die Meinung und die Ideen der Führungskräfte abwarten möchte. Er könnte versuchen, noch in der gleichen Sitzung eine eingehende Diskussion des Konzepts in Teilgruppen vorzunehmen, die dort entwickelten Ideen als Anregung aufnehmen, um in einem zeitlich nahe gelegenen zweiten Meeting unter Beteiligung der Betroffenen einen letztgültigen Plan zu entwickeln.

Instruktion der Fragen zur Selbstkontrolle

Auf den nachfolgenden Seiten finden Sie 38 Fragen, die Ihnen helfen sollen zu kontrollieren, ob Sie wichtige Punkte dieser Schrift im Gedächtnis behalten und verarbeitet haben. Gehen Sie dabei bitte wie folgt vor:

1. Lesen Sie zunächst die frei formulierten Fragen durch, suchen Sie eine Antwort darauf und notieren Sie sich diese in Stichworten!
2. Wenn Sie die 38 frei zu beantwortenden Fragen durchgearbeitet haben, blättern Sie weiter. Sie finden jetzt die inhaltlich gleichen Fragen mit jeweils 5 vorgegebenen Alternativantworten a, b, c, d und e.
3. Wählen Sie nun für jede der Fragen aus den vorgegebenen Alternativantworten a, b, c, d und e jene aus, die Ihnen die beste zu sein scheint. Dies müsste Ihnen leicht fallen, falls es Ihnen gelungen ist, bei der freien Beantwortung der Fragen eine richtige Antwort zu finden. Erscheint Ihnen keine der vorgegebenen Alternativantworten richtig, so wählen Sie die aus, die Ihnen noch am akzeptabelsten zu sein scheint. Halten Sie mehrere der Antworten für richtig, so entscheiden Sie sich bitte trotzdem nur für eine: für diejenige, die Ihnen die allerbeste Lösung zu sein scheint. Wählen Sie also stets eine, aber auch wirklich nur eine der Antworten aus. Kreuzen Sie die von Ihnen gewählte Lösung im Buch an, oder – falls Sie nicht in das Buch schreiben wollen – notieren Sie sich den entsprechenden Buchstaben auf einem gesonderten Blatt.
4. Vergleichen Sie nun Ihre Lösungen mit den auf Seite 343 angegebenen Bestlösungen. Falls Ihre Lösung von der dort angegebenen abweicht, überlegen Sie sich, warum nicht Ihre, sondern die angegebene als die bessere gilt.

Fragen zur Selbstkontrolle für die freie Beantwortung

Suchen Sie die nachfolgend genannten Fragen zu beantworten:

1. Was versteht man unter Motivation?
2. Wie würden Sie die Behauptung: „Jeder Mensch kennt alle Beweggründe seines Verhaltens" beurteilen?
3. Was kennzeichnet ein Motiv?
4. Was unterscheidet die Volition von der Motivation?
5. Wie erfährt man etwas über menschliche Motive?
6. Was sagt die Motivationspsychologie über die Beeinflussung menschlichen Verhaltens?
7. Wie kommt bei gleichen situativen Gegebenheiten Leistungsverhalten zustande?
8. Welche Rolle spielt in unserer Kultur der Wunsch nach Geld als Arbeitsmotiv?
9. Was versteht man unter einem intrinsischen Arbeitsmotiv?
10. Gibt es in Abhängigkeit von der Position in der Betriebshierarchie eine unterschiedliche Bedeutung der Arbeitsmotive?
11. Welche Beziehung besteht zwischen Leistung und Zufriedenheit?
12. Ist die Zufriedenheit mit bestimmten Bedingungen der Arbeit und Umwelt ganz unabhängig von der Zufriedenheit mit anderen Bedingungen der Arbeit und Umwelt?
13. Durch welche betrieblichen Bedingungen wird nach der Zweifaktorentheorie der Zufriedenheit speziell Unzufriedenheit vermieden oder gemildert?
14. Welche Beziehung besteht bei gleichen Fähigkeiten und Fertigkeiten zwischen der Leistung und der Motivation zur Leistung?
15. Wirkt derselbe Anreiz in der gleichen Situation auf verschiedene Personen in gleicher Weise?
16. Wovon hängt es ab, ob ein Mensch mit seinem Gehalt zufrieden ist?
17. Unter welchen Voraussetzungen hat die Gehaltshöhe Einfluss auf die Leistungshöhe?
18. Von welchen Einflussgrößen hängt der Führungserfolg ab?

19. Welche Folgen hat ein mitarbeiterorientierter Führungsstil?
20. Was ist von einem Vorgesetzten zu erwarten, der hauptsächlich aufgabenorientiert führt?
21. Welche Folgen dürften Delegation und Partizipation bei betroffenen Mitarbeitern meist haben?
22. Es wird häufig gefordert, Ziele, die der Mitarbeiter erreichen soll, sollten SMART sein. Was heißt das?
23. Wovon hängt es ab, ob jemand seine persönlichen beruflichen Vornahmen und Zielvorstellungen im Betrieb realisieren kann?
24. Welche Folgen hat es beim Mitarbeiter, wenn er seine persönlichen beruflichen Ziele im Betrieb realisieren kann?
25. Was versteht man unter dem TALK-Modell der Kommunikation?
26. Wie sollte die Kommunikation zwischen dem Vorgesetzten und seinen Mitarbeitern gestaltet sein?
27. Welchen Einfluss hat hoher Zusammenhalt der Arbeitsgruppe auf die Leistung und auf die Zufriedenheit?
28. Wie wirkt Abwechslungsreichtum der Arbeit auf Leistung und Zufriedenheit?
29. Welche Folgen hat es, wenn ein Arbeitender über die Ergebnisse seines Tuns informiert wird?
30. Wie sollte die Arbeitszeit innerhalb des Tagesablaufs platziert sein, damit Unzufriedenheit möglichst vermieden wird?
31. Welche Beziehungen bestehen zwischen den subjektiven Aufstiegserwartungen des Mitarbeiters und seiner Arbeitsleistung?
32. Hat das Unternehmen die beste Kultur, das am meisten Geld für Kultursponsoring ausgibt?
33. In der bekannten Modellvorstellung von SCHEIN werden drei Ebenen der Unternehmenskultur voneinander unterschieden. Welche sind das?
34. Wie ging man auf den Galeeren des Römischen Reichs vor, damit die Sklaven arbeiten? Was macht man demgegenüber im Industriebetrieb, was in einer religiösen Sekte?
35. Auf was würden Sie achten, wenn Sie sich ein Bild von der Kultur eines Unternehmens machen wollen?

36. Woran könnte es liegen, dass in einem Unternehmen, mit dessen Produkten und Dienstleistungen die Kunden zufrieden sind, meist auch die Mitarbeiter mit ihrer Arbeit zufrieden sind?
37. Bei Organisationsveränderungen spricht man gelegentlich von einer „Strategie des Bombenwurfs“. Was ist damit gemeint?
38. Was ist besonders kennzeichnend für die „Organisationsentwicklung“?

Die Fragen zur Selbstkontrolle in Mehrfach-Wahl-Form

Suchen Sie bitte aus den vorgegebenen Lösungsmöglichkeiten jeweils diejenige aus, die Ihnen die beste zu sein scheint.

1. *Die Frage nach der Motivation ist die Frage*
a) nach der Höhe der intellektuellen Fähigkeiten
b) nach der Gesetzmäßigkeit des Zusammenlebens
c) nach dem Zusammenspiel von Eignung und Neigung in der Leistung
d) nach den Beweggründen des Verhaltens
e) nach den körperlichen Grundlagen des Seelenlebens

2. *Die Beweggründe des menschlichen Verhaltens sind*
a) grundsätzlich bewusst, da sie sonst nicht wirken könnten
b) grundsätzlich unbewusst, da das Unbewusste den Menschen steuert
c) bewusst, soweit sie verstandesmäßig sind, unbewusst, soweit sie motivational sind
d) gelegentlich nicht bewusst; besonders dann, wenn der Mensch sie nicht mit dem Bild, das er von sich selbst hat, in Übereinstimmung bringen kann
e) zunächst unbewusst, aber bewusst, wenn das entsprechende Motiv aktiviert ist

3. *Welcher der folgenden Aussagen würden Sie nicht zustimmen?*

a) Motive sind durch den Wechsel von Aufladung und Befriedigung gekennzeichnet
b) Unspezifizierte angeborene Motive differenzieren sich durch einen Lernprozess
c) Verschiedene Motive werden von der menschlichen Gemeinschaft unterschiedlich bewertet
d) Alle menschlichen Motive sind angeboren
e) Viele Motive entwickeln sich in Abhängigkeit von der gesellschaftlichen Umwelt des Menschen

4. *Der Unterschied zwischen Volition und Motivation:*

a) Es gibt keinen Unterschied, da es sich um verschiedene Fachworte handelt, die im gleichen Sinn auf Beweggründe des Verhaltens hinweisen
b) Die Volition ist stets bewusst, während die Motivation meist unbewusst bleibt.
c) Von Volition spricht man dann, wenn man ein als wichtig erkannte Handlungsziel gegen innere Widerstände verfolgt, obwohl das keinen Spaß macht, während Motivation dann gegeben ist, wenn die Handlung mit Freude ausgeführt wird und zur Befriedigung führt.
d) Bei der Volition kennt man das Ziel der Handlung, während das bei der Motivation nicht der Fall ist.
e) Die Volition wird durch nicht-materielle Anreize angeregt, die Motivation dagegen durch materielle.

5. *Methoden zur Feststellung menschlicher Motive sind*

a) Fremdbeobachtung und Experiment
b) physiologische Messverfahren
c) Introspektion, Befragung, Fremdbeobachtung und die Analyse der Verhaltensergebnisse
d) Graphologie und Befragung
e) nicht entwickelt worden, da menschliche Motive unerforschbar sind

6. *Das motivierte Verhalten des Menschen*
a) ist von außen nicht beeinflussbar
b) ist nur in der Kindheit durch Erziehung beeinflussbar und folgt danach den geprägten innerseelischen Gesetzen
c) ist beliebig beeinflussbar, da menschliches Verhalten lediglich Spiegelbild der jeweiligen gesellschaftlichen Situation ist
d) ist dann zu beeinflussen, wenn der Beeinflusste sich nicht gegen diesen Einfluss zur Wehr setzt
e) kann dann durch Anreize beeinflusst werden, wenn die Anreize mit der Motivstruktur des Beeinflussten korrespondieren

7. *Bei gleichen situativen Gegebenheiten ist das gezeigte Leistungsverhalten formalisiert wie folgt darstellbar:*
a) Leistung = Motivation x (Fähigkeiten + Fertigkeiten)
b) Leistung = Motivation + (Fähigkeiten + Fertigkeiten)
c) Leistung = Motivation : (Fähigkeiten + Fertigkeiten)
d) Leistung = Motivation - (Fähigkeiten + Fertigkeiten)
e) Leistung = (Fähigkeiten + Fertigkeiten) : Motivation

8. *Für die Arbeit ist der Wunsch nach Geld in unserer Kultur*
a) der einzige Grund
b) ein nebensächlicher Grund
c) ein wichtiger Grund unter anderen
d) ein häufig genannter, in Wirklichkeit aber unwichtiger Grund
e) nur für Männer ein wichtiger Grund

9. *Als ein intrinsisches Arbeitsmotiv bezeichnet man ein Arbeitsmotiv, das*
a) nicht durch bewusst gewählte Anreize aktiviert werden muss
b) in der Arbeit selbst Befriedigung findet
c) vom Menschen nicht gelernt werden musste, sondern erbbedingt in ihm liegt
d) stärker ist als die Freizeitinteressen
e) durch psychologische Methoden nicht festgestellt werden kann

10. *Je höher die Position bei der Arbeit ist, desto stärker wird der Wunsch*

a) nach Selbstständigkeit und Selbstverwirklichung
b) nach Geld
c) nach Befreiung von der Arbeit
d) nach Ablenkung
e) nach angenehmen Kollegen

11. *Zufriedenheit mit der Arbeitsrolle*

a) führt fast immer zu besonders hoher Leistung
b) führt zu besonders niedriger Leistung
c) hat mit der Leistung grundsätzlich nichts zu tun
d) führt nur bei einfacher und monotoner Arbeit zu erhöhter Leistung
e) führt in der Regel zu einer Leistungshöhe, die zumindest so hoch ist, dass keine Kündigungsgefahr besteht

12. *Wer mit den Vorgesetzten zufrieden ist,*

a) ist häufig mit dem Gehalt nicht zufrieden
b) ist häufig mit allen Aspekten seiner Arbeitsrolle und in seinem Privatleben zufrieden
c) ist mit erhöhter Wahrscheinlichkeit mit den Kollegen unzufrieden
d) ist meist mit allen Aspekten seiner Arbeitsrolle zufrieden, aber in seinem Privatleben unzufrieden
e) ist meist mit seinen Untergebenen unzufrieden

13. *Nach der Zweifaktorentheorie der Zufriedenheit kann Unzufriedenheit speziell vermieden werden durch*

a) verantwortungsvolle Arbeit, Aufstieg und die Leistung selbst
b) gute Unternehmenspolitik, gute Entlohnung, gute Führung, befriedigende zwischenmenschliche Beziehungen und gute Arbeitsbedingungen
c) Anerkennung und Möglichkeiten zur Selbstverwirklichung
d) Mitbestimmung am Arbeitsplatz, d. h. durch Delegation und Partizipation
e) gute Führung, die aufgabenorientiert ausgerichtet ist und Verantwortung an die Mitarbeiter delegiert

14. Die Leistung – gleiche Begabung vorausgesetzt -
a) steigt gleichmäßig mit der Motivation zur Leistung an
b) steigt zunächst mit der Motivation zur Leistung an und sinkt bei weiter wachsender Motivation wieder ab
c) steigt zunächst mit der Motivation zur Leistung an und bleibt dann auf konstantem Niveau
d) ist unabhängig von der Motivation zur Leistung
e) verhält sich umgekehrt proportional zur Motivation zur Leistung

15. Ein Anreiz wirkt
a) auf alle Personen gleich, da er dadurch als Anreiz definiert ist
b) nur auf solche Personen, die über voll befriedigte, mit dem Anreiz korrespondierende Motive verfügen
c) nur auf Personen, die auch die Fähigkeit haben, das durch die Wahl des Anreizes beabsichtigte Verhalten erfolgreich auszuführen
d) nur auf solche Personen, denen aufgrund ihrer Erfahrung bewusst ist, welchem Zweck der Anreiz dienen soll
e) nur auf solche Personen, die nicht voll befriedigte mit dem Anreiz korrespondierende Motive haben

16. Ob jemand mit seinem Gehalt zufrieden ist, hängt – normale Verdienstlagen in unserer Kultur vorausgesetzt – besonders davon ab,
a) wie hoch sein Gehalt objektiv ist
b) mit wessen Gehalt er das seine vergleicht
c) ob er über ein Sparguthaben verfügt oder nicht
d) ob er alt oder jung ist
e) ob er verheiratet ist oder nicht

17. Die Gehaltshöhe steigert die Leistung dann besonders, wenn
a) sie dem Tarifvertrag entspricht
b) der Mitarbeiter sich subjektiv überbezahlt fühlt
c) eine Gehaltserhöhung unmittelbar bevorsteht
d) der Mitarbeiter sich subjektiv unterbezahlt fühlt
e) eine Gehaltserhöhung unmittelbar zuvor erfolgte

18. Der Führungserfolg hängt

a) fast ausschließlich von der Person des Führenden ab, da Führungseigenschaften sich in jeder Situation durchsetzen
b) vom Unternehmen ab, da dies ja darüber bestimmt, was als Führungserfolg gilt
c) insbesondere vom Führungsstil ab, da dieser ja die Motivation der Mitarbeiter determiniert
d) vom Verhalten der Geführten und der Führungssituation ab, dieses wiederum vom Führungsverhalten und der Führungssituation, das Führungsverhalten wiederum von den Persönlichkeitsmerkmalen des Führenden und der Führungssituation
e) davon ab, dass beim Führenden Motivation und Volition übereinstimmen

19. Mitarbeiterorientierter Führungsstil

a) fördert in erster Linie die Leistung, in zweiter Linie die Zufriedenheit
b) erhöht die Leistung, senkt aber die Zufriedenheit
c) erhöht die Zufriedenheit, senkt aber die Leistung
d) fördert in erster Linie die Zufriedenheit, in zweiter Linie die Leistung
e) beeinflusst weder Leistung noch Zufriedenheit

20. Hauptsächlich aufgabenorientierte Vorgesetzte

a) werden von ihren Untergebenen besonders geschätzt
b) verringern Fehlzeiten und Kündigungen bei ihren Untergebenen
c) sind fast immer zugleich auch mitarbeiterorientiert
d) werden vom oberen Management meist für besonders tüchtig gehalten
e) bewirken ein besonders gutes Betriebsklima

21. *Wenn Mitarbeiter bei der Festlegung von Arbeitszielen und Arbeitsweisen mitsprechen dürfen,*

a) erhöhen sich langfristig durch stärkere Bindung an die Aufgabe und wachsende Qualifikation, Leistung und Zufriedenheit
b) sinken dadurch Leistung und Zufriedenheit
c) zeigt sich kein Einfluss auf Leistung und Zufriedenheit
d) sinkt die Leistung und steigt die Zufriedenheit
e) sinkt die Zufriedenheit und steigt die Leistung

22. *Die Forderung, Ziele, die der Mitarbeiter erreichen soll, sollten SMART sein, bedeutet*

a) die Ziele sollten spezifisch messbar, anspruchsvoll bzw. akzeptiert, realistisch und terminiert sein
b) der Führende sollte Ziele smart formulieren, also so, dass die Mitarbeiter dadurch begeistert werden
c) die Folge davon ist: sicher machen alle das Richtige termingerecht
d) die Ziele so flexibel zu formulieren, dass sie die Mitarbeiter seinen Fähigkeiten entsprechend selbstbestimmt umgestalten kann
e) die Ziele sollten sich folgerichtig aus den Oberzielen des Unternehmens ableiten lassen

23. *Persönliche berufliche Vornahmen und Zielvorstellungen werden vom Einzelnen im Betrieb dann eher realisiert, wenn*

a) sie präzise beschrieben und leicht realisierbar formuliert werden
b) sei auf einer Zielvereinbarung zwischen dem Mitarbeiter und seinem Vorgesetzten beruhen
c) der Mitarbeiter droht, dass er im Fall des Scheiterns seiner Vornahmen kündigen werde
d) der Mitarbeiter fest entschlossen ist das Ziel zu erreichen und der Betrieb ihm eine realistische Tätigkeitsvorschau, Handlungsspielraum und soziale Unterstützung bietet
e) der Mitarbeiter seine Vornahmen jeweils flexibel den sich ändernden Bedingungen anpasst

24. Die Folgen des Erreichens persönlicher beruflicher Vornahmen im Betrieb sind, dass
a) zunächst die Leistung des Mitarbeiters zurückgeht, da er sich von seinen Anstrengungen ausruht
b) er noch anspruchsvollere persönliche Vornahmen entwickelt
c) die Bindung an das Unternehmen und die Arbeitszufriedenheit steigen und Kündigungsgedanken seltener werden
d) Ernüchterung oder gar Burnout eintreten, da das Erreichen der persönlichen Ziele doch nicht so glücklich macht, wie zuvor erhofft
e) der Mitarbeiter selbstsicherer wird, neue Herausforderungen in einem anderen Unternehmen sucht und kündigt

25. Das TALK-Modell der Kommunikation bedeutet,
a) der Vorgesetzte soll seine zentrale Führungsaufgabe im Gespräch („talk") mit seinen Mitarbeitern sehen
b) jede Kommunikation hat vier Ebenen, die Tatsachenfeststellung (es ist), der Ausdruck (ich bin), die Lenkung (du sollst) und das zwischenmenschliche Klima (wir sind)
c) im Gespräch mit Mitarbeitern soll der Führende treffsicher und ausdrucksstark in leicht verständlicher Weise knapp formulieren
d) tue alles in lockerem Kontakt
e) für den Führenden ist es effektiver zu reden („to talk") als zu schweigen

26. Es steigert die Zufriedenheit der Mitarbeiter besonders,
a) wenn direkte Kommunikation mit dem unmittelbar Vorgesetzten in allen den Mitarbeitern wichtig erscheinenden Fragen möglich ist
b) wenn die Kommunikation mit dem Vorgesetzten über einen Assistenten des Vorgesetzten erfolgt
c) wenn die Kommunikation grundsätzlich nur in Teambesprechungen erfolgt
d) wenn die Kommunikation mit dem Vorgesetzten weitgehend ausgeschaltet wird
e) wenn direkte Kommunikation mit dem Vorgesetzten in den von ihm ausgewählten Fragen möglich ist

27. *Herrscht in einer Arbeitsgruppe hohe Kohäsion,*

a) so steigert das in aller Regel die Leistung der Gruppenmitglieder
b) so senkt das in aller Regel die Leistung der Gruppenmitglieder
c) so hat das nur Einfluss auf die Zufriedenheit, nicht aber auf die Leistung der Gruppenmitglieder
d) so hat das weder Einfluss auf die Leistung noch auf die Zufriedenheit der Gruppenmitglieder
e) so zeigen die Leistungen der Gruppenmitglieder untereinander weniger Unterschiede, können aber – je nach Situation – steigen oder sinken; die Zufriedenheit dagegen steigt fast stets

28. *Abwechslungsreiche Tätigkeit*

a) verärgert den Arbeitenden in aller Regel, da sie mehr Anstrengung erfordert
b) erhöht beim interessierten und qualifizierten Mitarbeiter in aller Regel die Zufriedenheit und die Leistung, da sie höheren „Anreizwert" hat
c) ist den meisten Arbeitenden ebenso lieb wie einfache, einförmige Tätigkeit
d) erhöht zwar die Zufriedenheit, senkt aber in aller Regel die Leistung, da sie anstrengender ist
e) erhöht zwar die Leistung, da sie den Arbeitenden stärker fordert, hat aber keinen Einfluss auf die Zufriedenheit

29. *Wird ein Mitarbeiter über die Höhe der von ihm erbrachten Leistung informiert, so*

a) sinkt die Leistung, da die „Spannung" danach fehlt
b) sinkt die Leistung, weil er durch Information verärgert wird, da er diese als Einmischung in seine Angelegenheiten erlebt
c) steigt die Leistung, da er die Möglichkeit gewinnt, sich mit einem Gütemaßstab auseinanderzusetzen
d) hat das keinen Einfluss auf die Leistung, da Information kein Anreiz ist
e) steigt die Leistung, weil die Information sein Kontaktbedürfnis befriedigt

30. Die Arbeitszeit kann der Vermeidung von Unzufriedenheit besonders dann dienen, wenn

a) sie besonders früh liegt, damit der Feierabend lang ist
b) sie besonders spät ist, damit der Mitarbeiter ausschlafen kann
c) sie grundsätzlich gleich liegt, damit der Mitarbeiter sich darauf einstellen kann
d) der Mitarbeiter sie individuell so regeln kann, dass sie möglichst wenig mit seinen Freizeitinteressen kollidiert
e) die Mittagspause stark verkürzt wird, damit die Gesamtarbeitszeit dadurch kürzer wird

31. Aufstiegserwartungen haben dann den stärksten positiven Einfluss auf die Leistung des Mitarbeiters, wenn

a) der Aufstieg regelmäßig - etwa alle 5 Jahre - erfolgt
b) der Mitarbeiter stark aufstiegsmotiviert ist und glaubt, dass die Leistung für den Aufstieg entscheidend ist
c) der Mitarbeiter stark aufstiegsmotiviert ist und der Aufstieg routinemäßig in bestimmten Zeitabständen erfolgt
d) der Aufstieg besonders vom guten Kontakt mit dem Vorgesetzten abhängt
e) der Aufstieg tatsächlich von der Leistung abhängt, der Mitarbeiter jedoch überzeugt ist, dass der Aufstieg weitgehend routinemäßig erfolgt.

32. Die Kultur des Unternehmens hat besonders viel zu tun mit

a) Kunst am Bau und dem Sponsoring kultureller Veranstaltungen
b) den im Unternehmen vorherrschenden Werten, Normen und Selbstverständlichkeiten
c) der Bildung und Qualifikation der Mitarbeiter
d) dem Betriebsklima
e) dem Führungsstil der Spitzenführungskräfte

33. In der bekannten Modellvorstellung der Unternehmenskultur von Schein beziehen sich die drei dort genannten Ebenen auf

a) das Top-Management, die Führungskräfte und die gewerblichen Mitarbeiter
b) Kunst am Bau, Kultursponsoring und Durchführung eigener kultureller Veranstaltungen
c) kaum bewusste Grundannahmen, Werte und Artefakte
d) die materielle, die soziale und die geistige Ebene
e) die Mitarbeiter, die Lieferanten und die Kunden

34. Die Kontrolle der Mitarbeiter im modernen Industriebetrieb erfolgt vor allem durch

a) Belohnung und Belohnungsentzug
b) Zwang
c) persönliche Überwachung
d) Verinnerlichung von Normen und Werten
e) elektronische Systeme

35. Die Kultur des Unternehmens erkennt man am ehesten

a) mit Hilfe einer Mitarbeiterbefragung mit einem standardisierten Fragebogen
b) durch qualitative Interviews der obersten Führungsebene
c) durch Deutung der für das Unternehmen typischen verbalen, interaktionalen und objektivierten Zeichen
d) am wirtschaftlichen Erfolg
e) am Stil des Umgangs miteinander

36. Warum hat das Unternehmen mit zufriedenen Kunden meist auch zufriedene Mitarbeiter?

a) weil die Mitarbeiter ja meist auch Kunden sind
b) zufriedene Kunden führen zu höheren Gewinnen des Unternehmens, woraus sich eine bessere Entlohnung der Mitarbeiter ergibt
c) die Kunden sind zufrieden, weil Zufriedenheit der Mitarbeiter, mit denen sie Kontakt haben, zu einer Gefühlsansteckung führt
d) weil gute Public Relations-Maßahmen nach außen zu den Kunden und nach innen zu den Mitarbeitern wirken
e) Mitarbeiter identifizieren sich meist mit ihrem Unternehmen; sie sind stolz und zufrieden, wenn die Kunden und generell die Menschen im Umfeld das Unternehmen positiv sehen und lobend darüber sprechen

37. Die „Strategie des Bombenwurfs“ bei Organisationsveränderungen besteht

a) darin, dass die Entscheider einer überraschende oder gar provokative Maßnahmen einleiten, um die lethargischen Mitarbeiter aufzurütteln
b) in einer feindlichen Übernahme, die meist bei beiden Unternehmen zu einem „Knall“ führt
c) im Vorantreiben des Wandel durch beständige Drohungen
d) in der Entwicklung des zukünftigen Konzepts ausschließlich im Top-Management ohne Beteiligung der Betroffenen, die vor vollendete Tatsachen gestellt werden
e) in der betriebsbedingten Kündigung einer großen Zahl von Mitarbeitern

38. Für die Organisationsentwicklung ist kennzeichnend

a) die Beteiligung der Betroffenen am Veränderungsprozess
b) das Vorgehen bei der Veränderung am biologischen Modell der evolutionären Entwicklung (Mutation und Selektion)
c) der auf einer lange Veränderungsphase geplante Prozess
d) die präzise Zielplanung von Beginn des Veränderungsprozesses
e) die Differenzierung der Aufbauorganisation

Haben Sie die Lösung zu jeder Frage ausgewählt, die Ihnen die beste zu sein scheint?

Die Bestlösungen der Fragen zur Selbstkontrolle in der Mehrfach-Wahl-Form

Sie haben die Mehrfachwahlfragen optimal beantwortet, wenn Sie für die 38 Fragen die nachfolgend angegebenen Alternativen gewählt haben.

Frage	*die beste Alternative*
1	d
2	d
3	d
4	c
5	c
6	e
7	a
8	c
9	b
10	a
11	e
12	b
13	b
14	b
15	e
16	b
17	b
18	d
19	d
20	d
21	a
22	a
23	d
24	c
25	b
26	a
27	e
28	b
29	c
30	d
31	b
32	b
33	c
34	a
35	c
36	e
37	d
38	a

Wenn Sie das Buch sorgfältig durchgearbeitet haben, sollte es Ihnen möglich gewesen sein, mindestens 25 der Mehrfachwahlfragen richtig zu beantworten.

Arbeitsfrage:
Überlegen Sie sich bitte, warum die hier angegebenen Lösungen, falls sie von Ihren Lösungsvorschlägen abweichen, als die besseren gelten!

Literaturverzeichnis

ADAMS, J. S. (1963). Toward an Understanding of Inequity. Journal of Abnormal and Social Psychology, 67, 422-436.

ADAMS, J. S. (1965). Inequity in Social Change. In L. Berkowitz (Hrsg.), Advances in Experimental Social Psychology (Vol. II, 267-299). New York: Academic Press.

ADAMS, J. S. & ROSENBAUM, W. B. (1962). The Relationship of Worker Productivity to Cognitive Dissonance about Wage Inequalities. Journal of Applied Psychology, 46, 161-164.

ADLER, N. (2000). International Dimensions of Organizational Behavior (2. Aufl.). Boston: Kent Publishers.

ALLPORT, G. (1970). Entstehung und Umgestaltung der Motive. In H. Thomae (Hrsg.), Die Motivation menschlichen Handelns (488-497). Köln: Kiepenhauer & Witsch.

ANASTASI, A. (1964). Fields of Applied Psychology. London, New York etc.: McGraw-Hill.

ANDREWS, I. R. (1967). Wage Inequity and Job-performance: an Experimental Study, Journal of Applied Psychology 51, 39-51.

ANDREWS, J. D. W. (1967). The Achievement Motive and Advancement in Types of Organizations. Journal of Personality and Social Psychology, 6, 163-168.

ARONSON, E. & CARLSMITH, J. M. (1962). Performance Expectancy as a Determinant of Actual Performance. The Journal of Abnormal and Social Psychology 65, 178-182.

ASCH, S. E. (1965). Studies of Interdependence and Confirmity. A Minority of one against a Unanimous Majority. Psychological Monographs, 9 (whole no. 416).

ATKINSON, J. W. (1964). An Introduction of Motivation. Princeton, N. J.: van Nostrand.

ATKINSON, J. W. (Hrsg.). (1958). Motivation in Fantasy, Action and Society. Princeton: Van Nostrand.

BANCROFT, G. (1958). The American Labour Force. New York: Wiley.

BANDURA, A. (1969). Principles in Behavior Modification. New York: Holt, Rhinehart & Winston.

BARTENWERFER, H. (1970). Psychische Beanspruchung und Ermüdung. In: A. Mayer und B. Herwig (Hrsg.), Handbuch der Psychologie in 12 Bänden. Bd. 9, Betriebspsychologie. Göttingen: Hogrefe, 168-209.

BEHREND, H. (1953). Absence and Labour Turnover in a Changing Economic Climate. Occupational Psychology 27, 69-70.

BENNE, K. D. (1964) History of the T Group in the Laboratory Setting, In: L. P. Bradford, J. R. Gibb und K. D. Benne (Eds.). T Group Theory and Laboratory Method. New York - London - Sydney, 80-135. Wiley (deutsch im Verlag Ernst Klett, Stuttgart 1972 erschienen).

BIÄSCH, H. & LATTMANN, C. (1970). Die Entwicklung der Führungskräfte der Unternehmung. In: A. Mayer und B. Herwig (Hrsg.), Handbuch der Psychologie in 12 Bänden. Bd. 9, Betriebspsychologie. Göttingen: Hogrefe, 589-612.

BIHL, G. (1995). Werteorientierte Personalarbeit. München: Beck.

BILLS, M. A. (1923). Relation of Mental Alertness Test Scores to Positions and Permanency in Company. Journal of Applied Psychology 7, 154-156.

BIRBAUMER, N. (1975). Physiologische Psychologie - eine Einführung an ausgewählten Themen. Berlin: Springer.

BIRBAUMER, N. & SCHMIDT, R. F. (2006). Biologische Psychologie. Berlin: Springer.

BISCHOF, N. (2001). Das Rätsel Ödipus. Die biologischen Wurzeln des Urkonflikts von Intimität und Autonomie. München: Piper.

BISCHOF, N. (2008) Psychologie – Ein Grundkurs für Anspruchsvolle. Stuttgart: Kohlhammer.

BLAKE, R. R. & MOUTON, J. S. (1968). Verhaltenspsychologie im Betrieb. Düsseldorf: Econ.

BLAKELOCK, E. (1959). Study of Work and Life Satisfaction III: Satisfaction with Shift Work. Ann Arbor: University of Michigan.

BLUM, M. & NAYLOR, J. C. (1968). Industrial Psychology. Its Theoretical and Social Foundations. New York: Harper & Row.

BOWLING, N. A. (2007). Is the Job Satisfaction – Job Performance Relationship spurious? A Metaanalytic Examination. Journal of Vocational Behavior, 71, 167-185.

BRADFORD, L. P., GIBB, J. R. UND BENNE, K. D. (Eds.) (1964): T Group Theory and Laboratory Method. New York - London - Sydney: Wiley.

BRANDSTÄTTER, H. (1970). Die Beurteilung von Mitarbeitern. In A. Mayer & B. Herwig (Hrsg.), Handbuch der Psychologie. Bd. 9: Betriebspsychologie (668-734). Göttingen: Hogrefe.

BRANDSTÄTTER, H. (1989). Problemlösen und Entscheiden in Gruppen. In E. Roth (Hrsg.), Organisationspsychologie (Enzyklopädie der Psychologie; Bd. 3, 505-528). Göttingen: Hogrefe.

BRANDSTÄTTER, H. (2006). Veränderbarkeit von Persönlichkeitsmerkmalen aus sozial- und differenzialpsychologischer Sicht. In K. Sonntag (Hrsg.), Personalentwicklung in Organisationen (57-83). Göttingen: Hogrefe.

BRANDSTÄTTER, H., FRANKE, H. UND ROSENSTIEL, L. V. (1966). Zur persönlichkeitsspezifischen Vorhersagbarkeit von Leistungsdaten. Zeitschrift für experimentelle und angewandte Psychologie 13, 183-198.

BRÄUTIGAM, G. (1970). Die innerbetriebliche Information. In: A. Mayer und B. Herwig (Hrsg.), Handbuch der Psychologie in 12 Bänden. Bd. 9, Betriebspsychologie. Göttingen: Hogrefe, 555-588.

BREHM, J. W. (1966). A Theory of Psychological Reactance. New York: Academic Press.

BRODBECK, F. C. (1999). "Synergy is not for free". Theoretische Modelle und experimentelle Untersuchungen über Leistung und Leistungsveränderung in aufgabenorientierten Kleingruppen. Habilitationsschrift. München: Institut für Psychologie.

BRUGGEMANN, A., GROSKURTH, P. & ULICH, E. (1975). Arbeitszufriedenheit. Bern: Huber.

BRUNSTEIN, J. C. & MAIER, G. W. (1996). Persönliche Ziele: Ein Überblick zum Stand der Forschung. Psychologische Rundschau, 47, 146-160.

BÜHLER, K. (1965), (Erstauflage 1934). Sprachtheorie. Stuttgart: Fischer.

BÜSSING, A. & SEIFERT, H. (1995). Sozialverträgliche Arbeitszeitgestaltung. München: Rainer Hampp Verlag.

BUNGARD, W. & WIENDIECK, G. (Hrsg.). (1986). Erfolgreich im Qualitätswettbewerb. – Quality Circles als Instrumente zeitgemäßer Betriebsführung. Landsberg: Moderne Industrie.

CENTERS, R. & BUGENTAL, D. E. (1966). Intrinsic and Extrinsic Job Motivation among different Segments of Working Population. J. Applied. Psychology, 50, 193-197.

COHN, R. (1976). Von der Psychoanalyse zur Themenzentrierten Interaktion. Stuttgart: Klett.

COMELLI, G. & ROSENSTIEL, L. V. (2009). Führung durch Motivation. Mitarbeiter für Organisationsziele gewinnen. München: Vahlen (4. Aufl.).

CSIKSZENTMIHALYI, M. (1975). Beyond Boredom and Anxiety. San Francisco: Jossey-Bass.
CSIKSZENTMIHALYI, M. (1992). Flow. Das Geheimnis des Glücks. Stuttgart: Klett.

DAHLE, T. L. (1954). Transmitting Information to Employees. A Study of five Methods. Personnel 31, 243-246.
DIERKES, M., ROSENSTIEL, L. v. & STEGER, U. (Hrsg,). (1993). Unternehmenskultur in Theorie und Praxis. Konzepte aus Ökonomie, Psychologie und Ethnologie. Frankfurt: Campus.
DOMSCH, M. & LADWIG, D. H. (1999). Arbeitszeitflexibilisierung für Führungskräfte. In: L. v. Rosenstiel, E. Regnet und H. Domsch (Hrsg.), Führung von Mitarbeitern, Stuttgart: Schäffer-Poeschel, 837-850.
DUNKEL, D. (1983). Lernstatt. Modelle und Aktivitäten deutscher Unternehmen. In Beiträge zur Gesellschafts- und Bildungspolitik; Köln: Deutscher Instituts Verlag.

ECKARDSTEIN, D. v. & SCHNELLINGER, F. (1971). Personalmarketing im Einzelhandel. Berlin: Duncker & Humblot.
EDWARDS, A. L. (1957). The Social Desirability Variable in Personality Assessment and Research. New York: Holt.
ETZIONI, A. (1965). Organizational Control Structure. In J. G. March (Hrsg.), Handbook of Organizations (650-678). Chicago: Rand McNally.

FESTINGER, L. (1957). A Theory of Cognitive Dissonance. Evanston, Ill.: Row and Peters.
FIEDLER, F. E. & MAI-DALTON, R. (1995). Führungstheorien – Kontingenztheorie. In A. Kieser, G. Reber & R. Wunderer (Hrsg.), Handwörterbuch der Führung (940-953). Stuttgart: Schäffer-Poeschel.
FISCHER, L. (Hrsg.). (2006). Arbeitszufriedenheit: Konzepte und empirische Befunde. Göttingen: Hogrefe.
FITTKAU-GARTHE, H. & FITTKAU, B. (1971). Fragebogen zur Vorgesetzten-Verhaltens-Beschreibung (FVVB). Göttingen: Hogrefe.
FLORIN, I. & TUNNER, W. (1974). Behandlung kindlicher Verhaltensstörungen (6. Aufl.). München: Goldmann.
FRANKE, J. (1998). Optimierung von Arbeit und Erholung. Stuttgart: Enke.
FRANKL, V. E. (1979) Der Mensch vor der Frage nach dem Sinn. Auswahl aus dem Gesamtwerk. München: Piper.
FREUD, A. (1936). Das Ich und die Abwehrmechanismen. London. Nachdruck, München: Kindler.
FREUD, S. (1911). Formulierungen über zwei Prinzipien des psychischen Geschehens. In Gesammelte Werke, Bd. 8, Werke aus den Jahren 1909-1913 (4. Aufl., 230-238). Frankfurt/M.: Fischer.
FREUD, S. (1955 (1904)). Psychopathologie des Alltagslebens. Reprint. Frankfurt/M.: Fischer.
FREY, B. & OSTERLOH, M. (2002). Managing Motivation. Wiesbaden: Gabler.
FRICKE, E. & FRICKE, W. (1980). Erfahrungen, Probleme und Perspektiven der Umsetzung arbeitswissenschaftlicher Erkenntnisse im Zusammenhang mit dem Aktionsprogramm zur Humanisierung des Arbeitslebens. In L. v. Rosenstiel & M. Weinkamm (Hrsg.), Humanisierung der Arbeitswelt – vergessene Verpflichtung? Stuttgart: Poeschel.
FRIEDEBURG, L. v. (1963). Soziologie des Betriebsklimas. Studien zur Deutung empirischer Untersuchungen in industriellen Großbetrieben. Frankfurt/M.: Europäische Verlagsanstalt.

FRIEDEL-HOWE, H. (1994). Neue Organisationskonzepte. In L. v. Rosenstiel, M. Hockel & W. Molt (Hrsg.), Handbuch der Angewandten Psychologie. Grundlagen – Methoden – Praxis (VI-4.1 1-20). Landsberg: ecomed.
FRIEDMAN, M. & ROSENMAN, R. H. (1975). Der A-Typ und der B-Typ. Reinbek: Rowohlt.
FRIELING, E. & SONNTAG, K. (1999). Lehrbuch Arbeitspsychologie (2. Aufl.). Bern: Huber.

GALTUNG, J. (1964). A Structural Theory of Aggression. Journal of Peace Research, 1, 95-119.
GASTEIGER, R. M. T. (2007). Selbstverantwortliches Laufbahnmanagement. Das proteische Erfolgskonzept. Göttingen: Verlag für Angewandte Psychologie.
GEBERT, D. (1978). Organisation und Umwelt. Stuttgart: Kohlhammer.
GEBERT, D. (1981). Belastung und Beanspruchung in Organisationen. Ergebnisse der Streß-Forschung. In Sammlung Poeschel, 105. Stuttgart: Poeschel.
GEBERT, D. (1992). Führung in Afrika. In D. Gebert (Hrsg.), Traditionsorientierung und unternehmerischer Erfolg. Saarbrücken: Breitenbach.
GEBERT, D. (1995). Gruppengröße und Führung. In: A. Kieser, E. Reber & R. Wunderer (Hrsg.), Handwörterbuch der Führung. 2. Aufl. (S. 1138-1146). Stuttgart: Schäffer-Poeschel.
GEBERT, D. (2002). Innovation und Führung. Stuttgart: Kohlhammer.
GEBERT, D. (2007). Psychologie der Innovationsgenerierung. In D. Frey & L. v. Rosenstiel (Hrsg.), Enzyklopädie der Psychologie. Bd. Wirtschaftspsychologie (783-808). Göttingen: Hogrefe.
GEBERT, D. (2007). Organisationsentwicklung. In Heinz Schuler (Hrsg.), Lehrbuch Organisationspsychologie (601-616). Bern: Huber (4. Aufl.).
GEBERT, D. & ROSENSTIEL, V. L. (2002). Organisationspsychologie. Stuttgart: Kohlhammer.
GELLERMAN, S. (1968). Management by Motivation: American Management Association Inc.
GOLLWITZER, P. M. (1991). Abwägen und Planen: Bewußtseinslagen in verschiedenen Handlungsphasen. Göttingen: Hogrefe.
GRAUMANN, C. F. (1965). Methoden der Motivationsforschung. In: H. Thomae (Hrsg.), Handbuch der Psychologie. Bd. 2, Motivation (123-202). Göttingen: Hogrefe.
GRAUMANN, C. F. (1969). Einführung in die Psychologie. Bd. I: Motivation. Bern: Huber.
GUZZO, R. A., JETTE, R. D. & KATZELL, R. A. (1985). The Effects of Psychologically based Intervention Programs on Worker Productivity: A Meta-analysis. Personnel Psychology, 38, 275-291.

HALL, D. T. (2002). Careers in and out of Organizations. Thousand Oaks, Ca: Sage.
HALPIN, A. W. & WINER, B. J. (1957). A Factorial Study of the Leader Behavior Description. In R. M. Stogdill & A. E. Coons (Hrsg.), Leader Behavior: Its Description and Measurement (39-51). Columbus: Administrative Science.
HECKHAUSEN, H. (1963). Hoffnung und Furcht in der Leistungsmotivation. Meisenheim/Gl.: Hain.
HECKHAUSEN, H. (1965). Leistungsmotivation. In H. Thomae (Hrsg.), Handbuch der Psychologie. Bd. 2: Allgemeine Psychologie. 2. Motivation (602-702). Göttingen: Hogrefe.
HECKHAUSEN, H. (2006). Motivation und Handeln (3. Aufl.). Berlin: Springer.
HECKHAUSEN, H. & KUHL, J. (1985). From Wishes to Action: The Dead Ends and Short Cuts on the Long Way to Action. In: M. Frese and J. Sabini (Eds.), Goal Directed Behavior: The Concept of Action in Psychology (134-159). Hillsdale N. J.: Erlbaum.

HECKHAUSEN, H., GOLLWITZER, P. M. & WEINERT, F. E. (1987). Jenseits des Rubikon. Berlin: Springer.

HEISS, R. (1948). Person als Prozess. Kongreßbericht des BDP. Hamburg.

HEISS, R. (1956). Allgemeine Tiefenpsychologie. Bern - Stuttgart: Huber.

HEISS, R. (Hrsg.) (1964). Handbuch der Psychologie in 12 Bänden. Bd. 6, Psychologische Diagnostik. Göttingen: Hogrefe.

HERWIG, B. (1970). Zur Systematik der Betriebspsychologie. In: A. Mayer & B. Herwig (Hrsg.), Handbuch der Psychologie in 12 Bänden. Bd. 9, Betriebspsychologie. Göttingen: Hogrefe, 56-65.

HERZBERG, F. (1966). Work and the Nature of Man. Cleveland: The World Publ. Co.

HERZBERG, F., MAUSNER, B., PETERSON, R. O & CAPWELL, D. F. (1957). Job Attitudes: Review of Research and Opinion. Pittsburgh: Psychological Service of Pittsburgh sec. Repr.

HERZBERG, F., MAUSNER, B. & SNYDERMAN, B. (1959). The Motivation to Work. New York: Wiley & Sons.

HILGARD, E. R. & BOWER, G. H. (1971). Theorien des Lernens (Bd. 2). Stuttgart: Klett.

HILL, W. F. (1956). Activity as an Autonomous Drive. Journal of Comparative and Physiological Psychology 49, 15-19.

HOFSTÄTTER, P. (1957). Gruppendynamik. Kritik der Massenpsychologie. Reinbek: Rowohlt.

HOFSTEDE, G. (1997). Lokales Denken, globales Handeln. München: Beck.

HOLLAND, J. G. & SKINNER, B. F. (1971). Analyse des Verhaltens. München: Urban & Schwarzenberg.

HOPPE, F. (1930). Erfolg und Mißerfolg. Psychologische Forschung 14, 1 - 62.

HORNSTEIN, E. V. & ROSENSTIEL, L. V. (2000). Ziele vereinbaren – Leistung bewerten. München: Langen-Müller

HOSSIEP, R., BITTNER, J. E. & BERNDT, W. (2008). Mitarbeitergespräche – motivierend, wirksam, nachhaltig.

HOUSE, R.J., HUNGES, P. , RUIZ-QUANTILLA, S.A., DORFMAN, P.W., JAVIDAN, M., DICKSON, M. & GUPTA, V. (1999). Cultural Influences on Leadership and Organizations. Projekt Globe. Advances in Global Leadership , 1.

HULIN, C. L. & BLOOD, M. R. (1968). Job Enlargement, Individual Differences, and Workers Responses. Psychological Bulletin, 69, 41-55.

IRLE, M. (1975). Lehrbuch der Sozialpsychologie. Göttingen: Hogrefe.

JACKSON J. M. (1953). The Effect of Changing the Leadership of Small Work Groups. Human Relations 6, 25-44.

JAGO, A. (1995). Führungstheorien – Vroom/Yetton-Modell. In A. Kieser, G. Reber & R. Wunderer (Hrsg.), Handwörterbuch der Führung (1058-1975). Stuttgart: Schäffer-Poeschel.

JAQUES, E. (1951). The Changing Culture of a Factory. London: Tavistock.

JAQUES E. (1961). Equitable Payment. New York: Wiley.

KASCHUBE, J. (1997). Ziele von Führungsnachwuchskräften. München: Hampp.

KASPER, H. (1987). Organisationskultur. Wien: Service, Wirtschaftsuniversität Wien.

KATONA, G. (1960). Das Verhalten der Verbraucher und Unternehmer. Tübingen: Mohr.

KEHR. H. M. (2002). Souveränes Selbstmanagement. Weinheim: Beltz.

KEHR, H. M. (2004). Motivation und Volition. Göttingen: Hogrefe.

KEHR, H. M., BLES, P. & ROSENSTIEL, L. V. (1999). Zur Motivation von Führungskräften: Zielbindung und Flusserleben als transferfördernde Faktoren bei Führungstrainings. Zeitschrift für Arbeits- und Organisationspsychologie, 43, 2, 83-94.

KIRSCH, A. (1995). Strategien der Selektion und Sozialisation von Führungskräften. Wiesbaden: Gabler.

KIRSCH, W. (1971). Entscheidungsprozesse, Bd. II, Informationsverarbeitungstheorie des Entscheidungsverhaltens. Wiesbaden: Gabler.

KIRSCH, W. (1971). Entscheidungsprozesse, Bd. III, Entscheidungen in Organisationen. Wiesbaden: Gabler.

KIRSCH, W. (1997). Strategisches Management: Die geplante Evolution von Unternehmen. München: Kirsch.

KIRSCH, W., ESSER, W. M. & GABELE, E. (1979). Das Management des geplanten Wandels von Organisationen. Stuttgart: Poeschel.

KLAGES, H. (1984). Wertorientierungen im Wandel. Rückblick, Gegenwartsanalyse, Prognosen. Frankfurt a. M.: Campus.

KLAGES, H., HIPPLER, H.-J. & HERBERT, W. (1992). Werte und Wandel. Ergebnisse und Methoden einer Forschungstradition. Frankfurt: Campus.

KLIPSTEIN, M. V. & STRÜMPEL, B. (1985). Gewandelte Werte - Erstarrte Strukturen. Wie die Bürger Wirtschaft und Arbeit erleben. Bonn: Neue Gesellschaft.

KLUCKHOHN, C. (1951). Values and Value-orientation in the Theory of Action: An Exploration in Definition and Classification. In: T. Parson and E. Shils (Eds.), Toward a General Theory of Action (388-433). Cambridge, Mass.: Harvard University Press.

KORNHAUSER, A., DUBIN, R. & ROSS, A. M. (Eds.) (1954). Industrial Conflict. New York: Wiley.

KRECH, D., CRUTCHFIELD, R. & BALLACHEY, E. G. (1962). Individual in Society. New York: McGraw-Hill.

KRETSCHMER, E. (1955). Körperbau und Charakter. Untersuchungen zum Konstitutionsproblem und zur Lehre von den Temperamenten (21. Aufl.). Berlin: Springer.

KUHL, J. (1983). Motivation, Konflikt und Handlungskontrolle. Berlin: Springer.

LAZARUS, R. S. (1966). Psychological Stress and the Coping Process. New York: McGraw-Hill.

LERSCH, P. (1956). Aufbau der Person. München: Barth.

Lewin, K., Lippitt, R. & White, R. K. (1939). Patterns of Aggressive Behavior in Experimentally Created Social Climates. Journal of Social Psychology, 10, 271-299.

LIKERT, R. (1961). New Patterns of Management. New York: McGraw-Hill.

LOCKE, E. A. & LATHAM, G. P. (1984). Goal setting: A Motivational Technique that Works. Englewood Cliffs, N.J.: Prentice Hall.

LOCKE, E. A. & LATHAM, G. P. (1990). A Theory of Goal Setting and Task Performance. Englewood Cliffs, NJ: Prentice-Hall.

LOCKE, E. A. & LATHAM, G. P. (1990). Work Motivation: The High Performance Cycle. In U. Kleinbeck, H.-H. Quast, H. Therry & H. Häcker (Hrsg.), Work Motivation (3-26). Hillsdale: Erlbaum.

LOCKE, E. A. & LATHAM, G. P. (2002). Building a Practically Useful Theory of Goal Setting and Task Motivation. American Psychologist, 57, 705-717.

LORENZ, K. (1978). Das Wirkungsgefüge der Natur und das Schicksal des Menschen. Gesammelte Arbeiten (1941-1977). München: Piper.

LÜCKERT, H. R. (1966). Mitarbeiter auswählen, beurteilen und führen. München: Moderne Industrie.

MACK, R. W. & SNYDER, R. C. (1957). The Analysis of Social Conflict: Toward an Overview and Synthesis. Journal of Conflict Resolution 1, 212-248.

MADSEN, K. (1968). ModernTheories of Motivation. Kopenhagen: Madsen & Muntesgaard.
MAIER, G. (1996). Persönliche Ziele im Unternehmen. Ergebnisse einer Längsschnittstudie bei Berufseinsteigern. München: Dissertation.
MAINIERO, L. A. (1994). Liebe im Büro – Flirts, Intrigen und Karrieren am Arbeitsplatz. Stuttgart: Kreuz.
MANN, F. C. & HOFFMANN, L. R. (1960). Automation and the Worker. New York.
MARR, R. (Hrsg.). (1987). Arbeitszeitmanagement. Grundlagen und Perspektiven der Gestaltung flexibler Arbeitszeitsysteme. Berlin: Schmidt.
MASLOW, A. H. (1954). Motivation and Personality. New York: Harper.
MATHEWSON S. (1931). Restriction of Output among Unorganized Workers. New York: The Viking Press.
MAYER, A. (1961) Die soziale Rationalisierung des Industriebetriebes. München: Steinbach & Bruckmann.
MAYER, A. (1970). Die Betriebspsychologie in einer technisierten Welt. In A. Mayer & B. Herwig (Hrsg.), Handbuch der Psychologie. Bd. 9: Betriebspsychologie (3-55). Göttingen: Hogrefe.
MAYER, A., FRANKE, H. & ROSENSTIEL, L. v. (1970). Autoritäres Klima tötet den Geist. In: H. J. H. Rastalsky (Hrsg.), Der Weg zur Spitze. München: Jacobi / Humboldt, 69-74.
MAYER, A. & HERWIG, B. (Hrsg.) (1970). Handbuch der Psychologie in 12 Bänden. Bd. 9, Betriebspsychologie. Göttingen: Hogrefe.
MAYNTZ, R. (1968). Bürokratische Organisation. Köln: Kiepenheuer & Witsch.
MCCLELLAND, D. C. (1966). Die Leistungsgesellschaft – Psychologische Analyse der Voraussetzungen wirtschaftlicher Entwicklung. Stuttgart: Kohlhammer.
MCCLELLAND, D. C. (1978). Macht als Motiv. Stuttgart: Klett-Cotta.
MCGRATH, J. E. (1976). Stress and Behavior in Organization. In M. D. Dunenette (Hrsg.), Handbook of Industrial and Organizational Psychology (1351-1396). Chicago: Rand McNally.
MCGREGOR, D. (1960). The Human Side of Enterprise. New York: McGraw-Hill.
MCGUIRE, W. J. (1969). The Nature of Attitudes and Attitude Change. In: G. Lindzey and E. Aronson (Eds.), The Handbook of Social Psychology. Vol. 3, Reading - Menlo Park - London - Don Mills Addison-Wesley, 136-314.
MERRIHUE, W. V. & KATZELL, R. A. (1955). ERI-Yardstick of Employee Relations. Harvard Business Review, 33, 91-99.
METZGER, W. (1963). Psychologie. Darmstadt: Steinkopff.
MORGAN, G. (1997). Bilder der Organisation. Stuttgart: Klett-Cotta.
MORSE, N. C. & REIMER, E. (1956). The Experimental Change of a Major Organizational Variable. Journal of Abnormal and Social Psychology, 52, 120-129.
MORSE, N. C. & WEISS, R. S. (1955) The Function and Meaning of Work and the Job. American Sociological Review 20, 191-198.
Murray, H. A. (1938). Explorations in Personality. New York: Oxford Univ. Press.

NEALEY, S. M. (1964). Determining Worker Preferences among Employee Benefit Programs. Journal of Applied Psychology 48, 7-12.
NERDINGER, F. W. (1995). Motivation und Handeln in Organisationen. Stuttgart: Kohlhammer.
NEUBERGER, O. (1976). Führungsverhalten und Führungserfolg. Berlin: Duncker & Humblot.
NEUBERGER, O. (1977). Organisation und Führung. Stuttgart: Kohlhammer.
Neuberger, O. (1986). Spiele in Organisationen, Organisationen als Spiele (Manuskript). Augsburg: Universität Augsburg.

NEUBERGER, O. (1989). Organisationstheorien. In E. Roth (Hrsg.), Organisationspsychologie (Enzyklopädie der Psychologie; Bd. 3, Bd. 3, 205-250). Göttingen: Hogrefe.
NEUBERGER, O. (1989). Symbolisierung in Organisationen. Augsburger Beiträge zur Organisationspsychologie und Personalwesen, 4, 24-36.
NEUBERGER, O. (1991). Personalentwicklung. Stuttgart: Enke.
NEUBERGER, O. (1995). Führen und geführt werden (4. Aufl.). Stuttgart: Enke.
NEUBERGER, O. (1995). Mikropolitik. Stuttgart: Enke.
NEUBERGER, O. (1995). Miteinander arbeiten - miteinander reden! München: Bayerisches Staatsministerium für Arbeit und Sozialordnung.
NEUBERGER, O. (2001). Das Mitarbeitergespräch. Leonberg: Rosenberger.
NEUBERGER, O. (2006) Führen und führen lassen. Stuttgart. Lucius
NEUBERGER, O. (2006). Mikropolitik und Moral. Stuttgart: Lucius.
NEUBERGER, O. & ALLERBECK, M. (1978). Messung und Analyse der Arbeitszufriedenheit. Bern: Huber.
NEUBERGER, O. & KOMPA, A. (1987). Wir, die Firma. Weinheim: Beltz.
NOELLE-NEUMANN, E. (1978). Werden wir alle Proletarier? Zürich: Interform.
NOELLE-NEUMANN, E. & PETERSEN, T. (2001). Zeitenwende. Der Wandel 30 Jahre später. Das Parlament, Beilage 29, 15-22.
NOELLE-NEUMANN, E. & STRÜMPEL, B. (1984). Macht Arbeit krank? Macht Arbeit glücklich? Eine aktuelle Kontroverse. München: Piper.

PATCHEN, M. (1961). The Choice of Wage Comparisons. Englewood Cliffs, N.J.: Prentice Hall.
PELZ, D. (1952). Influence: a Key to Effective Leadership in the First-line Supervisor. Personnel 29, 209-217.
PETER, L. J. & HULL, R. (1981). Das Peter-Prinzip oder die Hierarchie der Unfähigen. Reinbek: Rowohlt.
PETERS, T. J. & WATERMAN, R. H. (1984). Auf der Suche nach Spitzenleistungen. Was man von den bestgeführten US-Unternehmen lernen kann. Landsberg: Moderne Industrie.
PODSIADLOWSKI, A. (2002). Multikulturelle Arbeitsgruppen in Unternehmen. Bedingungen für erfolgreiche Zusammenarbeit am Beispiel deutscher Unternehmen in Südostasien. Münster: Waxmann.
PÖHLER, W. (Hrsg.) (1979). Damit die Arbeit menschlicher wird. Fünf Jahre Aktionsprogramm Humanisierung des Arbeitslebens. Bonn: Verlag Neue Gesellschaft.
PORTER, L. W. (1962). Job Attitudes in Management: II. Perceived Importance of Needs as a Function of Job Level. Journal of Applied Psychology, 47, 141-148.

RASTETTER, D. (1994). Sexualität und Herrschaft in Organisationen. Opladen: Westdeutscher Verlag.
REISS, M. (1997). Aktuelle Konzepte des Wandels. In M. Reiß, L. v. Rosenstiel, A. Lanz (Hrsg.), Change Management (31-90). Stuttgart: Schäffer Poeschel.
ROSENSTIEL, L. v. (1966). Zur Fragen der Angst- und Feindseligkeitsantworten in Formdeuteverfahren. Zeitschrift für experimentell und angewandte Psychologie 13, 611-631.
ROSENSTIEL, L. v. (1969). Psychologie der Werbung (3. Auflage mit A. Kirsch, 1995). Rosenheim: Komar.
ROSENSTIEL, L. v. (1975). Arbeitsleistung und Arbeitszufriedenheit. Zeitschrift für Arbeitswissenschaft, 29, 72-78.
ROSENSTIEL, L. v. (1975). Die motivationalen Grundlagen des Verhaltens in Organisationen - Leistung und Zufriedenheit. Berlin: Duncker & Humblot.

ROSENSTIEL, L. v. (1984). Wandel der Werte - Zielkonflikte bei Führungskräften? In: R. Blum und M. Steiner (Hrsg.), Aktuelle Probleme der Marktwirtschaft in gesamt- und einzelwirtschaftlicher Sicht (203-234). Berlin: Duncker & Humblot.

ROSENSTIEL, L. v. (1988). Motivationsmanagement. In: M. Hofmann und L. v. Rosenstiel (Hrsg.), Funktionale Managementlehre (214-264). Berlin: Springer.

ROSENSTIEL, L. v. (1989). Innovation und Veränderung in Organisationen. In: E. Roth (Hrsg.), Organisationspsychologie/Enzyklopädie der Psychologie, Bd. 3 (652-684). Göttingen: Hogrefe.

ROSENSTIEL, L. v. (1989). Selektions- und Sozialisationseffekte beim Übergang vom Bildungs- ins Beschäftigungssystem: Ergebnisse einer Längsschnittstudie an jungen Akademikern. Zeitschrift für Arbeits- und Organisationspsychologie, 33, 21-32.

ROSENSTIEL, L. v. (1992). Wertkonflikte beim Berufseinstieg. Eine Längsschnittstudie an Hochschulabsolventen. In: H. Klages, H. Hippler und W. Herbert (Hrsg.), Werte und Wandel (333-351). Frankfurt a. M.: Campus.

ROSENSTIEL, L. v. (1993). Unternehmenskultur - einige einführende Anmerkungen. In M. Dierkes, L. v. Rosenstiel & U. Steger (Hrsg.), Unternehmenskultur in Theorie und Praxis. Konzepte aus Ökonomie, Psychologie und Ethnologie (8-22). Frankfurt: Campus.

ROSENSTIEL, L. v. (1993). Wandel der Karrieremotivation - Neuorientierung in den 90er Jahren. In: L. v. Rosenstiel, M. Djarrahzadeh, H. E. Einsiedler & R. Streich (Hrsg.), Wertewandel: Herausforderung für die Unternehmenspolitik in den 90er Jahren (47-82). Stuttgart: Schäffer-Poeschel.

ROSENSTIEL, L. v. (1994). Mitarbeiterführung in Wirtschaft und Verwaltung. In: Bayerisches Staatsministerium für Arbeit und Sozialordnung (Hrsg.), München: Bayerisches Staatsministerium für Arbeit und Sozialordnung.

ROSENSTIEL, L. v. (1995). Führung bei Leistungszurückhaltung. In: A. Kieser, G. Reber & R. Wunderer (Hrsg.), Handwörterbuch der Führung (1431-1442). Stuttgart: Schäffer-Poeschel.

ROSENSTIEL, L. v. (1996). Karriere - ihr Licht und ihre Schatten. In: L. v. Rosenstiel, T. Lang-v. Wins & E. Sigel (Hrsg.), Perspektiven der Karriere.(S.13-42) Stuttgart: Schäffer-Poeschel.

ROSENSTIEL, L. v. (2003). Bindung der Besten. Ein Beitrag zur mitarbeiterbezogenen strategischen Planung. In M. J. Ringlstetter, H.A. Henzler & M. Mirow (Hrsg.), Perspektiven der Strategischen Unternehmensführung (229 - 254). Wiesbaden: Gabler.

ROSENSTIEL, L. v. (2003). Entwicklung und Training von Führungskräften. In Lutz von Rosenstiel, Erika Regnet & Michael Domsch (Hrsg.), Führung von Mitarbeitern (67-83). Stuttgart: Schäffer-Poeschel.

ROSENSTIEL, L. v. (2003). Führung in Organisationen. Kölner Zeitschrift für Soziologie und Sozialpsychologie.

ROSENSTIEL, L. v. (2003). Motivation managen. Weinheim: Beltz.

ROSENSTIEL, L. v. (2004). „Change" im Unternehmen - am Beispiel der Führung auf Distanz. In: L. v. Rosenstiel, D. Pieler & P. Glasl (Hrsg.). Strategisches Kompetenzmanagement. Wiesbaden. Gabler.

ROSENSTIEL, L. v. (2004). Arbeits- und Organisationspsychologie – Wo bleibt der Anwendungsbezug? Zeitschrift für Arbeit- und Organisationspsychologie, 48, 87-97.

ROSENSTIEL, L. v. (2006). Die Bedeutung von Arbeit. In H. Schuler (Hrsg.), Lehrbuch der Personalpsychologie (15-43). Göttingen: Hogrefe.

ROSENSTIEL, L. v. (2006). Führung. In H. Schuler (Hrsg.), Lehrbuch der Personalpsychologie (353-384). Göttingen: Hogrefe.

ROSENSTIEL, L. v. (2007). Grundlagen der Organisationspsychologie (6. Aufl.). Stuttgart: Schäffer-Poeschel.

ROSENSTIEL, L. v. (2007). Kommunikation in Arbeitsgruppen. In H. Schuler (Hrsg.), Lehrbuch Organisationspsychologie (387-414). Bern: Huber.

ROSENSTIEL, L. v. & BÖGEL, R. (1986). Sozialisation in und durch Organisationen. In: W. Sarges und R. Fricke (Hrsg.), Psychologie für die Erwachsenenbildung - Weiterbildung (500-506). Göttingen: Hogrefe.

ROSENSTIEL, L. v. & BÖGEL, R. (1992). Betriebsklima geht jeden an. München: Bayerisches Staatsministerium für Arbeit, Familie und Sozialordnung.

ROSENSTIEL, L. & COMELLI, G. (2003). Führung zwischen Stabilität und Wandel. München: Vahlen.

ROSENSTIEL, L. v., DJARRAHZADEH, M., EINSIEDLER, H. E. & STREICH, R. K. (1993). Wertewandel. Herausforderung für die Unternehmenspolitik in den 90er Jahren. Stuttgart: Schäffer-Poeschel.

ROSENSTIEL, L., FALKENBERG, T., HEHN, W., HENSCHEL, E. & WARNS, I. (1983). Betriebsklima heute. Ludwigshafen: Kiehl Verlag.

ROSENSTIEL, L. v., MOLT, W. & RÜTTINGER, B. (2005). Organisationspsychologie (1. Auflage 1972) (9. Aufl.). Stuttgart: Kohlhammer.

ROSENSTIEL, L. v., NERDINGER, F., SPIESS, E. & STENGEL, M. (1989). Führungsnachwuchs im Unternehmen. München: Beck.

ROSENSTIEL, L. v., NERDINGER, F. & SPIESS, E. (1991). Was morgen alles anders läuft. Düsseldorf: Econ.

ROSENSTIEL, L. v., NERDINGER, F. & SPIESS, E. (Hrsg.). (1998). Von der Hochschule in den Beruf. Göttingen: Verlag für Angewandte Psychologie.

ROSENSTIEL, L. v. & NEUMANN, P. (2002). Marktpsychologie. Ein Handbuch für Studium und Praxis. Darmstadt: Wissenschaftliche Buchgesellschaft.

ROSENSTIEL, L. v., REGNET, E. & DOMSCH, M. (2009). Führung von Mitarbeitern. Handbuch für ein erfolgreiches Personalmanagement. Stuttgart: Schäffer-Poeschel

ROSENSTIEL, L. v. & STENGEL, M. (1987). Identifikationskrise? Zum Engagement in betrieblichen Führungspositionen. Bern: Huber.

RÜTTINGER, B. & SAUER, J. (2000). Konflikt und Konfliktlösen. Leonberg: Rosenberger Fachverlag.

SAVIN, V. (2005). Anreizgestaltung für russländische Mitarbeiter deutscher Unternehmen in Russland. Berlin: Duncker & Humblot.

SCHEIN, E. H. (1965). Organizational Psychology. New York: Prentice Hall.

SCHEIN, E. H. (2004). Organizational Culture and Leadership. San Francisco: Jossey-Bass.

SCHNEEWIND, K.A., KUPSCH, M. & DILLITZER, S. (2008). Familie und Arbeit. In: D. Frey & C. Graf Hoyos (Hrsg.) Psychologie in Gesellschaft, Kultur und Umwelt (114-120). Weinheim: Beltz.

SCHOLL, W. (2007). Grundkonzepte der Organisation. In H. Schuler (Hrsg.), Lehrbuch Organisationspsychologie (515-556). Bern: Huber.

SCHOLZ, C. (2000). Personalmanagement. Informationsorientierte und verhaltenstheoretische Grundlagen (5. Aufl.). München: Vahlen.

SCHRAMM, F. (1999). Arbeitnehmerverhalten und Arbeitsmarktentwicklung. Das sozioökonomische Panel in der Personalforschung. Stuttgart: Schäffer-Poeschel.

SCHÜT, F. W. (1971). Gleitende Arbeitszeit. München: Goldmann.

SCHULER, H. (1980). Das Bild vom Mitarbeiter. Goch: Bratt.

SCHULER, H. (Hrsg.). (1991). Beurteilung und Förderung der beruflichen Leistung. Göttingen: Verlag für Angewandte Psychologie.

SCHULER, H. (2002). Das Einstellungsinterview. Göttingen: Hogrefe.

SEARS, R. R. (1936). Experimental Studies of Projection I: Attribution of Traits.

SEASHORE, S. (1954). Group Cohesiveness in the Industrial Work Group. Ann Arbor: Univ. of Michigan Press

SECORD, P. F. & BACKMAN, C. W. (1964). Social Psychology. New York - St. Louis etc.: McGraw-Hill.

SEMMER, N. K. & UDRIS, I. (2007). Bedeutung und Wirkung von Arbeit. In H. Schuler (Hrsg.), Lehrbuch Organisationspsychologie (157-195). Bern: Verlag Hans Huber.

SIX, B. & KLEINBECK, U. (1989). Arbeitsmotivation und Arbeitszufriedenheit. In E. Roth (Hrsg.), Organisationspsychologie (Enzyklopädie der Psychologie; Bd. 3, (348-398). Göttingen: Hogrefe.

SMITH, P. C. & CRANNY, C. J. (1968). Psychology of Man at Work. American Review of Psychology 19, 467-496.

SPECTOR, A. J. (1956). Expectations, Fulfillment, and Morale. Journal of Abnormal and Social Psychology, 52, 51-56.

SPRENGER, R. K. (2006). Mythos Motivation. Frankfurt: Campus.

STEGER, U. (Hrsg.). (1992). Handbuch des Umweltmanagements. Anforderungs- und Leistungsprofile von Unternehmen und Gesellschaft. München: Beck.

STENGEL, M. (1988). Freizeit: Zu einer Motivationspsychologie des Freizeithandelns. In: D. Frey, C. Graf Hoyos und D. Stahlberg (Hrsg.), Angewandte Psychologie (561-584). München: PVU.

STIRN, H. (1970). Die Arbeitsgruppe. In A. Mayer & B. Herwig (Hrsg.), Handbuch der Psychologie, Bd. 9: Betriebspsychologie (494-520). Göttingen: Hogrefe.

STOCKFORD, L. O. & KUNZE, K. R. (1950). Psychology and the Pay Check. Personnel 27, 129-143.

STOGDILL, R. M. AND COONS, A. E. (Eds.) (1957). Leader Behavior: its Description and Measurement. Columbus Res. Monogr. 88.

TANNENBAUM, A. S. (1969). Social Psychology of the Work Organization. Belmont: Wedworth.

THOMAE, H. (1965). Die Bedeutung des Motivationsbegriffs. In: H. Thomae (Hrsg.), Handbuch der Psychologie, Bd. II, Allgemeine Psychologie, 2. Motivation (3-44). Göttingen: Hogrefe.

THOMAE, H. (1965). Motivformen. In H. Thomae (Hrsg.), Handbuch der Psychologie. Allgemeine Psychologie. Motivation (Bd. 2). Göttingen: Hogrefe.

THOMAE, H. (Hrsg.) (1965). Die Motivation menschlichen Handelns. Köln - Berlin: Kiepenheuer & Witsch.

THOMAE, H. (Hrsg.) (1965). Handbuch der Psychologie in 12 Bänden. Bd. 2, Allgemeine Psychologie II. Motivation. Göttingen.

THOMAS, A. (1993). Kulturvergleichende Psychologie. Göttingen: Hogrefe.

TINBERGEN, N. (1966). Instinktlehre. Vergleichende Erforschung angeborenen Verhaltens. Berlin, Hamburg: Parey Verlag.

TRIST, E. L. & BAMFORTH, K. W. (1951). Some Social Psychological Consequences of the Longwall Method of Goal-getting. Human Relations, 4, 3-38.

UDRIS, I. & FRESE, M. (1988). Belastung, Streß, Beanspruchung und ihre Folgen. In D. Frey, C. Graf Hoyos & D. Stahlberg (Hrsg.), Angewandte Psychologie (428-447). München: Psychologie Verlags Union.

ULICH, E. (2005). Arbeitspsychologie (6. Aufl.). Stuttgart: Schäffer-Poeschel.

ULICH, E. (2007). Gestaltung von Arbeitstätigkeiten. In H. Schuler (Hrsg.), Lehrbuch Organisationspsychologie (4. Aufl., 221-251). Bern: Hans Huber.

ULICH, E., GROSKURTH, P. & BRUGGEMANN, A. (1973). Neue Formen der Arbeitsgestaltung. Frankfurt a. M.: Europäische Verlagsanstalt.

ULRICH, H., PROBST, G. J. & STUDER, H. P. (1985). Werthaltungen von Studenten in der Schweiz. Bern: Haupt.

Volpert, W. (1990). Welche Arbeit ist gut für den Menschen? Notizen zum Thema Menschenbild und Arbeitsgestaltung. In F. Frei & I. Udris (Hrsg.), Das Bild der Arbeit (23-40). Bern: Huber.

Vroom, V. H. (1960). Some Personality Determinants of the Effects of Participation. Englewood Cliffs (N.J.): Prentice Hall.

Vroom, V. H. (1962). Ego – Involvement, Job Satisfaction and Job Performance. Personnel Psychology 15, 159-177.

Vroom, V. H. (1964). Work and Motivation. New York: Wiley.

Wagner, D. & Grawert, A. (1993). Sozialleistungsmanagement. München: Beck.

Walker, C. R. (1950). The Problem of the Repetitive Job. Harvard Business Review 28, 54-58.

Walker, C. R. (1954). Work Methods, Working Conditions and Morale. In: Kornhauser. A., Dubin, R. and Ross, A. M. (Eds.): Industrial Conflict. New York: McGraw-Hill.

Walker, C. R. & Guest, R. H. (1952). The Man on the Assembly Line. Cambridge: Harvard Univ. Press.

Warner, R. H., Meeker, M. & Eells, K. (1949). Social Class in America. Chicago: Science Research Associates.

Wegge, J. (2004). Führung von Arbeitsgruppen. Göttingen: Hogrefe.

Wegge, J. (2007). Gruppenarbeit. In Schuler, H. (Hrsg.), Lehrbuch der Personalpsychologie (483-507). Göttingen: Hogrefe.

Weiner, B. (1996). Motivationspsychologie. Weinheim: Beltz.

Wherry, R. J. (1954). An Orthogonal Re-rotation of the Baehr and Ash studies of the SRA Employee Inventory. Personnel Psychology 7, 365-380.

White, R. W. (1959). Motivation Reconsidered: the Concept of Competence. Psychology Review 66, 297-333.

Windolf, P. & Hohn, H. W. (1984). Arbeitsmarktchancen in der Krise: Betriebliche Rekrutierung und soziale Schließung. Frankfurt a. M.: Campus.

Wirsma, U. J. (1992). The Effects of Extrinsic Rewards in Intrinsic Motivation: A Meta-analysis. Journal of Occupational Psychology, 65, 101-114.

Worthy, J. C. (1950). Organizational Structure and Employee Morale. American Sociological Review 15, 169-179.

Sachverzeichnis

Die Seitenzahl wird im Sachverzeichnis auch dann genannt, wenn dort das entsprechende Wort nicht gebraucht wird, jedoch Information zum Gegenstand gegeben wird. Sie wird nicht genannt, wenn zwar das Wort fällt, jedoch keine nennenswerte Information zum Gegenstand gegeben wird. Vorwort, Einführungsfragen, Arbeitsfragen und Zusammenfassungen sind im Sachverzeichnis nicht berücksichtigt.

Zum Autor

Prof. Dr. Dr. h.c. Lutz von Rosenstiel, geboren 1938 in Danzig, leitete von 1977 bis 2006 den Institutsbereich für Organisations- und Wirtschaftspsychologie der Universität München und war von 1992 bis 1999 Prorektor dieser Universität. Seit 2006 ist er Gastprofessor der WU Wien.

Nach dem Studium der Psychologie, Betriebswirtschaftslehre und Philosophie in Freiburg i. Br. und München promovierte er 1968 in München. Er habilitierte 1974 an der Wirtschafts- und Sozialwissenschaftlichen Fakultät der Universität Augsburg und lehrte dort bis zu seiner Berufung nach München 1977. 1993 erhielt er den Deutschen Psychologen-Preis. 1999 wurde ihm die Ehrendoktorwürde der Universität Rostock verliehen.

Lutz von Rosenstiel ist Mitglied mehrerer wissenschaftlicher Beiräte von Ministerien, forschungsfördernder Institutionen und Fachzeitschriften. Er ist (Mit-)Autor und (Mit-)Herausgeber von über 50 Fachbüchern und ca. 500 Artikeln in Sammelbänden und Fachzeitschriften. Von ihm sind u. a. erschienen: „Organisationspsychologie" (gemeinsam mit W. Molt & B. Rüttinger, 9. Aufl. 2005, in mehrere Sprachen übersetzt); „Was morgen alles anders läuft" (gemeinsam mit F. Nerdinger & E. Spieß, 1991); „Führung von Mitarbeitern" (herausgegeben mit E. Regnet & M. Dornsch, 6. Aufl. 2009); „Perspektiven der Potenzialanalyse" (herausgegeben mit T. Lang von Wins, 2000); „Marktpsychologie" (gemeinsam mit P. Neumann, 3. Aufl., 2002), „Enzyklopädie der Psychologie", Bände „Wirtschaftspsychologie" und „Marktpsychologie" (herausgegeben mit D. Frey, 2007). „Grundlagen der Organisationspsychologie", 2007; „Handbuch der Kompetenzmessung" (herausgegeben mit J. Erpenbeck, 2. Aufl., 2009). „Perspektiven einer nützlichen Psychologie" (herausgegeben mit U. Kanning und H. Schuler, 2009).

.izenz zum Wissen.

:hern Sie sich umfassendes Wirtschaftswissen mit Sofortzugriff
f tausende Fachbücher und Fachzeitschriften aus den Bereichen:
ınagement, Finance & Controlling, Business IT, Marketing,
blic Relations, Vertrieb und Banking.

klusiv für Leser von Springer-Fachbüchern: Testen Sie Springer
· Professionals 30 Tage unverbindlich. Nutzen Sie dazu im
stellverlauf Ihren persönlichen Aktionscode **C0005407** auf
·w.springerprofessional.de/buchkunden/

Springer für Professionals.
Digitale Fachbibliothek. Themen-Scout. Knowledge-Manager.

- Zugriff auf tausende von Fachbüchern und Fachzeitschriften
- Selektion, Komprimierung und Verknüpfung relevanter Themen durch Fachredaktionen
- Tools zur persönlichen Wissensorganisation und Vernetzung

www.entschieden-intelligenter.de

ringer für Professionals

Springer

MIX
Papier aus verantwortungsvollen Quellen
Paper from responsible sources
FSC® C105338

Printed by Books on Demand, Germany